2014 Sping No.126

バッチリ動いて高性能！ちょうどいい部品と値の求め方がわかる

アナログ・センスによる電子回路チューニング術

CQ出版社

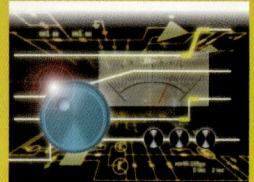

CONTENTS
トランジスタ技術 SPECIAL

特集　アナログ・センスによる電子回路チューニング術

第1部　はじめてのパーツ選びと定数設計

Prologue・1　定数設計の勘所　畔津 明仁 ……… 4
　Column　耐圧の数値系列「R10」

第1章　抵抗，コンデンサ，コイルの材料や構造による特徴を把握しておこう
受動部品の特徴と各種パラメータ　三宅 和司 ……… 7
　■ 抵抗器の基礎知識　■ コンデンサの基礎知識　■ コイルの基礎知識
　Column　回路ドキュメントの目的と定数設計の意義

第2章　ビデオ・バッファや差動増幅回路を動かしながらマスタしよう！
OPアンプ回路の定数設計と部品選び　川田 章弘 ……… 20
　■ 簡単な実験で特性パラメータを理解しよう　■ OPアンプ回路の設計演習の前に知っておくこと　■ 回路設計をしてみよう
　Column　パスコンのうまい選び方　Column　検波器の温度変動を改善するテクニック
　Appendix A　「パスコン」のインピーダンス周波数特性に関する考察　川田 章弘 …… 34
　Appendix B　フィルム・コンデンサの使い分け　川田 章弘 ……… 37

第3章　プルアップ/プルダウンやバスの終端を考慮して…
ディジタル回路の定数設計と部品選び　桑野 雅彦 ……… 39
　■ ディジタル信号と電子回路　■ ハイ・インピーダンス信号線の処理　■ 信号の反射とその対策
　Column　ダイオードによる終端

第4章　確実な動作と外部との安全な接続を考慮して…
マイコン回路の定数設計と部品選び　桑野 雅彦 ……… 51
　■ 確実に動作するリセット回路の設計　■ クロック発生回路の設計　■ フォト・カプラの周辺設計
　Column　確実に信号を読み込めるマイコンの入力回路　Column　リセット回路の信号ディレイへの応用

第5章　ひずみや周波数特性を改善する基本テクニックをマスタしよう！
負帰還回路の基礎理論と定数設計　黒田 徹 ……… 59
　■ 負帰還の起源と安定化電源回路　■ 負帰還増幅回路の基礎　■ 安定性の確保　■ ひずみ率0.001%以下の負帰還アンプの設計
　Column　ベース-エミッタ間電圧とコレクタ電流およびエミッタ電流の関係

第6章　安定な負帰還ループと低出力インピーダンスを目指して…
電源回路の定数設計と部品選び　遠坂 俊昭 ……… 69
　■ はじめに検討すべき項目　■ トランスとその1次側回路　■ 整流/平滑回路　■ 直流安定化回路　■ 出力電圧24V以上のシリーズ・レギュレータの設計例

第2部　アナログ回路 実例集

Prologue・2　定番/便利デバイス活用の勘所　川田 章弘 ……… 85
　Column　第2部の構成

第7章　測定と信号発生のための回路 実例集 ……… 87
　7-1　入手しやすい部品で実現する電流測定回路　本多 信三 ……… 87
　7-2　双方向の電流測定回路　石島 誠一郎 ……… 88
　7-3　容量測定による近接センサ回路　石島 誠一郎 ……… 89
　7-4　リターン・ロス/VSWRの測定回路　市川 裕一 ……… 90
　7-5　ゲイン/損失測定回路　市川 裕一 ……… 91
　7-6　ウィンドウ・コンパレータ回路　高橋 久 ……… 91
　7-7　両エッジの遷移が約3nsの方形波発生回路　三宅 和司 ……… 92
　7-8　周波数300kHz定振幅のLC発振回路　木島 久男 ……… 94

CONTENTS

表紙・扉デザイン　ナカヤ デザインスタジオ（柴田 幸男）

2014 Spring
No.126

7-9　単電源動作の100 Hz～10 kHzブリッジドT型発振回路　川田 章弘 …… 95
7-10　オーディオ周波数帯ウィーン・ブリッジ型発振回路　川田 章弘 …… 96
7-11　三角波と矩形波を発生する回路　木島 久男 …… 97

第8章　信号変換のための回路 実例集 …… 98

8-1　論理信号から高精度な±3 Vの信号を作り出す回路　木島 久男 …… 98
8-2　位相差分波器に使えるオール・パス回路　庄野 和宏 …… 99
8-3　計測用アッテネータ＆バッファ回路　毛利 忠晴 …… 100
　Column　アッテネータの調整方法
8-4　350 mV/10 nsのパルスを5 V/70 μsのパルスに変換する回路　本多 信三 …… 102
8-5　帯域2 MHzのRMS-DC変換回路　漆谷 正義 …… 103
8-6　電圧-周波数変換回路　漆谷 正義 …… 104
8-7　周波数-電圧変換回路　漆谷 正義 …… 105
8-8　マイコン内部で処理中の信号をモニタするテクニック　慶間 仁 …… 107
8-9　ダイオードを使わない3種類の絶対値回路　木島 久男 …… 108
　■タイプ1：精度が高い絶対値回路　■タイプ2：部品点数が少ない絶対値回路　■タイプ3：高周波に対応した絶対値回路
8-10　5次，上限4 kHzの位相差分波器　庄野 和宏 …… 111

第9章　信号処理回路 実例集 …… 112

9-1　オーディオA-Dコンバータ用差動入力バッファ回路　毛利 忠晴 …… 112
9-2　広帯域アイソレーション・アンプ回路　毛利 忠晴 …… 113
9-3　アナログ・スイッチによるサンプル＆ホールド回路　漆谷 正義 …… 115
9-4　ゲイン切り替え機能付きアンプ回路　漆谷 正義 …… 116
9-5　高速にゲインを＋1倍/－1倍に切り替える回路　木島 久男 …… 117
9-6　ブートストラップ回路　庄野 和宏 …… 118
9-7　2次ロー・パス・フィルタ回路　庄野 和宏 …… 119
9-8　7次ロー・パス・フィルタ回路　庄野 和宏 …… 120
9-9　5次ロー・パス・フィルタ回路　広瀬 れい …… 121
Appendix C　アナログ・ビデオ信号 回路集 …… 123
9-10　ビデオ信号自動ゲイン調整回路　漆谷 正義 …… 123
9-11　ビデオ信号同期分離回路　漆谷 正義 …… 124
9-12　ビデオ同期信号検出回路　漆谷 正義 …… 125
9-13　Y/Cミキサ回路付きビデオ・フィルタ・アンプ　漆谷 正義 …… 126
Appendix D　機能IC応用回路集 …… 127
D-1　5 V単電源で動作するアナログ乗算器　石島 誠一郎 …… 127
D-2　数百kbpsの通信用ケーブル・ドライバ回路　広瀬 れい …… 128
　Column　ADuM1100の元となったAD260/261というアイソレータIC

第10章　電源回路実例集 …… 130

10-1　小型で高効率な降圧型コンバータ回路　馬場 清太郎 …… 130
10-2　入力電圧が出力電圧を上回っても出力が安定な昇圧型コンバータ回路　森田 一 …… 131
10-3　電池動作機器用の昇圧型コンバータ回路　馬場 清太郎 …… 133
10-4　電池1本から5 V/30 mAを取り出す回路　畔津 明仁 …… 134
10-5　電池動作機器用の昇降圧型コンバータ回路　馬場 清太郎 …… 135
10-6　液晶駆動用のバイアス電圧発生回路　畔津 明仁 …… 136
10-7　簡易シーケンス機能付き電源回路　川田 章弘 …… 137
10-8　小電力用フローティング電源回路　広瀬 れい …… 138
　Column　トランスを使わない絶縁電源「フォトニック・パワー・コンバータ」
10-9　ブラシレスDCモータのレゾルバ用励磁回路　高橋 久 …… 140
Supplement　ハイ・サイド用ゲート・ドライブ回路　石島 誠一郎 …… 141

索　引 …… 142
本書の執筆担当一覧 …… 144

▶ 本書の各記事は，「トランジスタ技術」に掲載された記事を再編集したものです．初出誌は各章の章末に掲載してあります．記載のないものは書き下ろしです．

第1部 はじめてのパーツ選びと定数設計

Prologue・1 定数設計の勘所

畔津 明仁

● 定数設計はとても重要な作業

回路設計者が普通に取り扱うことのできる最小の要素が「部品」です．部品にはICやトランジスタといった能動素子もありますし，抵抗やコンデンサなどの受動素子もあります．本書第1部では，これらの部品，特に受動部品の使い方を復習します．

ディジタル回路全盛の時代になり，なかにはオームの法則を知らなくても「回路設計をしました」と言う人もいるかもしれません．しかし，これはもちろん大きな勘違いです．第1部で取り上げる「定数設計」は，電子回路設計のなかでも最も重要な要素です．その理由はあとで再度述べるとして，まずは簡単な例を見てください．

● 簡単な例を一つ…

図1に示すのは，ゲイン5倍の反転増幅器です．教科書で習ったとおりに定数を決めてみましょう．

仮にR_1を10kΩと決めます．言うまでもなく，これが入力インピーダンスとなります．さて，ゲインはR_2/R_1で決まりますから，$R_2 = 5R_1$で，

$$R_2 = 50 \text{ k}\Omega$$

となります．

おっとR_3を忘れていました．入力バイアス電流の影響をキャンセルするためには，

$$R_3 = R_1 // R_2$$

とするのが最適ですから，

$$R_3 = 10 \text{ k}\Omega // 50 \text{ k}\Omega = \frac{10 \times 10^3 \times 50 \times 10^3}{10 \times 10^3 + 50 \times 10^3}$$

$$= 8.333 \text{ k}\Omega$$

と求まります．これで，R_1, R_2, R_3の定数設計ができました…．

*

プロフェッショナル／アマチュアを問わず，少しでも電子回路を作ったことのある人なら，実回路でこのような定数設計が行われていないことをご存知でしょう．

しかし，上のような定数の決め方も間違いとはいえ

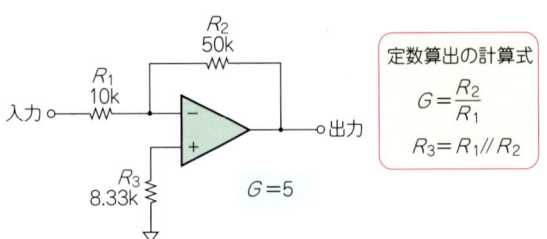

図1 反転増幅回路
ゲイン5として設計．R_1を10kΩとするとR_2は50kΩとなる．バイアス電流をキャンセルするR_3は$R_1 // R_2$とする．

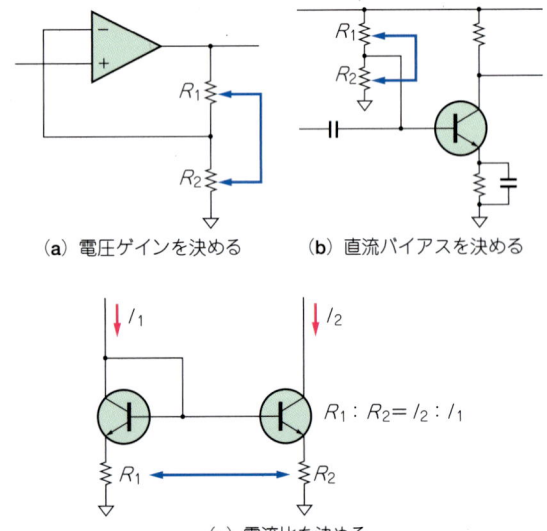

図2 比率で決まる定数
電子回路では定数の比率が重要な場合が多くある．

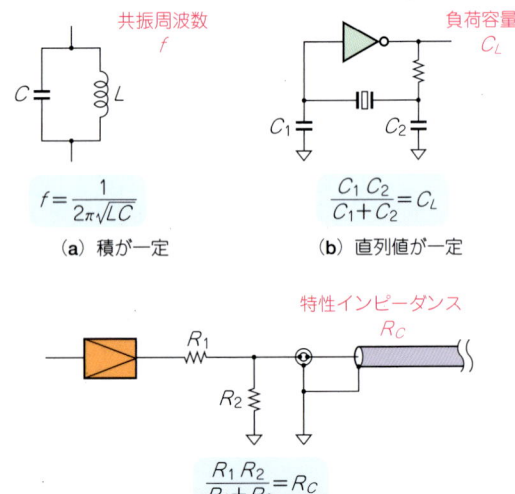

図3 いろいろな定数の関係
それぞれの定数の積や直列値や並列値で回路の動作や機能が決まる．

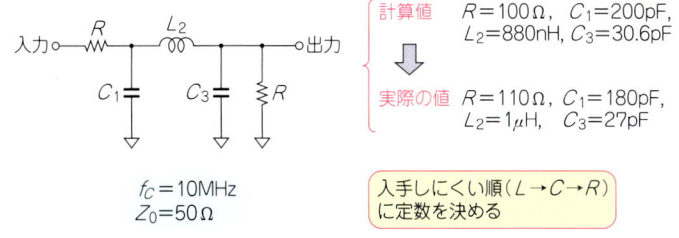

図4 簡単なロー・パス・フィルタの回路
定数を決めるための要素は一つだけとは限らない．

ません．その違いが設計のポイントであり，第1部のテーマでもあります．

● 定数は相対的

図1の例では，R_2およびR_3の値はR_1を基準に定められています．つまり，

$R_2 = 5R_1$
$R_3 = (5/6)R_1$

です．このように，一定の比率で定数を求めるケースは，回路設計のなかでもかなりの率を占めます．図2にその一例を示します．

もちろん，逆比になるものや，より複雑なケースもたくさんあります（図3）．

いずれにしても，定数設計の大半は，基準値あるいはある程度の「自由度」があり，ほかの定数は一つの値を基に相対的に求められます．

図4に示すフィルタの設計などでは，特性インピーダンス，遮断周波数，そして使用可能な部品との無数の組み合わせから定数を選びます．

● 実際の部品の定数は飛び飛びの値

図1の例では10kΩ，50kΩ，8.333kΩという抵抗値を算出しましたが，実際の部品では全ての値が存在するわけではありません．実際に入手可能な抵抗，コンデンサ，コイルの値は，精度に応じて飛び飛びの値となります．抵抗の許容電力やコンデンサの耐圧も，飛び飛びの値のなかからの選択となります．

定数は計算したとおりの値ではなく，E12，E24などの「数値系列」（第1章参照）のなかから選ばなければなりません．耐圧などの表記にはE系列とは別のR10系列という数値系列があります．

図4のような例では，いったん定数を計算したあと，部品定数の選択余地の少ないものから（多くの場合，コイル→コンデンサ→抵抗の順に）値を再決定していくとうまくいきます．

逆に，数値系列を上手に利用するような設計もときには必要です．図5はその一例で，どこにでもあるE12シリーズの数値をうまく使っています．

● 誤差（精度）

数値系列の利用には誤差（精度）が深くかかわっています．もともと数値系列とは，一定の誤差範囲のものでもれなくカバーするという考え方から生まれたものです．

例えば，誤差10％のシリーズには1.1kΩの抵抗はありません．1.0kΩまたは1.2kΩのいずれかでカバーされるからです．

さて，以上の点を考慮して図1の定数をE24から選ぶと，次のようになります．

$R_1 = 10\text{k}\Omega$，$R_2 = 51\text{k}\Omega$，$R_3 = 8.2\text{k}\Omega$

● むやみに高精度な部品を使ってはいけない

実際の部品には必ず誤差があるので，その範囲（精度）を指定しなければなりません．しかし，慣れない

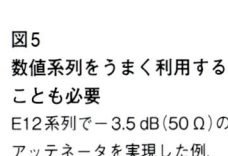

図5
数値系列をうまく利用することも必要
E12系列で−3.5dB（50Ω）のアッテネータを実現した例．

(a) 計算で得られた定数で設計

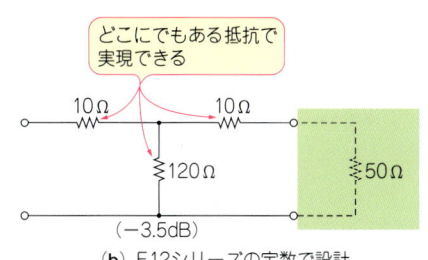

(b) E12シリーズの定数で設計

耐圧の数値系列「R10」 Column

　抵抗，コンデンサ，コイルの値を示す「E系列」はよく知られていますが，数値系列はほかにもいろいろな種類があります．コンデンサの耐圧には，**表Aに示す「R10」**と呼ばれる系列が使われます．

　部品の定数の捺印や型番には，数字(10の累乗を表す)とアルファベットとの組み合わせが使われます．コンデンサの耐圧なら，例えば，

　　"2A"…$10^2 \times 1.0 = 100$ [V]
　　"1H"…$10^1 \times 5.0 = 50$ [V]

などとなります．

　以前，耐圧の種類はこれで十分だったのですが，部品の微細化や回路の低電圧化に伴って，非常に低耐圧のものが登場してきました．いずれは耐圧1V未満の部品も現れるかもしれませんね．

表A　耐圧の表記に使われるR10系列
3.5を加えて別の文字を使う場合もある．

R10 数値系列	文字表記
1.0	A
1.25(1.2)	B
1.6	C
2.0	D
2.5	E
3.15(3.0)	F
4.0	G
5.0	H
6.3(6.0)	J
8.0	K

うちは精度の決め方が結構難しいものです．精度の指定を忘れたり，逆に不要な高精度を指定したりすることも少なくありません．

　高精度のものを指定すれば設計者としては安心できます．しかし精度にも限界があるし，高精度のものほど高価格になるので，不要な高精度品を使うべきではありません．

　図1に戻ると，R_1とR_2はゲインを決める要素なので，2個ともに必要な精度を選びます．ここでは仮に1%としておきます．それでは，R_3にも1%の精度が必要でしょうか．

　この議論には，OPアンプのバイアス電流や取り扱う信号レベルを考慮する必要があります(第2章参照)が，仮にバイアス電流100 nA，それによるオフセット電圧を0.1 mV以下にしたいとすれば，R_3には1 kΩの誤差が許されることになります．

　つまり，計算値である8.33 kΩに対して±1 kΩ(7.33～9.33 kΩ)の範囲に入っていればよいわけで，

　　8.2 kΩ × 1.05 = 8.61 kΩ
　　8.2 kΩ × 0.95 = 7.79 kΩ

から，7.79～8.61 kΩの範囲に入る5%精度の標準的な部品が使えます．

▶ **素子感度を意識する**

　一つの素子値(定数)の変動が特性に与える影響を「素子感度」と呼びます．素子感度を低くするのが良い設計で，不要な高精度部品を使わなくてすみます．

　逆に，素子感度が低すぎるのは別の問題です．上記の考慮でバイアス電流が10 nAなら，R_3に許される誤差は10 kΩであり，R_3を設けること自体が不必要となります(別の理由で必要となる場合もあるので注意)．

● **まとめ**

　電子回路の設計は，他の分野(土木，化学，機械など)に比べて，大変広い線形範囲をもっています．例えば，回路設計者は平気でmΩ～GΩの抵抗値を口にしますが，この範囲は12桁，よく使う抵抗値範囲でも数ΩからMΩまでの5～6桁に及びます(IC内部のポリシリコンではTΩという単位まで使われる)．

　同じことが，コンデンサやコイルの値や取り扱う電圧，電流，周波数にも言えます．図4のフィルタは(部品さえ選べば)kHz以下の低周波からGHz近い高周波まで，同じ設計方法が使えるのです．

　今日，部品自体の進歩のおかげで，直流からGHz近くの高周波まで，回路設計は机(パソコン?)の上で行えるようになりました．しかも多くは「集中定数」としての設計です．

　集中定数設計とは，本書第1部のように抵抗，コンデンサ，コイルそれぞれの値を決めていくものです．しかし，キャリアアップを重ねるうちに，1個の部品も「分布定数」と見なさねばならないような設計を手がけるときもくるでしょう．そのときでも，基本に戻ればよいということを頭において，本書第1部をお読みください．

(初出：「トランジスタ技術」2004年6月号　特集プロローグ)

第1章 抵抗，コンデンサ，コイルの材料や構造による特徴を把握しておこう

受動部品の特徴と各種パラメータ

三宅 和司

電子回路の設計において「シミュレータ中の仮想部品を使って，いくら良い結果を得ても絵に描いた餅にすぎません．現実の部品の特徴と限界を知って，実際の回路設計に役立てましょう．本章では，受動部品の特徴とそのパラメータを理解して現実の部品が活用できるように基本から学びます．

どのような回路も電気的に解析していくと，さまざまな電源と三つの受動要素の組み合わせに分けることができます．三つの受動要素とは，抵抗（R；レジスタンス），静電容量（C；キャパシタンス），電磁誘導（L；インダクタンス）のことです．そして，これらの受動要素をなるべく純粋に利用しようとして作った部品が抵抗器，コンデンサ，コイルというわけです．

● 現実の部品と理想部品の違い

現実に手にすることのできる部品は，学校で習った理想部品とは違います．抵抗器には誤差や温度変動に加えて，図1に示すような浮遊容量やインダクタンスが潜んでいます．

また，回路シミュレータ上では何万Fもの静電容量のコンデンサを簡単に定義できます．しかも，漏れ電流やESR（等価直列抵抗）はゼロ，耐圧は数万V以上となりますが，もちろん現実にそんなコンデンサを買うことはできません．つまり，現実の部品がどういうものかを知らずに設計すると「作れない回路」ができあがる可能性があるのです．

● チップ部品が主流

ここでの解説は表面実装用のチップ部品を中心に進めます．実は約10年ほど前から商業的にはチップ部品のほうが多く使われていましたが，当時は種類が限られていました．

しかし現在は，チップ部品の品種が豊富になり，逆にリード付き部品のほうが入手困難となりました．ただし，現在でもチップ部品だけでは実現しない回路もあることを頭の片隅に留めておいてください．

抵抗器の基礎知識

最初は現実の抵抗器についておさらいしましょう．
抵抗器は比較的理想に近い部品なのですが，実に多くの品種があります（写真1）．各メーカとも品種を統合したいのは当然ですが，そうならないのはそれぞれの品種に存在意義があるからです．

● 固定抵抗器の性能を表す11種のパラメータ

抵抗器の目的は電気抵抗値を得ることにありますが，単に回路図と同じ（公称）抵抗値の製品を買ってくればよいというわけではありません．

少々細かくなりますが，最初に抵抗器の品種選択に必要不可欠な，性能を表す11種のパラメータをまとめておきます．

①抵抗値範囲

同じ品種で製作可能な抵抗値の上限と下限です．抵抗器では，同じ品種でも抵抗体パターンの形を工夫することで広い抵抗値範囲に対応できます．

ただし，チップ抵抗の面積は小さく，電極などの物理的な制約もあるため，従来のリード線付き製品より

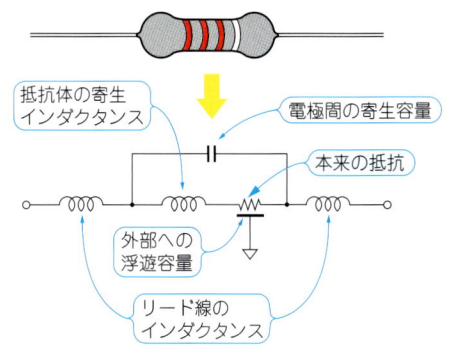

図1 抵抗器の寄生パラメータ

写真1
チップ抵抗の外観

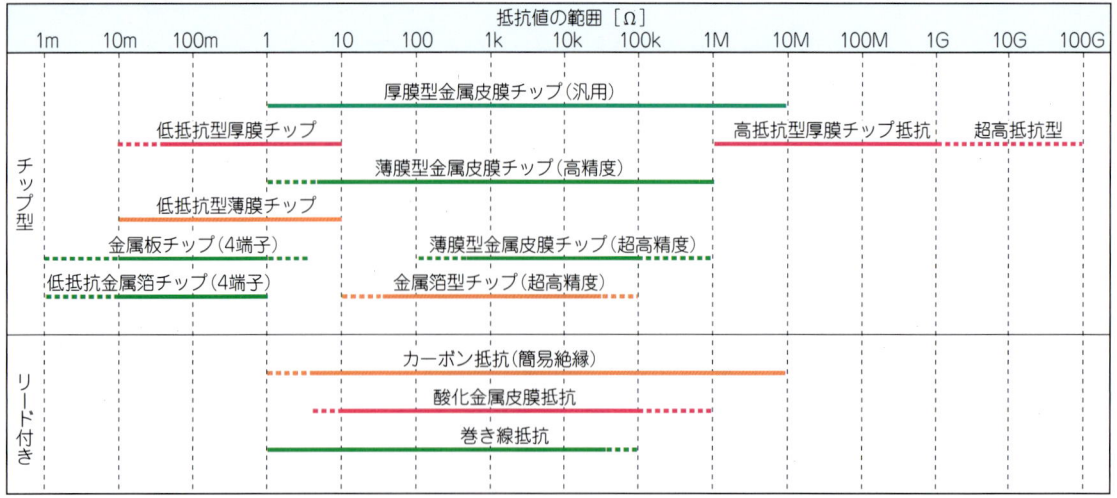

図2 品種ごとの抵抗値範囲
代表的なメーカの製品例．この図はまた，我々の世界にある物質の導電度比が極めて大きいことを示している．

表1 現実の抵抗器の抵抗値ラインナップ（E系列と呼ぶ）

E3	E6	E12	E24	E96			
1.0	1.0	1.0	1.0	1.00	1.73	3.16	5.62
			1.1	1.02	1.82	3.24	5.76
		1.2	1.2	1.05	1.87	3.32	5.90
			1.3	1.07	1.91	3.40	6.04
	1.5	1.5	1.5	1.10	1.96	3.48	6.19
			1.6	1.13	2.00	3.57	6.34
		1.8	1.8	1.15	2.05	3.65	6.49
			2.0	1.18	2.10	3.74	6.65
2.2	2.2	2.2	2.2	1.21	2.15	3.83	6.81
			2.4	1.24	2.21	3.92	6.98
		2.7	2.7	1.27	2.26	4.02	7.15
			3.0	1.30	2.32	4.12	7.32
	3.3	3.3	3.3	1.33	2.37	4.22	7.50
			3.6	1.37	2.43	4.32	7.68
		3.9	3.9	1.40	2.49	4.42	7.87
			4.3	1.43	2.55	4.53	8.06
4.7	4.7	4.7	4.7	1.47	2.61	4.64	8.25
			5.1	1.50	2.67	4.75	8.45
		5.6	5.6	1.54	2.74	4.87	8.66
			6.2	1.58	2.80	4.99	8.87
	6.8	6.8	6.8	1.62	2.87	5.11	9.09
			7.5	1.65	2.94	5.23	9.31
		8.2	8.2	1.69	3.01	5.36	9.53
			9.1	1.74	3.09	5.49	9.76
10	10	10	10	青部分はE24との共通部分			10.0

E3～E24系列は1～10までを有効数字2桁で等比的に24等分した $\sqrt[24]{10} \simeq 1.1$ の倍数を基調とし，整数比分割を考慮して一部を組み替え調整したものである（2.7～4.7の部分）．E96系列は純粋なE96分割の等比数列を有効数字3桁で四捨五入したものである

表2 抵抗器のトレランスを表す略号とカラー・コード

トレランス	略号	カラー・コード
± 0.05%	A	灰
± 0.1%	B	紫
± 0.25%	C	青
± 0.5%	D	緑
± 1%	F	茶
± 2%	G	赤
± 5%	J	金
± 10%	K	銀
± 20%	M	色なし

Aクラス以上のトレランスを持つ製品もあり，メーカ独自の略号が使われるようである

若干範囲が狭くなります．

図2に，品種ごとの抵抗値範囲をまとめて示します．

②抵抗値ステップ

抵抗値のラインアップは5kΩなどの整数値ではなく，4.7kΩのような一見半端な数字が使われます．

これは，表1に示すような等比数列に基づく「E系列」を採用しているからです．E数は10の等比分割数を表し，有効数字2桁のE3系列はE6系列に，E6はE12に，E12はE24にそれぞれ内包されます．有効数字3桁のE96系列は独立した系列です．

③トレランス(tolerance)

表示値(公称値)と実際の抵抗値とのずれの最大値をパーセント表示したもので，一般に「誤差」と呼ばれているものです．例えば，公称値10kΩ，トレランス±1%の製品は，指定の条件(温度)で測定する限り，9.9kΩ～10.1kΩの範囲内のはずです．トレランスは，半固定抵抗を併用することで，比較的簡単に補正することができます．

抵抗のトレランスを表す記号とカラー・コードを表2にまとめておきます．

④抵抗温度係数(TCR；Temperature Coefficient of Resistance)

温度による抵抗値変化の度合いを表します．抵抗値は環境や時間で変化しますが，最も影響の大きいのが温度変化です．温度係数は抵抗体の種類で大きく異なり，また同じ品種でも抵抗値によって温度係数が違います．

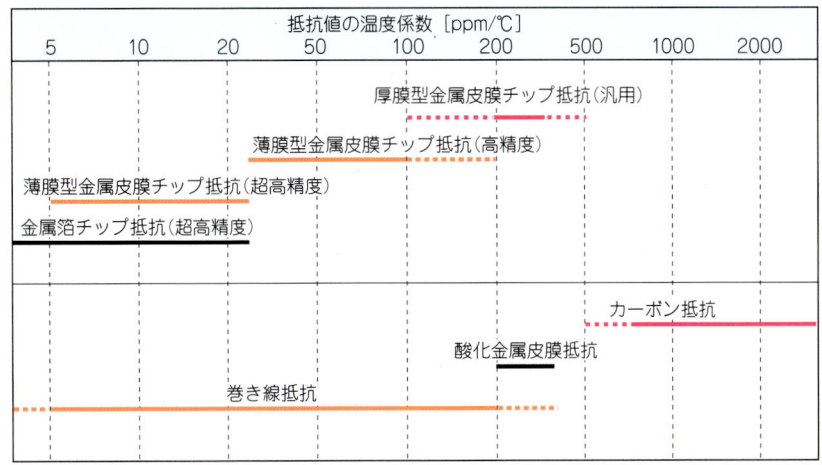

図3
主な抵抗器の抵抗値温度係数

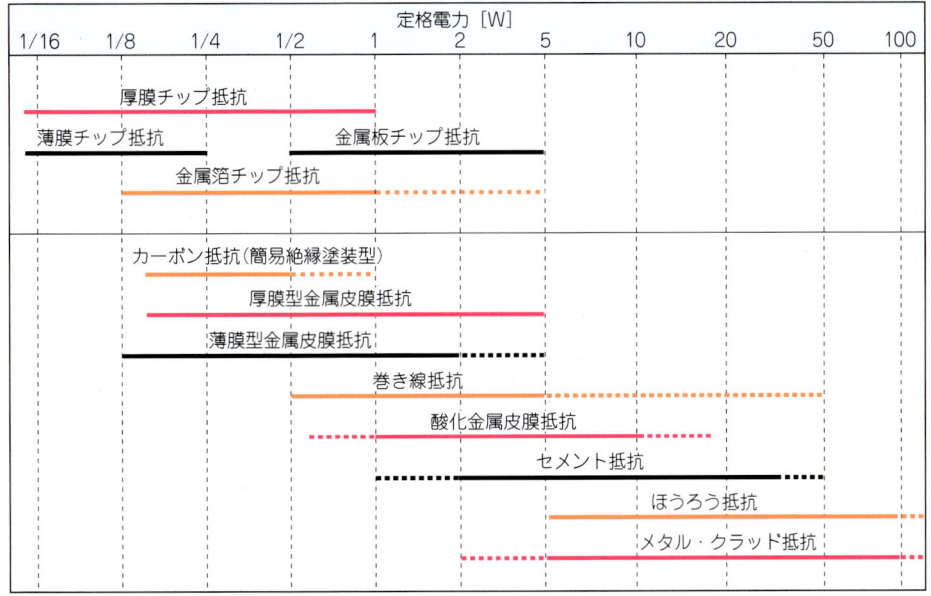

図4
品種と定格電力範囲の例(代表的なメーカのカタログを参照して作成)

最もポピュラな厚膜型チップ抵抗は，±200 ppm/℃程度（1 ppmは100万分の1）です．温度係数は簡単な外部調整で小さくできません．つまり，実際に高精度回路の性能を左右するのは，トレランスではなく温度係数のほうです．

図3（p.9）に，一般的な抵抗体の温度係数の範囲を示します．

⑤定格電力

抵抗器が連続して耐えられる電力です（図4）．抵抗器では，消費電気エネルギーのほぼ100％が熱に化けます．抵抗器の温度が上がりすぎると抵抗体が変性/劣化し，抵抗値が変化したり，場合によっては発火することもあります．

表3に示すとおり，チップ抵抗の定格電力は小さく，また基板パターンへの放熱が少なからず見込まれています．配慮を怠ると抵抗器の劣化だけではなく，はんだが溶けて抵抗器が基板から外れてしまうような悲劇的な事故も起こります．

⑥定格電圧

抵抗にかけることのできる最大電圧値で，定格電力とは独立した見落としやすい制限事項で，特に高抵抗の場合は注意が必要です．

チップ抵抗の定格電圧は表3に示したように低めです．また，抵抗器単体は大丈夫でも，基板パターン間隔が電気製品取締法などの規格を満たさない場合があるので注意が必要です．

⑦故障モード

誰も抵抗器を壊そうとは思っていませんが，現実の回路では完全に事故をなくすことはできません．抵抗器の故障モードは，抵抗値が低下するショート・モードと，上昇するオープン・モードに大別できます．

ショート・モードでは芋づる式に他の部品へ被害が拡大することがあるので，必ずオープン・モードで壊れるヒューズ抵抗器も使われます．もっと深刻なのは抵抗器が燃えて火災を引き起こすことです．このため自己消火性や不燃性の抵抗器が用意されています．

⑧寄生インダクタンスと寄生容量

図1に示した等価回路のように，現実の抵抗器には抵抗成分だけではなく，コイルやコンデンサとしての寄生成分が潜んでいます．

巻き線抵抗は，大きな寄生インダクタンスを持つ典型的な例です．チップ抵抗は，小さくて構造がシンプルなので，リード付き部品より寄生成分は小さ目です．それでも低抵抗値側ではインダクタンスが，高抵抗値側では寄生容量が問題になります．

⑨ノイズやひずみ

抵抗器のノイズには熱雑音などの解消不能な理論雑音がありますが，ここで言うノイズは抵抗器固有の余剰雑音のことです．カタログには雑音規定がないことが多いのですが，筆者の経験では金属箔型や蒸着型など，抵抗体の連続性に富むものほど良いようです．

なお「オーディオ用」と銘打ったチップ抵抗がありますが，少なくとも筆者は一般の薄膜型と比較して電気的なメリットを確認できません．

⑩サイズ

現代の回路は「機能は多く部品は小さく」が原則のようです．しかし熱的な物理法則が変わったわけではなく，抵抗器の小型化には限界があります．

チップ部品では，まず最初に定格電力や定格電圧を参照して最低サイズを決め，そのうえで実装サイズの共通化を図るようにします．

⑪入手性と価格

最後に記しましたが，抵抗器選択の大きな要因です．抵抗器の価格は1個数十銭から1万円以上までであり，しかも価格と性能は直線的な関係にありません．

メーカはチップ抵抗を数百～数千個のリール単位で供給していますが試作や自作には多すぎます．そのため以前は代理店で小分けしてもらったりしていましたが，現在では通販業者より，1個から買える良い時代になりました．

● 抵抗体の材料や構造による違い

抵抗器のパラメータのうち重要なものは抵抗体材料に強く依存します．抵抗体の材質と特徴は次のようになります．

▶炭素系

一般に「カーボン抵抗」と呼ばれるもので，有機系材料を熱分解して得られる炭素皮膜系のものが主流です．リード線付きでは抵抗値範囲が広く安価なため最も流通量が多かったのですが，チップ部品としては特

表3　角形チップのサイズと定格電力/定格電圧の例

サイズ [mm]	EIA 型式	定格電力 [W]	定格電圧 [V]
0.6 × 0.3	0201	1/20	25
1.0 × 0.5	0402	1/16	50
1.6 × 0.8	0603	1/10	50
2.0 × 1.25	0805	1/8	150
3.2 × 1.6	1206	1/4	200
3.2 × 2.6	1210	1/2	200
5.0 × 2.5	2010	3/4	200
6.3 × 3.1	2512	1	200

殊なメルフ型以外に見かけなくなりました．

▶厚膜型金属系

　金属系抵抗材を有機フィラと混合し，塗布したあとに焼成するものです．印刷によるパターン形成が可能なため，現在の主流である角形チップ抵抗や集合抵抗に広く使われています．

　抵抗値範囲が広く温度係数も±200 ppm/℃程度と中庸で，ノイズも炭素系より優れています．低抵抗域や高抵抗域に特化したシリーズもあり，全体として0.1 Ω～100 MΩ以上をカバーします．

▶薄膜型金属系

　真空蒸着によって抵抗体を形成するもので，厚膜型とは製法も特性も違います．製造設備は大がかりですが，±50～5 ppm/℃と温度係数の良い抵抗が得られます．かつては薄膜型を製造するメーカが限られていたのですが，現在では厚膜型に次ぐ生産量となっています．薄膜型にも低抵抗域に特化したものがあり，全体として0.1 Ω～1 MΩの広い領域をカバーします．

▶酸化金属皮膜系

　抵抗体に金属酸化物を使ったものです．抵抗値範囲は10 Ω～数十kΩ，温度係数は±200 ppm/℃と中庸です．抵抗体の耐熱性が高いために，中電力用抵抗として使われています．

　表面実装用もありますが，主流はリード付です．

▶金属線および金属リボン

　合金製ワイヤやリボン線を抵抗体とするもので，巻き線型として利用されます．温度係数±200～5 ppm/℃の優れたものが得られます．しかし，寄生インダクタンスが大きな場合があり，無誘導型であっても高周波回路には使用しない方が無難でしょう．

　抵抗値範囲も機械的制限から0.1 Ω～数十kΩと低いほうに偏っています．

▶金属板

　合金の金属板を抵抗体として使ったもので，1mΩ～10 Ω程度と低い値が専門です．温度係数は数十～数百ppm/℃でサージ電流に強いために，電流検出抵抗としてよく使われます．表面実装用も，4端子型や抵抗体単独のシャント型などバリエーションも豊かになってきました．

▶金属箔

　合金箔をセラミック板に張り付け，エッチング処理で抵抗体を構成したものです．材料の組み合わせで5 ppm/℃以下という温度係数の高精度抵抗が得られます．抵抗値範囲は0.1 Ω～100 kΩと低抵抗側に広く，早期からモールド型のチップが供給されていました．問題は製造メーカが少なく，高価であることです．

表4　角板型の厚膜型金属皮膜抵抗器の仕様例（1608サイズ）

項目	定格値など
抵抗値範囲	1 Ω～10 MΩ
抵抗値ステップ	E24系列
トレランス	J（±5%）またはG（±2%）
抵抗温度係数	±200 ppm/℃以下（10 Ω～1 MΩ） ±400 ppm/℃以下（1～9.1 Ω，1.1～10 MΩ）
定格電力	1/10 W
定格電圧	50 V
故障モード	規定なし（通常オープン側）
寄生インダクタンスと寄生容量	規定なし（抵抗値にもよるが50 Ω /75 Ω程度ならば1 GHzくらいまで特に気にせず使える）
ノイズやひずみ	規定なし（通常は問題にならない）
入手性と価格	チップ型としては最もポピュラ．単価1円以下だがリール買いの必要あり．小分け売りの場合は10個で単価10～20円程度

● ほとんどの用途に使える厚膜型チップ抵抗の性能と限界

　現在，最もポピュラな抵抗器は角板型の厚膜型金属皮膜抵抗器です．表4に示すのは，あるメーカの汎用品の仕様です．この抵抗器を基に，その性能について見ていきましょう．

　表4に示す抵抗値範囲，抵抗値ステップ，トレランスは通常の設計には十分です．抵抗温度係数は抵抗値域の両端で少し荒れますが，カーボン抵抗に比べればずいぶん良い特性です．しかし，定格電力はリード付き部品とは感覚が違います．主流の1608サイズの場合，両端にかかる電圧が3.3 Vの場合は110 Ω以上，5 Vの場合は270 Ω，12 Vに至っては1.5 kΩ以上でないと定格電力を越えてしまいます．また，小型DC-DCコンバータのスナバなどに使う場合は定格電圧にも注意が必要です．

　故障モードや寄生インダクタンスと寄生容量，ノイズやひずみに関する規定は特にありませんが，通常の回路では問題にならないレベルです．

● 厚膜型チップ抵抗では能力不足の場合

　厚膜型チップ抵抗器はかなり性能の良い部品ですが，回路によっては能力不足になる場合もあります．

▶もっと低い抵抗値が欲しい

　数十mΩ～10 Ωの低抵抗域に最適化された，低抵抗厚膜チップ抵抗があります．それ以下は金属箔チップの出番ですが，いずれも基板パターンの抵抗ぶんを計算に入れて，必要に応じて4端子抵抗を使うようにします．

▶もっと高い抵抗値が欲しい

　高抵抗専業メーカのチップは150 GΩまでありますが，浮遊容量や諸特性を考えれば1 GΩが回路上の限界でしょう．それでもチップの周辺にスリットやガー

写真2 チップ・コンデンサの外観

ド・パターンを設けないと，基板の漏洩電流のほうが多くなってしまいます．

▶ もっと精度を上げたい

厚膜型にはトレランスが±0.5%の高精度型もありますが，温度係数は±100 ppm/℃程度あります．

これに対して薄膜型チップの温度係数は，標準品で±25 ppm/℃以下です．さらに高精度型ならば±5 ppm/℃以下，トレランスも±0.02%まであります．金属箔型チップは少々大き目ですが，温度係数±5 ppm以下，トレランス0.01%まで選択できます．

ところで，アナログ回路では個々の抵抗値より，抵抗値の比で精度が決まることが多いものです．このような場合に薄膜集合抵抗を使うと，抵抗素子間の温度係数がマッチしており，使用時の素子温度もほぼ同じになるため精度が向上します．

▶ もっと大電力の抵抗が欲しい

汎用チップ抵抗の定格電力には限界があります．10 W以下の中電力には電力型チップやリード付き部品を使いますが，製品自体が小さくなった昨今では放熱経路をよく吟味しないと，部品落ちや低温やけどなどを引き起こすことがあります．

▶ もっと定格電圧の高い抵抗が欲しい

特殊な高圧用チップ抵抗が発売されていますが，リード付きの高圧抵抗のほうが入手が容易で基板面積も小さくできます．

▶ 故障時には必ずオープン・モードにしたい

抵抗器に過負荷がかかった際に，必ずオープン・モードになるヒューズ抵抗器を選択します．オープン状態になる条件は，品種と抵抗値，周囲温度によって違います．

▶ もっと高周波特性の良い抵抗が欲しい

ストリップ・ライン幅に合わせたチップを使っても反射が問題になるような高周波では，チップ上の抵抗体パターンの形や，チップの厚みが無視できません．このような場合には，チップを裏返しにはんだ付けする「フリップ・チップ」や，微小なワイヤ・ボンディング用チップを使用します．

コンデンサの基礎知識

コンデンサは抵抗器よりずっと品種が多いのです．これは現実のコンデンサが理想に遠く，何にでも使えるようなコンデンサが存在しないためです(写真2)．

● コンデンサの性能を表す14種のパラメータ

コンデンサの使われかたは，デカップリングや電荷蓄積，微積分など多岐にわたります．これに加えて，現実のコンデンサが理想に遠いことから，性能を表すパラメータは抵抗器よりも多くなります．

① 静電容量値範囲

その品種で製作可能な静電容量値の範囲です．

抵抗器は抵抗体パターンの形を変えるだけで，無数の抵抗値を作ることができます．しかしコンデンサの静電容量は，誘電体材料とその厚みが同じならば，電極面積を増減するしかなく，そのままサイズに反映されます．

そういうわけで1品種でカバーできる容量範囲は狭く，必然的に品種が増えてしまいます．図5に，品種ごとの容量値の範囲をまとめておきます．

② 静電容量ステップ

コンデンサの容量値も表1に示したE系列に従います．抵抗器と違うのは，細かな容量調整が難しいために，E3またはE6系列準拠の品種が多いことです．

③ 容量トレランス

表示値と実際の静電容量とのずれを表します．

コンデンサでは，表5に示す略号やカラー・コードが使われます．調整法や温度係数の関係から品種による差が大きく，また比較的良いものでも±5〜20%程度と，抵抗器よりずいぶんラフです．

④ 容量温度係数

温度による静電容量の変化を表します．秀才ぞろいの抵抗器とは違い，見た目は同じなのに，数十ppm/℃以下の優秀なものもあれば，別の品種は50℃の温度変化で容量が1/2というように，品種によって極端な違いがあり，要注意です．

⑤ 定格電圧

コンデンサに繰り返しかけることのできる最大電圧です．直流用と交流用で定義が異なります．

抵抗器では定格電力を越えることが素子破壊の第一原因ですが，コンデンサでは定格電圧超過や極性の逆転による誘電体破損がほとんどです．

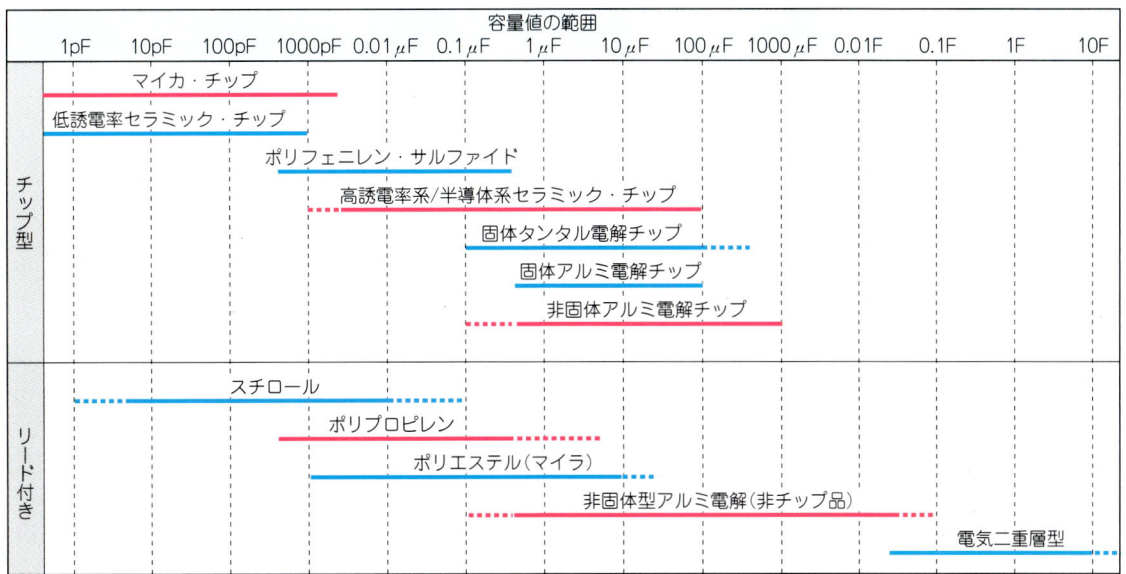

図5　品種ごとの静電容量範囲

コンデンサの品種は膨大であるため，代表的なものを示すに留めた．図中のコンデンサには構造や目的別にさまざまな製品があり，同一品種でこの容量範囲をカバーしているわけではない．

表5　容量値のトレランスを表す略号とカラー・コード

小さなコンデンサへの表記や部品型番には略号や色マークが使われることが多い．

(a) 10 pF以下の場合

略号	色	誤差[pF]
C	灰	±0.25
D	緑	±0.5
F	白	±1
G	黒	±2

(b) 10 pFを越える場合

略号	色	誤差[%]
F	茶	±1
G	赤	±2
J	緑	±5
K	白	±10
M	黒	±20
Z	灰	+80/−20
P	青	+100/−0

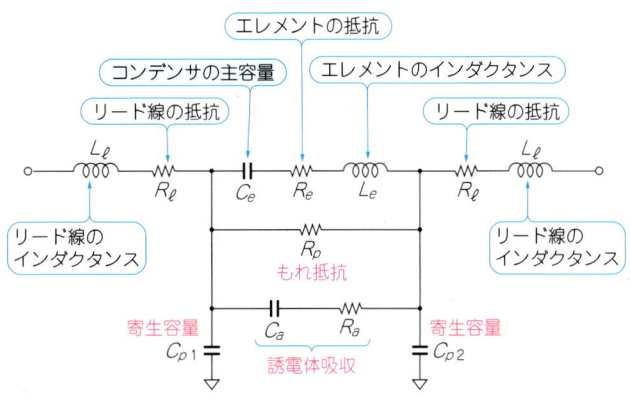

図6　現実のコンデンサの等価回路

⑥極性（狭義）

アルミ電解コンデンサやタンタル・コンデンサなどは＋／－の区別のある有極性コンデンサです．有極性コンデンサを使用するときは原則として，一瞬でも極性が逆転する状況を作ってはいけません．

これは設計上の足かせですが，ほかでは得難い容量密度のために，回路のほうを改変することもあります．

⑦使用温度範囲

コンデンサの耐熱／耐寒温度です．抵抗器と比べると，コンデンサには85℃で誘電体が軟化するフィルム・コンデンサや，電解液が蒸発したり低温で特性が悪化する非固体型電解コンデンサなど，範囲の狭いものがあります．

⑧周波数特性と寄生成分

コンデンサを買ったつもりでも，その中にはコイル分（Equivalent Series Inductance；ESL）や直列抵抗分（Equivalent Series Resistance；ESR）が潜んでいます．これは決してお買い得ではなく，周波数-インピーダンス特性を乱す邪魔者です．寄生パラメータの大小は主にコンデンサの構造に由来します．

実装時を想定した等価回路は図6のようになります．

図7に示すのは，実際のコンデンサのインピーダンス-周波数特性の例です．

⑨誘電正接

コンデンサに流れる正弦波電流の位相は電圧と90°ずれると習いましたが，現実のコンデンサでは誘電体損失により角度δだけ小さくなります．

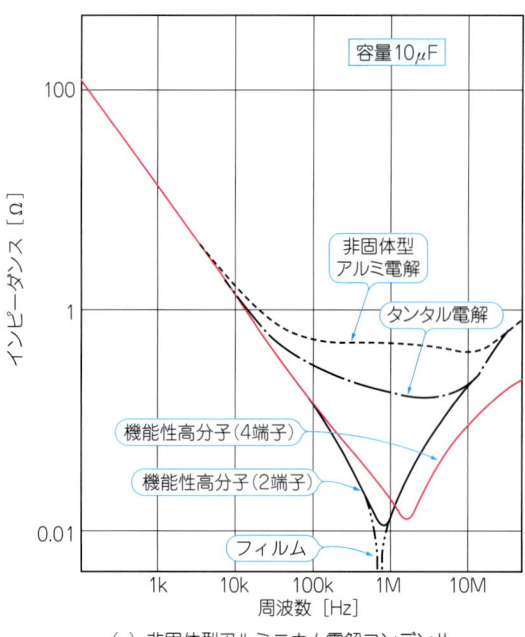

(a) 非固体型アルミニウム電解コンデンサ　　(b) フィルム・コンデンサ

図7　現実のコンデンサのインピーダンス-周波数特性

　これは，図8のように，理想コンデンサのインピーダンス（$-jZC$）に対して，$ZC\tan\delta$相当の損失があるとも考えられ，実際にそのとおり発熱します．この$\tan\delta$を**誘電正接**と呼び，電源インバータ用などコンデンサに**大電流を流す場合は重要なパラメータ**です．$\tan\delta$の値は周波数によっても変化します．

⑩誘電体吸収

　一度放電させたはずのコンデンサに，後から電荷が現れる現象です．一見問題にならないように思えますが，電子テスタなどに使われている2重積分回路では大きな非直線性誤差を生む要因になります．

⑪漏れ電流

　誘電体の欠損などで充電電荷の一部が漏れてしまうことで，電解系のコンデンサで顕著です．
　タイマなど長時定数の回路で問題になるほか，漏れ電流の不規則性がノイズとなるため，オーディオ回路でも嫌われます．

⑫静電容量の電圧依存性

　コンデンサにかかる電圧で静電容量が変化する度合いです．
　意外に思うかもしれませんが，高誘電率系のコンデンサでは誘電体の分極飽和により，定格電圧で容量が半分以下に減少するものがあります．この種のコンデンサは積分回路に使えないのは当然で，オーディオ回路などでもひずみの原因になります．

⑬故障モード

　定格電圧や温度範囲を越えると誘電体が破損し，ショート・モードで壊れるのが普通なので，特に電源回路では対策が必要です．これに対して，非固体型アルミ電解コンデンサの電解液蒸発（ドライ・アップ）劣化はオープン・モードになります．
　機械的な配慮も必要です．非個体型電解コンデンサに大きなストレスをかけると内圧が上昇し，安全弁が作動して電解液が漏れる可能性があります．

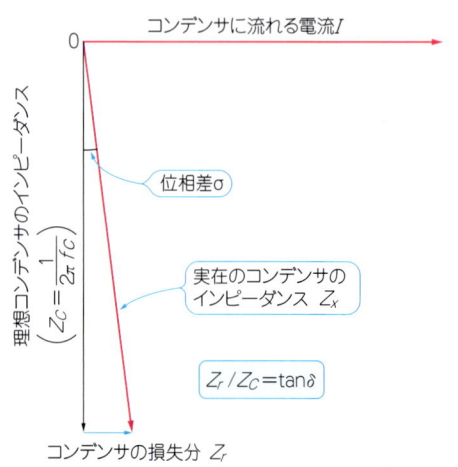

図8　コンデンサの誘電体損失

タンタル・コンデンサではケースが割れ，二酸化マンガン層が露出することがあります．これは酸化剤でもあるので，周囲のグラファイトや樹脂が発火する危険性もあります．そのためにヒューズ内蔵のタンタル・コンデンサがあります．

⑭物理寸法と価格，入手性

静電容量範囲の項で述べたように，静電容量と体積は連動しています．コンデンサは体積密度の向上を求めて進化してきましたが，やはりオールマイティなものはなく，特に体積密度の高いものは他の特性を犠牲にしています．

チップ・コンデンサのうち積層セラミックなど小型のものは抵抗器と共通のJIS/EIA外形規格で作られています．アルミ電解チップやタンタル・チップなどはフット・プリントを共通化し，互換性をもたせています．

コンデンサの価格も品種により千差万別で，性能とは直線的な関係にありません．抵抗器と違うのは，同じ品種定格ならば静電容量が大きいほど高価である点です．

チップ・コンデンサの入手性は，抵抗器ほど良くなく，苦労させられましたが，現在ではWeb上で1個から注文することができます．

● 誘電体材料による違い

コンデンサの名称と重要なパラメータは，誘電体に強く依存します．誘電体の材質と特徴は次のとおりです．

▶セラミック

誘電体にセラミック（磁器）を使うもので，耐熱性が高く，また高周波特性や体積効率の良い積層構造が可能なため，チップ化に向いています．セラミック・チップ・コンデンサは0.5 pF～100 μFと非常に広い容量域をカバーしているように見えます．しかしカタログをよく見ると，容量変化につれてサイズだけではなく，温度特性や定格電圧が次々と変わっているのが分かります．これは，誘電体の種類や厚みの違う本来ならば別々の品種とすべきものを同じ名称でシリーズ化しているだけなのです．

セラミック・コンデンサは誘電体により「低誘電率系」と「高誘電率系」に大別できますが，外見からは全く見分けがつきません．しかし低誘電率系とほかの二つは，驚くほど特性が違い，しばしばトラブルの元になります．

【低誘電率系セラミック】

アルミナ系セラミックを基材としたもので，電気的特性にたいへん優れています．温度特性はCH特性(0±60 ppm/℃)からSL特性(+350～－1000 ppm/℃)まで選択できますが，誘電率が低いために小容量に限られます．1608サイズ，定格電圧25 V以上，温度係数CH特性の角形チップ・コンデンサの容量範囲は0.5 pF～1000 pF程度，ラインアップはE12系列です．

【高誘電率系セラミック】

誘電体にはチタン酸バリウム系を使い，製法により誘電率が非常に高いものが得られます．ただし誘電率の高い材料は温度係数が極端に大きくなり，最も安定なB特性は－25～85℃の温度範囲で静電容量変化は±10％ですが，F特性のものは同じ温度範囲で＋30％／－80％も変動し，しかも直線的に変化しません．

容量の電圧依存性も高く，ある製品に最大定格電圧付近の直流電圧をかけると，B特性のもので－20％，F特性に至っては最大で－70％もの容量低下となります．

しかし容量密度は非常に高く，1608サイズ，定格電圧25 V以上の角形チップ・コンデンサは，B/F特性とも10 μFまであります．F特性のものは電源のデカップリング・コンデンサ（パスコン）など静電容量が変動してもよい用途に大量に使われます．

携帯電話などでの小型バッテリ機器の普及に伴い，低圧大容量のセラミック・チップが登場しました．これはB特性ながら誘電体厚みを極限にまで薄くし，3.2×1.6 mmのサイズで16 V 47 μF，大きめの4.5×3.2mmでは10 V 100 μFというもので，DC-DCコンバータの平滑回路からタンタル・コンデンサやアルミ電解コンデンサを排除する勢いです．

▶マイカ（雲母）

鉱物の雲母を使ったものです．長い歴史があり，耐熱性が高く表面実装にも対応しています．標準コンデンサとして使われるほど安定性や電気的特性に優れます．特殊な大型ブロック型もありますが，雲母の誘電率が低いのでチップ型なら数百pFが限界です．製造メーカが少なく割高であるのが玉にきずです．

▶プラスチック・フィルム

プラスチック・フィルムはしなやかで種類が多く大量生産も可能なため盛んに使われましたが，耐熱性が低く，今のところPPS（ポリフェニレン・サルファイド）以外はチップ化できていません．

【ポリプロピレン】

バケツでおなじみの樹脂です．機械的強度や電気的特性に優れ，電極蒸着も可能です．しかし誘電率が低く大型になり，また85℃以上で軟化するためチップ化できません．高周波での誘電体損失が小さいので，蛍光灯インバータ回路などに使われます．

【スチロール】

CDケースなどに使われる透明な樹脂で，電気的特

性や加工性は優秀ですが，耐熱性や耐溶剤性に劣りチップ化できないため，存亡が危ぶまれています．

一部の高級オーディオ機器や，通信機のIF回路などに使われます．

【ポリフェニレン・サルファイド】

比較的新しい硫黄原子を含むエンジニアリング・プラスチックです．電気的特性は中庸ですが，耐熱性が高く，唯一のフィルム系チップ・コンデンサとして貴重な存在です．

【ポリエステル】

極薄フィルムにでき，電極蒸着や積層化が可能なため，フィルム・コンデンサとしては最もポピュラです．しかし，耐熱性の問題でチップ化できないのが問題点です．

▶電解系

電解系のコンデンサの特徴は，微細な凹凸で表面積を増やした電極表面に，化学処理で直接誘電体を形成することです．誘電体の誘電率自体は高くないのですが，表面積が非常に大きく膜厚がたいへん薄いため，小型大容量化が可能です．

問題は誘電体膜と対向電極間の電気的接続で，ここに高導電性固体を使う固体型と，電解液を使う非固体型に分類できます．また，誘電体付きの電極をマイナスにすると誘電体膜が分解するので，特殊なもの以外は有極性となります．

【非固体型アルミニウム電解コンデンサ】

最もポピュラな歴史のある大容量コンデンサです．電極はアルミニウム，誘電体は酸化アルミニウム（Al_2O_3）で，負極との間に導電性溶液（電解液）を使用します．0.1～100,000 μF以上の静電容量範囲と600 Vまでの定格電圧に対応できますが，標準品の誘電正接や漏れ電流などの電気的特性は決して良くありません．また，電解液を使用しているため高温では寿命が累乗的に短くなり，低温では直列抵抗ぶんが大きくなります．しかし，電解液やケースの改良でこれらの欠点を補った品種が次々に開発されています．

ユーザの要望もあり，比較的初期から表面実装に対応されました．その方法は耐熱性の低いコンデンサ素子のリード線に耐熱性マウントを付けたものです．リード付きと同様に，はんだ付けの温度と時間は厳守する必要があります．なお，コンデンサ内部に塩素などのハロゲン属イオンが侵入すると劣化するために，洗浄や機械的補強材には注意が必要です．

【固体型アルミニウム電解コンデンサ】

電極構造は非固体型と同じですが，電解液の代わりに導電性プラスチックなどの可塑性導電固体を使います．非固体型に比べて耐環境性や寿命，周波数特性などは大幅に改善されますが，容量範囲は数百 μFまで，定格電圧は35 Vまでになります．

チップ型は非固体型同様かタンタル・コンデンサのようなモールド型で，特に新製品はチップ製品だけ発売されるのが通例です．

【タンタル電解コンデンサ】

電極に安定な金属タンタル，誘電体に酸化タンタル（Ta_2O_5）を使ったコンデンサです．非固体型（湿式）もありますが，現在流通しているのは，ほとんど固体型です．固体型は誘電体膜表面に二酸化マンガンを析出させてミクロの凹凸を埋め，その上に黒鉛の層を焼き付けたあと，銀パラジウムなどで陰極リードを接続します．タンタル電解コンデンサは比較的高い周波数まで低インピーダンスですが，容量範囲は100 μF程度まで，定格電圧は35 Vまでと低めになります．また，極性を厳密に守らないとショート・モードで破壊します．

小型大容量であり高温に耐えるので，早くから樹脂モールド型でチップ化され，大量に使用されてきました．しかし，タンタル資源は地理的に偏在しているため，政情などで安定供給に疑問が出てきました．

【ニオブ・コンデンサ】

電極に金属ニオブ，誘電体に酸化ニオブを使ったコンデンサです．タンタルに似た物性をもちながら原子力関連や冶金用途以外には使われなかったニオブですが，資源的に不安なタンタルの代替として注目を集めています．

現在入手可能なのは海外製品だけですが，国内各社とも開発レポートが出ています．電気的特性もタンタル・コンデンサに似ていますが，使用条件にはタンタルほどのデリケートさはないようです．

【電気二重層コンデンサ】

電極に活性炭，誘電体に活性炭表面に配向した有機電解液分子自身を使ったコンデンサで，誘電体厚みが分子数個ぶんと極端に薄く，F単位の大容量が得られます．そのぶん定格電圧が低く内部抵抗が高いために，メモリ・バックアップなどに使われてきました．しかし岡村氏らによって，適切な外部コンバータとそれに合った素子の開発が進み，エネルギー蓄積に新たな可能性が見えてきました[2]．

コイルの基礎知識

コイルの品種は用途別に分類されているのが普通です．これは現実のコイルはコンデンサよりさらに理想に遠く，各特性を同時に良くできないからで，使う側も自分の回路では，どのパラメータを重視し，何を犠牲にしてもよいかを明確にして選ぶ必要があります（**写真3**）．

● コイルのコアの素材と構造

　コイルはコア素材と磁路構造によって電気的特性や適応用途がずいぶん違います．そこで最初はこの観点からコイルを五つに大分類してみました．

▶ コアなし(空芯型)

　磁性体を使わないコイルで，巻き線だけのものや，基板上にパターンで作ったもの，コアなしボビンを使ったものがあります．

　理論的に磁気飽和がなく低損失ですが，作成可能なインダクタンスが小さく，チップ・コイルでは数百nHまでとなります．

　主に高周波用や位相補償に使います．基本的に開磁路なので干渉にも注意が必要です．

▶ フェライト・コア付き閉磁路

　コア材にフェライトを使ったコイルのうち，ドーナツ型のトロイダル・コアのように磁路に継ぎ目のないものや，ポット・コアのように狭いギャップしかないものです．磁気シールド付きのドラム・コアやフェライト・ビーズもこれに分類されます．

　フェライト材はどれも黒褐色ですが，種類が多く特性も千差万別で，チップ・コイルだけでも数十nHから数十mHまでの広いインダクタンス範囲をカバーします．

　閉磁路型は漏洩磁束が少ないためにDC-DCコンバータやパルス回路などに不可欠ですが，一般にフェライト材は断面積当たりの飽和磁束密度が低いので，磁気飽和しやすく，その際のインダクタンス変化が急です．

▶ フェライト・コア付き開磁路

　コア付き10Kボビンやドラム・コアなど，磁路が閉じていないものです．閉磁路型と比べてコアが飽和しにくくインダクタンス変化もなだらかなので，直流用電源フィルタにも使われます．開磁型チップ・コイルのインダクタンス範囲も数十nHから数十mH程度までたいへん広いものです．

　しかし外部の磁気ノイズを拾いやすく，逆にPWMなどでパルス駆動すると外部に広帯域の磁気ノイズを出します．また，複数個の実装には相互干渉を起こさないよう配置に工夫が必要です．

▶ アモルファス・コア

　中～低周波において，普通は閉磁路型として使われます．フェライト・コアより飽和磁束密度を大きく取れるので，EMIフィルタやDC-DC変換に向いています．

▶ 鉄系のコア

　パーマロイやカット・コア，鉄シート・コアなどで，普通は閉磁路型で使います．透磁率が高くフェライト系に比べて格段に大きな磁束密度が得られ，数mH以上の領域で使われます．しかし，コアの高周波損失が

写真3　チップ・コイルの外観

大きいので，周波数領域は低周波に限られます．

● コイルの性能を表す8種のパラメータ

　ここで取り上げるコイルのパラメータは少ないのですが，一部のパラメータは非直線的に変化し，机上の計算だけでは設計しづらいので，しばしば「コイルは難しい」と言われます．

①インダクタンス範囲

　同じ品種で製作可能なインダクタンスの範囲です．

　インダクタンスは交差数(巻き数)の自乗に比例しますので，インダクタンス範囲は広いのですが，チップ部品はコアやボビンの機械的制限により，思いのほか狭いものがあります．

　なお，コア付きコイルのインダクタンスは測定する周波数でも異なりますので，カタログ上の測定条件にも気を付けてください．

②インダクタンス・ステップ

　コイルもE系列でラインアップされています．これは自乗法則になじみがよいのですが，巻き線型ではとびとびの値にしか調整できません．高周波用のステップの細かなものでE12程度，普通はE6～E3が標準です．

③トレランス

　公称値と実際のインダクタンスとのずれを表します．フィルタ用など精密なもので±2～5％，汎用のものは±10％以上です．なお，閉磁路型のギャップ幅が狭いものはインダクタンスの変動が大きいため，調整ねじが付いている場合があります．

④定格電流とインダクタンス曲線

　コイルに流してよい電流の最大値です．定格電流を制限する要因は，コアの磁気飽和とコイルの温度上昇の二つがあり，その小さいほうで規定します．

　自己インダクタンスは，コイルの電流変化→磁束の変化→コイルに逆起電力発生…というプロセスで生まれます．コアが磁気飽和すると磁束の変化が急に少な

くなり，空芯コイルに近いインダクタンスへ低下します．この変化は非直線的に起こるので，インダクタンス曲線のグラフが記載されることがあります．データシート上では，インダクタンスがある割合（例えば10％）減る電流値を最大電流として規定しています．

　一方，巻き線が細く巻き数の多いコイルは，磁気飽和に至る前に，ワイヤの電気抵抗による発熱で定格電流が制限されます．

　特に小型のチップ・インダクタはコア・サイズや巻き線スペースが極端に小さいので，数十mAの回路でも定格電流をチェックしないといけません．

⑤直流抵抗

コイルの直流抵抗ぶんで，DC-DCコンバータでは変換効率を落としたり，フィルタなどではQを低下させる要因になります．特にチップ・インダクタは，必要以上に小型化されてしまい，空芯コイルでもQの低いものが目立つようになりました．

⑥自己共振周波数

　図9の等価回路に示すように現実のコイルには，前述の抵抗ぶん以外に寄生容量が潜んでいます．これは巻き線間の結合容量や端子などの浮遊容量で，本来のインダクタンスと並列共振回路を構成してしまいます．

　この共振周波数が自己共振周波数で，この周波数以上ではもはやコイルとして動作しません．実用的にはこの数分の1以下の周波数でなければ，見かけのリアクタンスが予測できず，定数計算が困難になります．

⑦コア損失（周波数特性）

コアの磁気的な高周波損失で，巨視的には周波数の上昇につれて直列抵抗ぶんが増えていくように見えます．コア損失はコア材によって大きく違い，コア損失は非直線的に変化するためグラフで示されることがあります．

　なお，フェライト・ビーズは目的の周波数以上で意図的に損失の大きくなるコア材を使い，ノイズを吸収するものです．

⑧サイズと重量

　微細ワイヤ巻き技術やボビンレス構造などにより，現在は抵抗器などと大差ない大きさのチップ・コイルもあります．しかし物理法則は不変で，大きなエネルギーを扱うにはそれに見合った大きなコアが，直流抵抗を小さくするには太い巻き線がやはり必要です．

　コイルは金属（酸化物）系のコア材と，銅線の塊ですから，他の部品と比べてかなり重くなります．

⑨入手性と価格

　汎用品中心の抵抗器やコンデンサとは違い，コイルはカスタム品の比率が高いものです．また，カタログ掲載のモデルにも標準在庫品と受注生産品とが混在していて，同様な仕様なのに片方は即納，もう一方は納期3か月ということがあります．

　例によってチップ・インダクタはリール供給が原則ですが，小電力DC-DCコンバータ用のパワー・コイルなどはバルク販売するメーカもあります．

　　　　　　　　＊　　　　　＊

　本章では普段あまり現実の部品に触れることのない方を対象に，実際に販売されている抵抗器／コンデンサ／コイルについて解説しました．

　ただ，さまざまな立場の読者に対してもれなく説明しようとしたため，項目が多く煩雑になってしまったかもしれません．また筆者も，常に全ての項目を考えながら部品選択をしているわけではなく，回路によっては計算しなくとも自明な項目もあります．

　しかし知っていて省略するのと，はじめから知らないのとでは大きな差があることを，心に留めておいてください．

◆参考文献◆
(1) 三宅和司；抵抗＆コンデンサの適材適所，2000年3月，CQ出版㈱．
(2) 岡村廸夫；短期連載　実験セットで学ぶ新蓄電システムECS，トランジスタ技術，2001年2月号～5月号，CQ出版㈱．

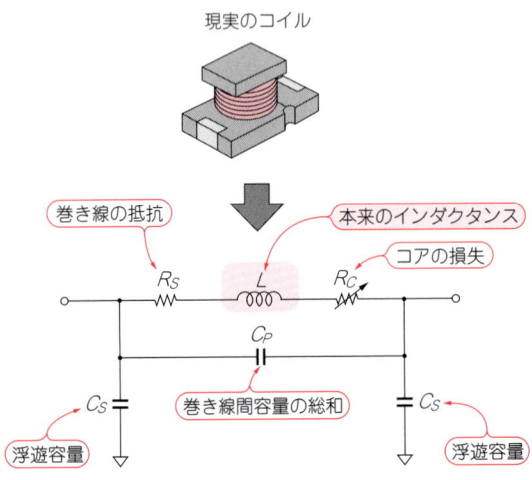

図9　現実のコイルの等価回路

（初出：「トランジスタ技術」2004年6月号　特集　第1章）

回路ドキュメントの目的と定数設計の意義

Column

　皆さんは回路定数や部品の種類をどうやって決めていますか？　本誌に掲載されている回路や，ICのデータシート中の推奨回路の定数や品番をそのまま使う方法もあります．これは迅速に目的を達成する最良の方法かもしれませんし，何事も模倣から始まるのは世の習いです．

　しかしいつもそればかりでは，少し条件が違うだけで，たちまち対応できなくなってしまうでしょうし，スキルアップの速度も鈍ってしまいます．これは電子回路に対するスタンスの問題につながっています．

　そこで少々遠回りに思えますが，電子回路で使われるドキュメントの意義と回路定数の役割について考えてみましょう．

● 電子回路を表現するドキュメント

　電子回路を表現するドキュメントとして，
　　回路図：回路の構成と接続を表現している図面
　　部品表：定数と具体的な品種を表している図面
　　パターン/実装指示図：接続方法を表している図面
の三つが一般的です．

　このうち回路図には定数や簡単な指示が書き込めるなど，情報量が多いため最重要であると思われています．しかし，例えば高精度のアナログ回路では部品表が，マイクロ波回路ではパターン指示図がもっとも重要なドキュメントになることがあります．

● 回路ドキュメントの目的

　これら回路ドキュメントの目的には，
　　(1) その回路を製造するための資料
　　(2) 回路意図を表現するための手段
の二つの側面があります．前者はよいとして，後者の「回路意図」とは何でしょうか．それは設計者が多数の選択肢のなかから，
　● なぜこの回路構成にしたか…
　● この定数と部品を選定した必然性は…
　● わざわざパターンを指定した背景は何か…

などの意図を指しています．そして本書のような技術専門書では，当然(2)の比重が高くあるべきです．

　ただそのすべてを文章にすると，本書などは今の数倍の厚さになりますし，読むほうもたいへんなので，これらを回路ドキュメントに託しているわけです．筆者も自分の回路がそのまま読者に利用されるより，自分の回路意図を読者の皆さんに読み取っていただいて，それが互いのスキルアップにつながるほうが格段に嬉しいのです．

● 回路定数を決めるということ

　既に述べたように，回路定数にも設計者の回路意図が現れています．特にアナログ回路部分には，無数にある定数のなかから何に配慮してこの組み合わせを選んだかなど，設計者の意図が濃厚に含まれています．

　しかし回路意図を読み取るには，その前提として，
　　(1) その回路の詳細な動作の理解
　　(2) 現実の部品に対する知識
が必要です．

　本書にはさまざまな回路が掲載されていて，各部品には定数が記載されています．ところで，このうちのどれかの定数を変えると何が起こるか，予測できますか？

　これに答えるには，まずその回路の各部(IC内回路を含む)がどういう流れと原理で何をしているかを詳細に知らなければなりません．

● 定数設計をするときは現実の部品の知識が必須

　本書掲載の回路は，各筆者が現実の部品で製作した回路ばかりだと思います．現実の電子部品のふるまいは理想的な電子部品とは違います．そこで設計者はその限界を考慮しつつ，目的の動作が可能なように部品の定数や品種を選んでいます．

　つまり設計する側だけでなく，設計者の定数選択の意図を読み取る側にも，部品の知識が欠かせないというわけです．

第2章　ビデオ・バッファや差動増幅回路を動かしながらマスタしよう！
OPアンプ回路の定数設計と部品選び

川田　章弘

> OPアンプ回路の基本である反転増幅回路の設計からスタートし，OPアンプICの各種パラメータについて復習します．ビデオ帯域，およびオーディオ帯域増幅回路の定数設計や低ドリフト直流増幅回路について実験しながら学びます．

「OP(オペ)アンプとは，OPerational Amplifier，すなわち演算増幅器の略称です」と，いきなり説明されても，「何で演算なの！？」という人がほとんどだと思います．現在のOPアンプの応用例を考えると，とても「演算」という言葉は連想できません．ちなみに，私もOPアンプを「演算器」として使った経験はありません．

なぜ「演算」なのかというと，かつてOPアンプは「アナログ・コンピュータ」に応用されていたからです．CPUのクロック周波数を競っているような現在から考えると，増幅器で計算するって，すごいと思いませんか？

さて，技術開発史を知っておくことは，技術者としての深みを増すことになるとは思いますが，そんなOPアンプの歴史については，章末の参考文献(1)などをご参照いただくとして，ここではOPアンプ回路の設計方法を基礎から学んでいきましょう．

簡単な実験で特性パラメータを理解しよう

「OPアンプ回路の実験をするには，安定化電源やオシロスコープが必要です」などと言うと「あぁ，会社でしか回路の勉強はできないのか…」と思ってしまいそうです．でも，安心してください．最初の基礎的な実験は，電池とディジタル・マルチメータ(DMM)だけでやってみます．私が使用したDMMはデスクトップ・タイプのものですが，安価なハンドヘルドDMMでも大丈夫でしょう．

実験回路を図1に示します．使用した部品はちょっとした電子部品店に行けば手に入るものばかりです．ぜひ自分で実験してみてください．現在は，電子回路シミュレータが気軽に使えるようになりましたが，そんな今でも，自分で回路を組み立ててみることは大切です．手を汚して実験することでシミュレータでは味わえない回路センスを身に付けることができます．

OPアンプには，汎用OPアンプNJM4558，単電源OPアンプNJM2904，レール・ツー・レールOPアンプTLC2202を使用しました．これらのOPアンプが手に入らない場合でも，最初の基礎実験を行うことはできます．入手できたOPアンプで実験してみてください．基板に部品を実装した状態を写真1に示します．

● OPアンプの端子名を知ろう

OPアンプの回路図記号は，図1の真ん中にある三角形の記号です．−とか+とか書かれているところと，三角形のとがったところから信号が引き出されていま

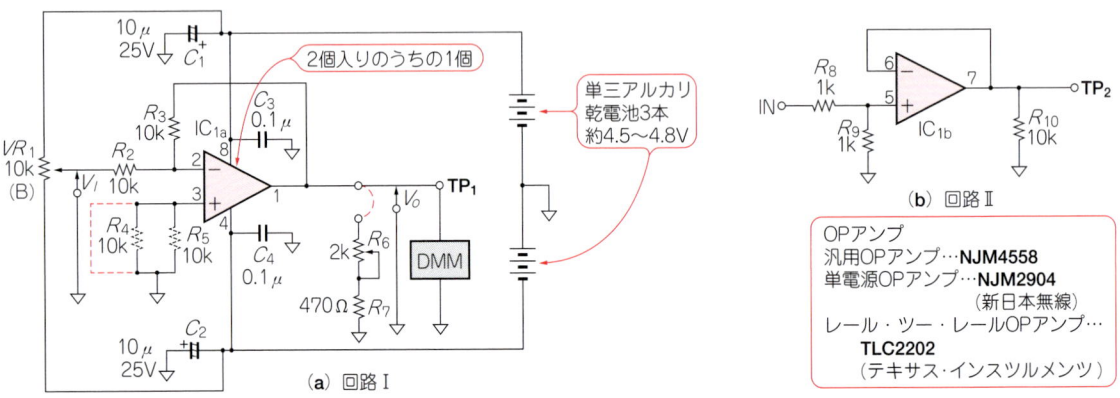

図1　OPアンプの基本動作を見るための基礎実験回路

す．これらの端子はそれぞれ下記の意味です．
- －：反転入力端子
- ＋：非反転入力端子
- とがったところ：出力端子

また，データシートを見ると，V_{CC}とかV_{EE}，またはV_+とかV_-とか書かれている端子があります．これは，

$V_{CC}(V_+)$：正電源入力端子
$V_{EE}(V_-)$：負電源入力端子

です．負電源入力端子は0V(GND)に接続して使われることもあります．このような負電源を使わない用途のために設計されたOPアンプを「単電源OPアンプ」と呼んでいます．

● 最初にデータシートをチェックする

どんなデバイスでもそうですが，OPアンプを動かすには電源が必要です．そこで，まず最初にOPアンプを動かすために必要な電源電圧をチェックしましょう．特に，デバイスを壊してしまわないためにも，絶対最大定格欄の電源電圧をよく見ておきます．この電圧を一瞬でも越えることがあると，デバイスが壊れる可能性があります．

実験に使うOPアンプは，TLC2202を除き，電源電圧±15Vで使うことができます．今回は，TLC2202が壊れないように，±4.5Vで実験することにします．単三アルカリ乾電池を3本×2で使うことになります．

● 入出力特性を調べてみよう

VR_1を変化させながら，入力電圧V_Iと出力電圧V_Oを測定してみてください．図2に私が測定した結果を示します．汎用OPアンプ，単電源OPアンプ，レール・ツー・レールOPアンプのそれぞれに特徴があることが分かります．

▶OPアンプの種類によって出力電圧範囲が違う

まず，単電源OPアンプでは，負電圧側が電源電圧に近いところまで出力できることが分かります．この

ことから，単電源OPアンプを使えば，+4.5Vの単電源で使った場合でも，入力電圧が0Vのときに，0Vに近い電圧を出力できます．

ちなみに，正負の両電源電圧のことを「レール(rail)」と呼ぶことがあります．レール・ツー・レールOPアンプとは，この電源電圧(レール)に，より近い電圧まで出力することができるOPアンプのことを言っています．図2のTLC2202の結果を見ると，だいたい電源電圧まで出力できていることが分かります．

▶OPアンプの出力は電源電圧で制限される

ここで，気を付けてほしいのは，単電源OPアンプを使った場合，電源電圧に負電圧を使わない限り，OPアンプは負電圧を出力することはできないということです．つまり，正電圧の単電源で使っているときは，図1(b)の回路でOPアンプに入力される電圧が負側に変化しても，出力は絶対に負になることはありません．

OPアンプに入力される信号がACカップリングされた信号の場合，その信号は正負の値をとります．この信号を単電源で動作しているOPアンプ増幅回路に入力しても正常な増幅動作は望めません．

▶汎用OPアンプは単電源で動作させることもできる

図2のような入出力特性を把握しておけば，汎用OPアンプを単電源で使うこともできます．図2から，NJM4558の出力は電源電圧±2V程度まで出力することができますので，+4.5Vの単電源で使用した場合，出力電圧が2.5V～2V程度の間で使うのであれば問題なく使えます．

▶位相反転に気を付けよう

今回実験したOPアンプでは，「位相反転」と呼ばれる現象は起こりませんでした．位相反転とは，入力電圧が負電源側のレールに近づくと出力電圧が，突然，正電源電圧に跳ね上がるような現象のことを言います．LF356というOPアンプは，この位相反転が起こることで有名でした．

制御機器などで位相反転が起こると重大な事故を引き起こしかねません．最近のOPアンプでは，この位

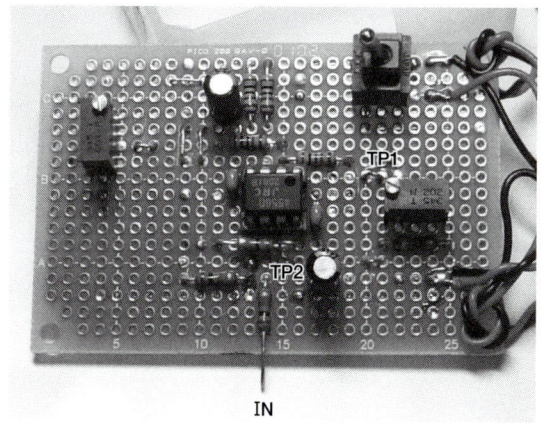

写真1 製作した基礎実験回路(図1)の外観

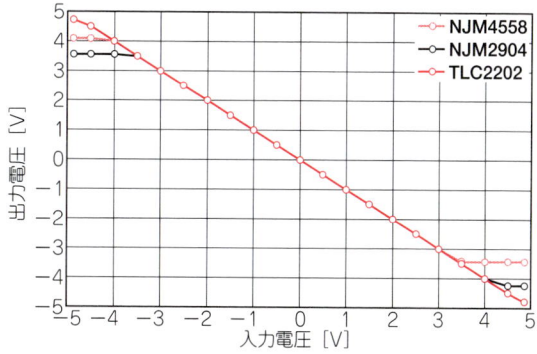

図2 OPアンプによって入出力電圧特性は異なる

相反転が起こらないものが多いようですが，両電源での使用を前提としたOPアンプを単電源で使う場合は，必ずデータシートを見て位相反転が起こらないかどうかをチェックしましょう．

● 入力電圧をゼロにしても出力はゼロにならない

図2ではよく分かりませんが，実は，入力電圧が0Vのときでも出力に数mVの電圧が出ています．これを広い意味でのオフセット電圧といいます．広い意味で…というのは，この測定値には，バイアス電流の影響も含まれているからです．バイアス電流によって，図3のようにオフセット電圧が生じます．図3から，$R_A = R_f // R_s$とすれば，バイアス電流によるオフセット電圧をキャンセルすることができそうです．

そこで，回路を少し改造して，R_4とR_5（図1参照）を接続して入力電圧0Vのときの出力電圧を測定してみました．表1に測定結果を示します．オフセット電圧が小さくなったのが分かるでしょうか．この状態でのオフセット電圧のことを，一般に「OPアンプの出力オフセット電圧」と言っています．この測定値をβ（帰還率）倍したのが，入力オフセット電圧です．実験した反転増幅器では$\beta = 1/2$なので，入力オフセット電圧V_{Ioff}は，下記のように計算できます．

$V_{Ioff} = -1.0 \,[\mathrm{mV}]/2 = -0.5 \,[\mathrm{mV}]$

データシートには，この「入力オフセット電圧」が記載されています．

ちなみに帰還率βとは，出力信号がどのくらいOPアンプの入力端子に帰還されているかの割合を示しています．OPアンプの入力端子のインピーダンスが十分に高いとすれば，抵抗による分圧比で決まることになります．反転増幅器や非反転増幅器，差動増幅器であれば，$\beta = R_s/(R_s + R_f)$になります．

また，入力オフセット電圧は，$1/\beta$（ノイズ・ゲイン）

倍されて出力されますので，アンプのゲインを大きくするほど出力のオフセット電圧は大きくなります．したがって，高ゲインの直流アンプでは，入力オフセット電圧の小さなOPアンプ（低オフセットOPアンプ）を選ぶ必要があります．

▶ オフセット電圧は温度で変動する

オフセット電圧は，温度で変動します．どのくらい変動するかは，OPアンプによって違いますが，データシートを見れば，$\mu\mathrm{V}/\mathrm{°C}$といった単位で記載されています．気を付けなければならないのは，単位が$\mu\mathrm{V}/\mathrm{°C}$だからといって，温度変化とオフセット電圧の関係が正比例であるとは限らないことです．

多くの場合，温度範囲によって変化の傾きが異なっていて，データシートの記載値は平均的な値であることがほとんどです．したがって，温度変動を気にするような回路では，必ずオフセット電圧の温度変動曲線を確認する必要があります．

● 最大出力電流もチェック

OPアンプの出力から多くの電流を取り出す場合は，データシートの最大出力電流もチェックしておく必要があります．実際に，OPアンプから取り出す電流が多くなるとどうなるのか実験してみましょう．

図1の回路の負荷抵抗R_Lの値を変化させてみて，そのときの出力電圧を記録したのが図4です．負荷抵抗R_Lが小さくなるにつれて出力電圧が小さくなっているのが分かると思います．負荷抵抗が小さいことを，回路屋は「負荷が重い」と表現することがあります．

なお，負荷抵抗が小さくなると，OPアンプの発熱が大きくなったり，ひずみが増えたりします．そこで，数kΩ以下の負荷抵抗が付くような場合は，必ずOP

表1 R_4とR_5でオフセット電圧を低減できる（OPアンプはNJM4558）

出力電圧 [mV]	抵抗なし	抵抗あり
	-1.25	-1.00

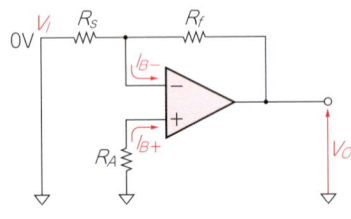

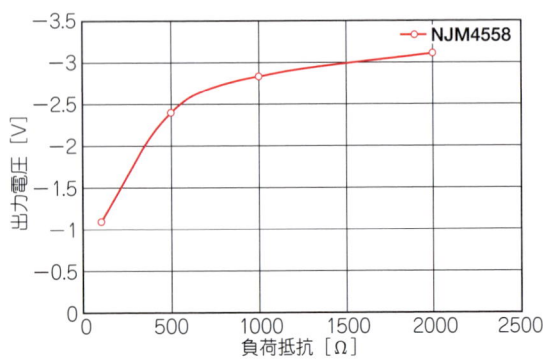

図3(4) バイアス電流によって生じるオフセット電圧

図4 負荷抵抗が小さくなると出力電圧も小さくなる

アンプの最大出力電流をチェックする習慣をつけておくとよいでしょう．

● 周辺抵抗を大きくするとバイアス電流の影響を受けやすくなる

オフセット電圧の説明のときに，バイアス電流の影響について簡単に触れました．このバイアス電流が大きく影響するのは，OPアンプ周辺の抵抗値が大きいときです．高抵抗を使わざるをえない回路では，特にバイアス電流の小さなOPアンプが必要になります．

● スルー・レートは大振幅動作で問題になる

OPアンプの特性の一つに，スルー・レートと呼ばれるものがあります．この特性は，残念ながらオシロスコープがないと測定することができません．写真2にNJM4558について図1(b)の回路で測定してみた結果を示しますので，イメージだけでもつかんでみてください．

スルー・レートが問題になるのは，OPアンプを大振幅動作させた場合です．正弦波信号で大振幅動作させたときの最大周波数（ひずみの発生しない周波数）fとスルー・レートS_Rの間には次のような関係があります．

$S_R = 2\pi f V_p$

V_p：正弦波信号の片ピーク値

大振幅動作時は，このスルー・レートの影響によってひずみが発生することがあります．スルー・レートによって信号がひずまないようにするには，$S_R \geq 2\pi f V_p$を満足するようなスルー・レートをもつOPアンプを選択します．

写真2を見るとNJM4558のスルー・レートは1.1V/μsなので，2V$_{p-p}$出力時にスルー・レートによるひずみが発生しない最大周波数は，下記のように計算できます．

$f = (1.1 \times 10^6)/(2\pi \times 1) = 175$ kHz

● A-Dコンバータ回路に使うOPアンプは高調波ひずみ率もチェックする

OPアンプを高速A-Dコンバータ回路の前段増幅器に使う場合は，特に高調波ひずみの小さなOPアンプを選ぶ必要があります．この高調波ひずみは，スペクトラム・アナライザやひずみ率計があれば測定できます．

● CMRRはコモン・モード・ノイズ除去能力の指標

CMRR(Common Mode Rejection Ratio)とは，同相成分除去比の略です．この値が大きいほど，コモン・モード・ノイズを除去する能力が高いことを示しています．CMRRは次式によって計算できます．

$k_{CMR} = 20 \log(G_{diff}/G_{comm})$

k_{CMR}：CMRR [dB]，G_{diff}：差動ゲイン [倍]，
G_{comm}：コモン・モード・ゲイン [倍]

CMRRの測定方法については，章末の文献(6)などを参考にしてみてください．

● PSRRが大きいほど電源電圧の影響を受けない

PSRR(Power Supply Rejection Ratio)とは，電源電圧除去比の略です．これは，電源電圧の変動がどのくらい入力オフセット電圧に影響してくるかを示しています．PSRRは次式によって計算できます．

$k_{PSR} = 20 \log(\Delta V_S/\Delta V_{Ioff})$

ただし，k_{PSR}：PSRR [dB]，ΔV_S：電源電圧変動 [V]，ΔV_{Ioff}：入力オフセット電圧変動 [V]

PSRRの測定方法については，章末の文献(6)などを参考にしてください．ただし，文献(6)の方法は，電源電圧変動がどの程度出力に現れるかを測定する方法なので，PSRRの定義どおりの値を得るには，測定値からゲインを引き算する必要があります．

● オープン・ループ・ゲインと位相特性

これらはOPアンプの安定性を考えるうえで大切な特性です．ボーデ線図を使った安定判別法などはとても大切な知識ですが，これについては第5章で黒田氏が詳しく説明しています．負帰還理論は，アナログ回路のプロになるための登竜門ですので，本章でアナログ回路を作る基礎を学んだあとに，ぜひ勉強しておいてください．

● 基本的なOPアンプ回路を覚えよう

「学生時代に電子回路はやったことがありません」という人がOPアンプの使われている回路図を見てもびっくりしないように，基礎的なOPアンプ回路を今のうちに覚えておきましょう．図5に教科書に必ず載っているようなOPアンプ回路を四つ示しました．とり

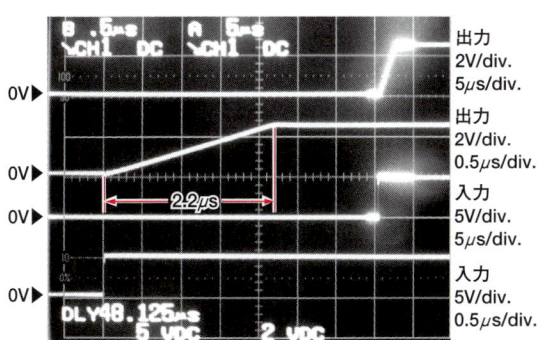

写真2 スルー・レートの実測結果
出力が2.5Vに達するまでに2.2μsの時間がかかっているので，スルー・レートは1.1V/μsとなる．

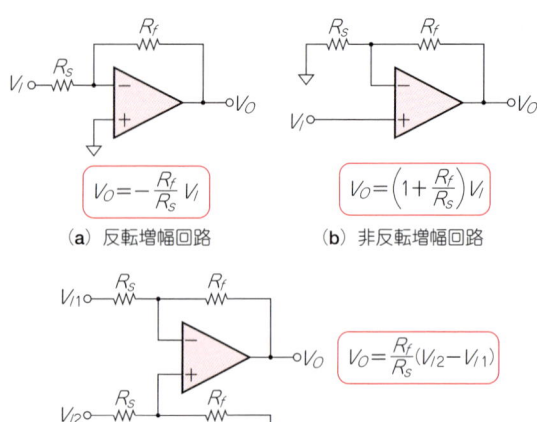

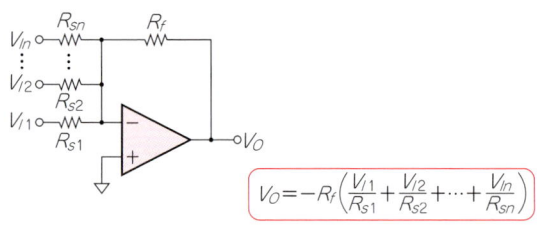

(a) 反転増幅回路 $V_O = -\frac{R_f}{R_s} V_I$

(b) 非反転増幅回路 $V_O = \left(1 + \frac{R_f}{R_s}\right) V_I$

(c) 差動増幅回路(加減算回路) $V_O = \frac{R_f}{R_s}(V_{I2} - V_{I1})$

(d) 反転型加算回路 $V_O = -R_f \left(\frac{V_{I1}}{R_{s1}} + \frac{V_{I2}}{R_{s2}} + \cdots + \frac{V_{In}}{R_{sn}}\right)$

図5 基本的なOPアンプ回路

あえず，この四つの回路の形を覚えてしまってください．そして余力があるなら，入出力の関係式（ゲインを求める式）を自分で導出してみるとよいでしょう．

OPアンプ回路の設計演習の前に知っておくこと

● 設計するときに考えること

▶ゲイン誤差

理想OPアンプを想定して計算したゲインに対する誤差をゲイン誤差と呼んでいます．
ループ・ゲイン$A\beta$によって生じるゲイン誤差は，

$G_{a\_err} = 1/A\beta$

です．通常は$A\beta$が十分に大きいと考えて設計します．高精度増幅器以外であれば，この$A\beta$の誤差は無視しても問題ありません．ただし，周波数が高くなるにつれ$A\beta$の値は小さくなりますので，当然ゲイン誤差も大きくなります．

▶CMRR誤差

非反転増幅器［図5(b)］は，CMRRの影響を受けます．CMRRを考慮したゲインの式は次のようになります．

$G = (1 + R_f/R_s)(1 + 1/k_{CMR})$

したがって，CMRRによる誤差は，次のようになります．

$\varepsilon_{CMR} = 1/k_{CMR}$

ほとんどのOPアンプのCMRRは十分大きいため，

この誤差が問題になることはあまりありませんが，知っておいてもよいでしょう．

▶オフセット誤差

直流増幅器などで，出力電圧の絶対値が大切なとき問題になります．OPアンプ自身の入力オフセット電圧による影響と，入力バイアス電流による影響を分けて考えるとすっきりします．

・入力オフセット電圧の影響の考え方

入力オフセット電圧をV_{i_off}，帰還率をβとすると，出力オフセット電圧V_{o_off}は，次のように計算できます．

$V_{o\_off} = V_{i\_off}/\beta$

$1/\beta$という値はノイズ・ゲインと呼ばれています．オフセット電圧やノイズを考えるときに登場する用語ですので，覚えておきましょう．

・入力バイアス電流の影響の考え方

図3から，入力バイアス電流をI_{B+}，およびI_{B-}とし，出力オフセット電圧を$V_{o\_off(bias)}$とすると，次式によって計算できます．

$V_{o\_off(bias)} = |(R_f // R_s)I_{B-} - R_A I_{B+}|\ (1/\beta)$

・トータルのオフセット電圧の考え方

入力オフセット電圧と，入力バイアス電流によるオフセット電圧が加算されたものが出力オフセット電圧として現れるので，アンプ1段トータルのオフセット電圧は，次式により計算できます．

$V_{o\_off(total)} = V_{o\_off} + V_{o\_off(bias)}$

この$V_{o\_off(total)}$のオフセット電圧を生じるアンプと後段のアンプが直流結合されていると，このオフセット電圧$V_{o\_off(total)}$は後段アンプのゲイン倍に増幅されます．多段アンプの場合だと，一つ一つ計算していくのが面倒です．そこで，次のように，求まった$V_{o\_off(total)}$をアンプのゲインで割って入力オフセット電圧$V_{i\_eq(total)}$に換算しておくと便利です．

$V_{i\_eq(total)} = V_{o\_off(total)}/G$

このときのゲインGは，ノイズ・ゲイン($1/\beta$)ではなく，通常のゲインです．

このように，各段の出力オフセット電圧を入力換算しておけば，システム全体でのオフセット電圧は，システム全体のゲインを$G_{(sys)}$とすると，次式のようになります．

$G_{(sys)} = \prod_{j=1}^{n} G_j$

$V_{o\_off(sys)} = \sum_{i=1}^{n} \left(V_{i\_eq(total)i} \prod_{j=i}^{n} G_j \right)$

n：アンプの段数

▶雑音

低雑音回路や，高精度直流回路では雑音に対する配慮も欠かせません．交流増幅器では，熱雑音を中心に検討すれば大丈夫です．高精度直流回路では熱雑音以外に1/f雑音を考える必要があります．これは，1/f雑

音は周期の長い雑音であるためドリフトとの区別ができないからです．

▶温度ドリフト

設計した回路がどのくらいの温度範囲内で使われるかや，求められる精度によって温度ドリフトの重要度が変わってきます．産業用機器の一種である半導体試験装置などは25±5℃の環境での使用を前提に設計しますので，0〜40℃まで動作保証しなければならない民生機器などよりも設計が楽なように思えますが，求められる精度が高いため実は設計が厳しかったりします．温度ドリフト係数をV_{Temp}［μV/℃］，温度変化幅をΔT_{emp}とすると，出力に生じるドリフト電圧V_{o_drift}は，およそ次式のようになります．

$$V_{o\_drift} = V_{Temp} \Delta T_{emp}$$

前述しましたが，温度ドリフト係数V_{Temp}は，温度ドリフトが正比例の関係にあることを示しているわけではありません．従って，ΔT_{emp}の値としてデータシートのtyp.値を使ったり，ΔT_{emp}が大きいと計算結果の誤差が大きくなります．

なるべく正確に温度ドリフトを見積もるには，データシートの温度ドリフト曲線から使用温度範囲での温度係数のワースト値を読み取り，その係数を使って計算するようにします．

▶高調波ひずみ

A-Dコンバータのフロントエンドに使うOPアンプ回路では，高調波ひずみが特に注目されます．なぜかというと，ひずみによってA-D変換時の精度が変わるからです．16ビットA-Dコンバータに入力される信号にひずみがなく，理想的にA-D変換できたとすると，SN比k_{SNR}は次のようになります．

$$k_{SNR} = 6.02B + 1.76 ≒ 98 ［dB］$$
B：A-D変換のビット数

ここで，A-D変換前の信号がひずんでいたとすると，A-D変換の有効ビット数$ENOB$は次のようになります．

$$ENOB = (SINAD - 1.76)/6.02$$

なお，$SINAD$（SIgnal to Noise And Distortion））［dB］は次式で求めることができます．

$$SINAD = 20 \log \{(Signal + THD + N)/(THD + N)\}$$

具体例として，$Signal = 1V_{RMS}$，$THD + N = 0.01\%$として$SINAD$を求めると次のようになります．

$$SINAD = 20 \log \{(1 + 1 \times 0.0001)/(1 \times 0.0001)\}$$
$$= 80 ［dB］$$

従って，$ENOB$は下記のようになります．

$$ENOB = (80 - 1.76)/6.02 ≒ 13 ［ビット］$$

$SINAD$が悪いと，有効ビット数，つまり分解能が悪化することが分かります．せっかく16ビットのA-Dコンバータを使用しているのに前段のアンプのひずみのせいで実質的に13ビットの性能しか得られないの

はせつないです．従って，高速A-Dコンバータの性能を最大限に引き出すためには，その前段のアンプの高調波ひずみ性能が重要になります．

▶安定性

アンプが発振器になってしまう原因は，負帰還回路の位相余裕の不足だったり，予期しない寄生素子による帰還の影響であったり，電源インピーダンスが高いなど，いろいろあります．

いろいろあるとはいえ，発振の原因のほとんどは，寄生素子の影響も考えたうえでの負帰還回路の設計が適切ではないことに起因するようです．そういったわけで，繰り返しになりますが，負帰還回路を理解することは大切です．

回路設計をしてみよう

OPアンプ回路を設計するうえでの基礎知識を勉強したので，そろそろ具体的な回路を見ながら設計の雰囲気をつかんでいきましょう．

■ ビデオ帯域用の非反転増幅器

ここではビデオ帯域と書きましたが，周波数でいえば100 MHz程度までの周波数帯域のことを指しています．携帯電話などのベースバンド信号を扱うようなアンプだと思えばよいでしょう．

要求仕様を下記に示します．

- 周波数帯域（±1 dBフラットネス）：DC〜100 MHz以上
- ゲイン：2倍
- 入力インピーダンス：50 Ω（公称）
- 出力インピーダンス：50 Ω（公称）
- 高調波ひずみ：-70 dBc以下@20 MHz（2 V_{p-p}出力時）

● 使用するOPアンプについて

要求仕様の中にNF（ノイズ・フィギュア），または入力換算雑音電圧密度の規定がありませんので，ノイズについてのプライオリティを下げてOPアンプを選びます．高調波ひずみについては規定があるので，このひずみ性能を満足できそうなOPアンプを選ばなくてはいけません．ここでは，LMH6702（テキサス・インスツルメンツ）を使って設計してみることにします．回路を図6に示します．

● 定数を決める

非反転増幅器のゲインは次式によって決まります．
$$G = 1 + R_2/R_1$$

要求仕様ではゲイン2倍なので，$R_1 = R_2$とすれば良いことになります．LMH6702は電流帰還OPアン

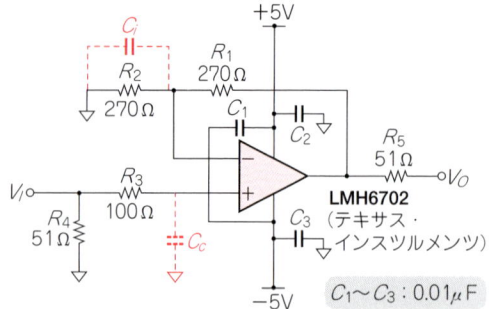

図6 ビデオ帯域用非反転増幅回路（ゲイン：+6 dB）

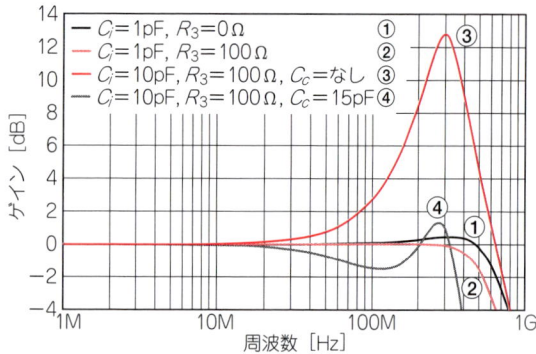

図7 図6の回路のシミュレーション結果

プなので，R_2の値はデータシートの推奨値を参考に決めます．データシートの推奨値は240 Ωのようですが，ここでは270 Ωとしました．これは実験で決定したものです．

電流帰還OPアンプのR_2の最適値は，基板への実装状態によっても変わってきます．回路シミュレータによってもある程度検討できますが，実装状態での寄生パラメータをモデリングするのは難しいため，結局は「実験したほうが早い」こともよくあります．

入出力インピーダンスは50 Ω（公称）ですので，R_4とR_5の値は51 Ωとしました．ループ・ゲイン$A\beta$の十分に大きな周波数帯域では，非反転増幅器の入力インピーダンスはとても大きくなっています．そのため，入力インピーダンスはR_4の抵抗値で自由に決めることができます．また出力インピーダンスも同様に小さくなっているのでR_5の値によって決まります．非反転増幅器の入出力インピーダンスの求め方については章末の参考文献(7)を参考にしてみてください．

100 MHz程度まで使用するアンプなので，C_1とC_2は0.01 μFとします．このようにOPアンプなどのデバイスの電源端子に取り付けるコンデンサをバイパス・コンデンサ（略してパスコン）といいます．このコンデンサの選び方についてはColumnを参考にしてください．

● 基板実装時の特性補正

図6のような非反転増幅回路を基板に実装して特性を測ると，浮遊容量の影響で高域でピークが生じることがあります．このようすをシミュレーションしたのが図7です．浮遊容量C_iが1 pFのとき，$R_3 = 0$ Ωだと0.4 dB程度のピークが生じています．$R_3 = 100$ Ωとするとこのピークが抑えられるようなので，R_3は100 Ωとしました．

C_iが非常に大きくなって，10 pF程度になってしまうと非常に大きなピークが生じます．このようなときは，C_cとしてC_iより少し大きな値のコンデンサを入れるとこのピークを抑えることができます．このC_cの値はシミュレーションを行いつつ，実際に実験をして決定するとよいでしょう．

● 周辺部品の選択

ゲインの温度変動についての仕様はありません．従って，コスト重視なら炭素皮膜抵抗を使います．もし温度変動を気にするなら金属皮膜抵抗を使うとよいでしょう．最近では，チップ抵抗を使う場合が多いと思いますので，難しく考えずに薄膜チップ抵抗を使えば

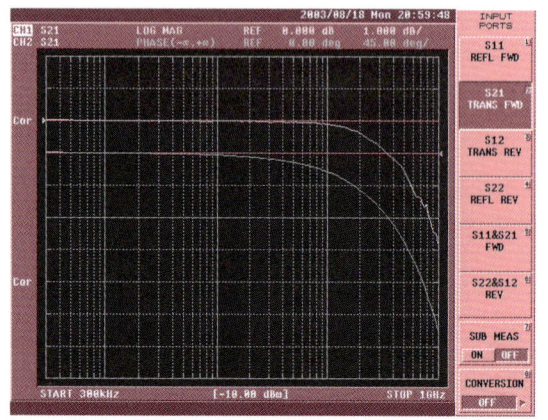

図8(5) 図6の回路で実測した周波数特性（300 k ～ 1 GHz，1 dB/div.，45°/div.）
上側がゲイン，下側が位相の周波数特性．

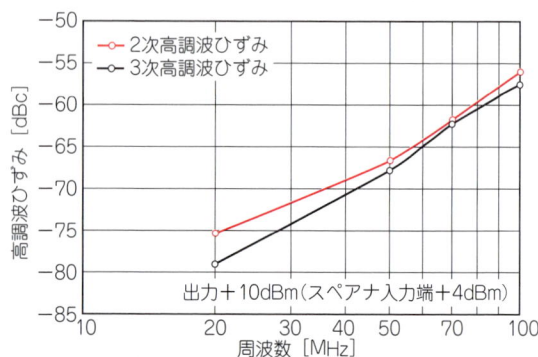

図9(5) 図6の回路の高調波ひずみ特性（実測）

パスコンのうまい選び方 　　　　　　　　　　　Column

　それほど昔の話ではない…入社2年目のときの話です．その年の新入社員に「電源のパスコンの値はどうやって決めればよいのですか？」と聞かれました．自分の仕事でいっぱいいっぱいだった私は，「それは…エイヤッというノリで決める」と答えて，そのときの上司に「こらっ，そんな教え方はないだろう」と怒られたことがあります．

　でも，実際に自分がパスコンをどうやって選んでいるのだろうと考えると…怪しいことに気付きました．それでも冷静に考えると，どうやら回路が扱う信号の周波数と，コンデンサの自己共振周波数を元に選んでいるのかなぁ…ということに気が付きました．ここでは，回路初心者のために電源ラインのパスコンを選ぶ目安について述べておきたいと思います．

　電源ラインのパスコンには，大きく分けると次の2種類のものがあります．
　(1) 回路ブロックごとに入れるパスコン
　(2) デバイスの直近に入れるパスコン
　(1)のパスコンは大容量のコンデンサを使います．選択肢としていくつか挙げるとすれば，
- アルミ電解コンデンサ
- タンタル電解コンデンサ
- 機能性高分子電解コンデンサ
- 有機半導体電解コンデンサ(OS-CON)
- 大容量積層セラミック・コンデンサ

といったところでしょうか．等価直列抵抗(ESR)が少しくらい大きくてもかまわないなら，アルミ電解コンデンサが最も安価です．また，タンタル電解コンデンサを電源ラインのパスコンに使う場合は，ヒューズ入りを使ったほうが安全です．ESRが小さいものが欲しいときは，機能性高分子電解コンデンサか，有機半導体電解コンデンサを使います．また，大容量で背の低い部品が欲しいときは積層セラミック・コンデンサを選びます．

　容量は回路の電流変動Δiと，その変動が生じる期間ΔT，そして許容する電圧変動ΔVから，
$$C = \Delta i\, \Delta T / \Delta V$$
によって決めます．例えば，ある回路ブロックの電流変動が20 mA，その期間は100 μs，そして許容する電圧変動を10 mVとすると，
$$C = (20 \times 10^{-3} \times 100 \times 10^{-6})/(10 \times 10^{-3})$$
$$= 200\, \mu F$$
と求まります．したがって，パスコンとして220 μFを回路の電源ラインの根元に入れておけばよいということになります．しかし，現実問題として，こんな大容量のコンデンサを入れることができない場合もあるでしょう．そんなときは，10 μ 〜 100 μFのコンデンサを実装面積との兼ね合いで選ぶようにします．

　(2)のパスコンには小容量の積層セラミック・コンデンサを使います．回路が扱う信号の周波数から，次を目安に決めるとよいでしょう．
- DC 〜 十数MHzまで：0.1 μF
- 十数MHz 〜 百数十MHzまで：0.01 μF
- 百数十MHz 〜 数百MHzまで：1000 pF
- 数百MHz 〜 数GHzまで：100 pF

いろいろな回路例を見ても，だいたいデバイス直近のパスコンに使われるコンデンサの容量はこのような感じになっています．そのため，デバイス直近のパスコンの容量を見ると回路の周波数帯域が予想できることもあります．

大丈夫です．私が通常の設計で使う抵抗は，進工業の薄膜チップ抵抗(RR0816)で，この抵抗の許容差は±0.5 %です．温度変動特性は±25 ppmのものを汎用として使っています．

　チップ抵抗には，薄膜抵抗以外に厚膜抵抗もあります．許容差や温度特性を見ると薄膜と厚膜では1桁くらい違います．特に理由がない限り薄膜抵抗を使うほうがよいでしょう．

　また，C_cを使用する場合は，温度によって容量値が変動しないように温度補償用チップ・セラミック・コンデンサを使うようにします．温度特性の欄にCH特性とかNP0と記載されている温度係数0 ppmのコンデンサを使えば大丈夫です．リード・タイプのコンデンサを使う場合は，頭に黒色の塗料が塗られているものを探してください．

● **実験結果**

　周波数特性を実測した結果を**図8**に示しました．±1 dBフラットネスは300 MHz以上です．また，高調波ひずみの実測結果は**図9**に示したとおりです．－75 dBc@20 MHzと要求仕様を満足しています．

■ 低ノイズのオーディオ帯域用増幅器

　オーディオ帯域(数Hz 〜 100 kHz程度)の反転増幅器を考えます．

　要求スペックは次のようなものです．

- 低域−3 dBカットオフ周波数：DC～
- 高域−3 dBカットオフ周波数：100 kHz以上
- ゲイン：10倍
- 入力インピーダンス：10 kΩ
- 出力インピーダンス：100 Ω以下
- 入力換算雑音電圧密度：10 nV/$\sqrt{\text{Hz}}$
  （入力端子をGNDへショートしたとき）

● OPアンプの選択

−3 dB遮断周波数が100 kHz以上取れて，入力雑音電圧密度が10 nV/$\sqrt{\text{Hz}}$以下のOPアンプとしてOPA134（テキサス・インスツルメンツ）を選びました．

● 回路方式を選ぶ

反転増幅器といえば，図10の回路が一般的です．そこで，まずこの回路で要求仕様の入力換算雑音電圧密度を満足できるかどうか検討してみます．

入力換算雑音電圧密度の検討をするために，回路定数を決めましょう．入力インピーダンスを10 kΩにしなくてはいけないので，R_1は10 kΩにする必要があります．反転増幅器の入力インピーダンスは，OPアンプのオープン・ループ・ゲインの大きな周波数帯域ではR_1によって決まります．出力インピーダンスは，非反転増幅器と同様に非常に小さくなっています．

設計する反転増幅器のゲインGは10倍ですので，
$$G = -R_2/R_1$$
から，$R_1 = 100\,\text{k}\Omega$が求まります．

図10の反転増幅回路の入力換算雑音電圧密度は図中の式(1)によって計算できます．この式に回路定数を代入して雑音電圧密度を求めてみると，13.5 nV/$\sqrt{\text{Hz}}$となります．これでは，要求仕様を満足することができません．式(1)によって抵抗値を変えながら検討してみると，どうやらR_1の抵抗値を下げることができれば雑音電圧密度を下げることができそうです．

▶ 図11の回路は雑音が大きい

式(1)によって検討すれば，R_2の抵抗値は少しくらい大きくても全体の雑音特性に与える影響は少ないことが分かります．なぜなら，R_2の熱雑音は増幅されることなく−1倍で出力されるからです．

ところで，章末の参考文献(9)などのOPアンプの文献を見ると，図11のような反転増幅回路が載っています．この回路だと帰還抵抗R_2に100 kΩ以外の抵抗を使ってゲイン10倍を実現できます．帰還抵抗の値が下がるので，少しは雑音が小さくなるのかなと思

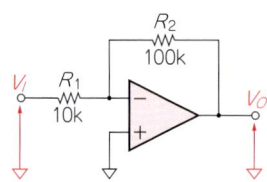

$G = -\dfrac{V_O}{V_I}$とすると，抵抗による熱雑音電圧密度v_{RN} [$V_{RMS}/\sqrt{\text{Hz}}$]は次のとおり．

$$v_{RN} = \sqrt{(G\sqrt{4kTR_1})^2 + 4kTR_2} \quad \cdots\cdots(1)$$

ただし，k：ボルツマン定数(1.38×10^{-23}) [J/K]，T：絶対温度 [K]

ここで，$R_1 = 10\,\text{k}\Omega$, $R_2 = 100\,\text{k}\Omega$, $G = -10$, $T = 300\,\text{K}$とすると，
$$v_{RN} \fallingdotseq 135\,nV_{RMS}/\sqrt{\text{Hz}}$$

したがって，入力換算雑音電圧密度v_{RNin} [$V_{RMS}/\sqrt{\text{Hz}}$]は，
$$v_{RNin} = \frac{135}{10} = 13.5\,nV_{RMS}/\sqrt{\text{Hz}}$$

図10 最初に検討した一般的な反転増幅回路

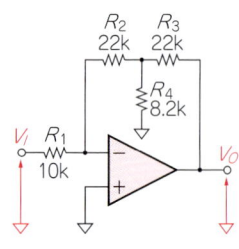

$G = \dfrac{V_O}{V_I}$は，OPアンプのオープン・ループ・ゲインを∞とすると，

$$G = -\dfrac{R_2 + R_3 + \dfrac{R_2 R_3}{R_4}}{R_1}$$

となる．
また，抵抗による熱雑音電圧密度v_{RN} [$V_{RMS}/\sqrt{\text{Hz}}$]は次のとおり．

$$v_{RN} = \sqrt{(G\sqrt{4kTR_1})^2 + \underbrace{\left(\dfrac{R_3+R_4}{R_4}\sqrt{4kTR_2}\right)^2}_{G_2} + \underbrace{\left(-\dfrac{R_3}{R_4}\sqrt{4kTR_4}\right)^2}_{G_3} + 4kTR_3}$$

ここで，$R_1 = 10\,\text{k}\Omega$, $R_2 = 22\,\text{k}\Omega$, $R_3 = 22\,\text{k}\Omega$, $R_4 = 8.2\,\text{k}\Omega$, $G = -10.3$, $T = 300\,\text{K}$, $k = 1.38 \times 10^{-23}$ J/Kとすると，

$$v_{RN} \fallingdotseq \sqrt{(-10.3 \times 12.9 \times 10^{-9})^2 + (3.68 \times 19.1 \times 10^{-9})^2 + (-2.68 \times 11.7 \times 10^{-9})^2 + 364.5 \times 10^{-18}}$$
$$\fallingdotseq 155\,nV_{RMS}/\sqrt{\text{Hz}}$$

したがって，入力換算雑音電圧密度v_{RNin} [$V_{RMS}/\sqrt{\text{Hz}}$]は，
$$v_{RNin} = \frac{155}{10.3} \fallingdotseq 15\,nV_{RMS}/\sqrt{\text{Hz}}$$

となる．

図11 次に検討した反転増幅回路

いそうですが，計算してみると**図11**のように逆に雑音が大きくなります．図の定数では，入力換算雑音電圧密度は $15\,\mathrm{nV}/\sqrt{\mathrm{Hz}}$ になります．

▶ **OPアンプ回路の雑音の考え方**

図11中に示した雑音を求める式は，私が導出したものです．文献から引用したものではありません．もし，この式を使おうと思う場合は，必ず検算してから使ってください．検算できるように，OPアンプ周辺の抵抗による熱雑音の考え方を**図12**～**図14**に示しました．

それぞれの抵抗による熱雑音を入力信号と考えて，出力に信号が何倍されて出てくるかを考えます．**図12**は，R_2について考えた場合，**図13**はR_4について考えた場合，**図14**はR_3について考えた場合です．R_1については省略していますが，**図10**に示したような通常の反転増幅器と同様に，R_1による熱雑音はアンプのゲインG倍されて出力されます．

図12～**図14**のように考えていくことで，**図11**の熱雑音を求める式（正確にはOPアンプの周辺抵抗によって生じる熱雑音の式）を求めることができます．

● **雑音を小さくするにはボルテージ・フォロワと組み合わせるとよい**

熱雑音を小さくするには，反転入力端子に接続されている$10\,\mathrm{k\Omega}$を小さくするとよいので，この抵抗値を$1\,\mathrm{k\Omega}$程度にします．すると，入力インピーダンスが$1\,\mathrm{k\Omega}$となってしまうので，反転増幅器の前にボルテージ・フォロワを置いて入力インピーダンスを上げます．決定した回路を**図15**に示します．

● **定数を決める**

入力インピーダンスは$10\,\mathrm{k\Omega}$なので，R_1は$10\,\mathrm{k\Omega}$とします．R_2が小さいほど雑音を小さくできますが，前段の増幅器A_1がドライブできないほど抵抗値が小さくなると問題です．データシートを見ると，$600\,\Omega$以上の抵抗値であれば問題なさそうです．少し余裕を見て$1\,\mathrm{k\Omega}$とします．R_2が決まればR_3は$10\,\mathrm{k\Omega}$と決まります．R_4は出力に容量がついたときの安定性を確保するために入れています．あまり大きくすると出力インピーダンスが大きくなってしまうので，数十Ω～数百Ω程度に選びます．ここでは$51\,\Omega$にしました．

雑音密度を計算してみた結果を**図15**の中に示しました．R_4の熱雑音の影響はとても小さいため計算に含めていません．また，入力のR_1も無視しています．これは，要求仕様に「入力端子をGNDにショートしたとき」とあるので，$R_1=0\,\Omega$として考えればよいからです．入力換算雑音電圧密度は$9.8\,\mathrm{nV}/\sqrt{\mathrm{Hz}}$となります．ぎりぎりですが仕様を満足できそうです．

もう少し余裕が欲しい場合は，使用するOPアンプ

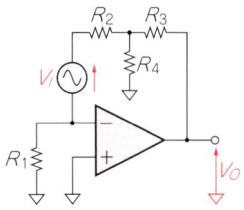

$G_2=\dfrac{V_O}{V_I}$は，OPアンプのオープン・ループ・ゲインを∞とすると，

$$G_2=\dfrac{R_3+R_4}{R_4}$$

となる．したがって，R_2による熱雑音はG_2倍となって出力に現れる

図12 出力雑音の検討過程①

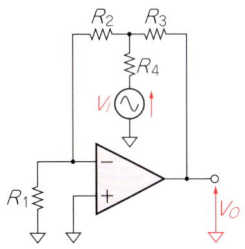

$G_3=\dfrac{V_O}{V_I}$は，OPアンプのオープン・ループ・ゲインを∞とすると，

$$G_3=-\dfrac{R_3}{R_4}$$

となる．したがって，R_4による熱雑音はG_3倍となって出力に現れる

図13 出力雑音の検討過程②

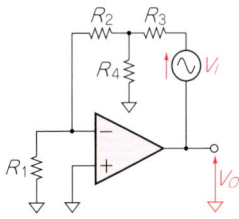

$G_4=\dfrac{V_O}{V_I}$は，OPアンプのオープン・ループ・ゲインを∞とすると，

$$G_4=-1$$

となる．したがって，R_3による熱雑音はそのまま出力に現れる

図14 出力雑音の検討過程③

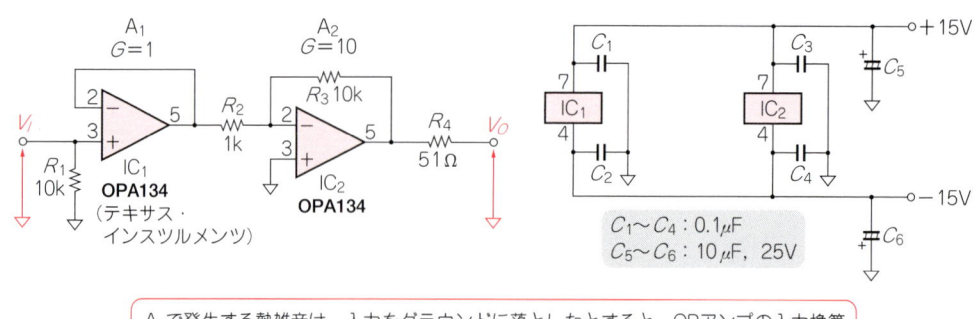

> A_1で発生する熱雑音は,入力をグラウンドに落としたとすると,OPアンプの入力換算雑音そのものとなる.
> OPA134の入力換算雑音電圧密度は,データ・シートから,$8nV_{RMS}/\sqrt{Hz}$である.
> したがって,
> $$v_{A1N}=8nV_{RMS}/\sqrt{Hz}$$
> A_2で発生する熱雑音は,入力換算雑音電流を無視して考えると,
> $$v_{A2N}=\sqrt{(-10\sqrt{4k\times300\times1\times10^3})^2+4k\times300\times10\times10^3+(11\times8\times10^{-9})^2}$$
> $$\fallingdotseq\sqrt{1.66\times10^{-15}+166\times10^{-18}+7.74\times10^{-15}}\fallingdotseq97.8nV_{RMS}/\sqrt{Hz}$$
> したがって,アンプ全体の雑音は,
> $$v_N=\sqrt{v_{A1N}{}^2+v_{A2N}{}^2}\fallingdotseq98.1nV_{RMS}/\sqrt{Hz}$$
> 入力換算では,
> $$v_{Nin}=\frac{98.1}{10}\fallingdotseq9.8nV_{RMS}/\sqrt{Hz}$$
> となる

図15 オーディオ帯域用反転増幅回路(ゲイン:+20 dB)

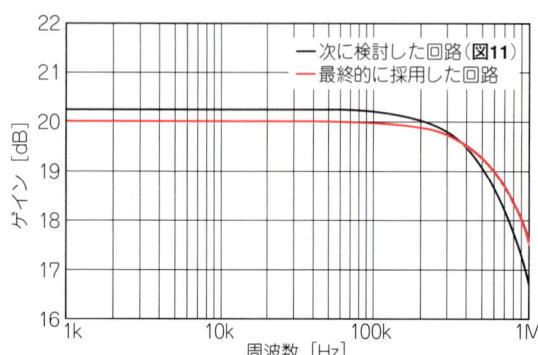

図16 検討した各反転増幅回路のシミュレーション結果

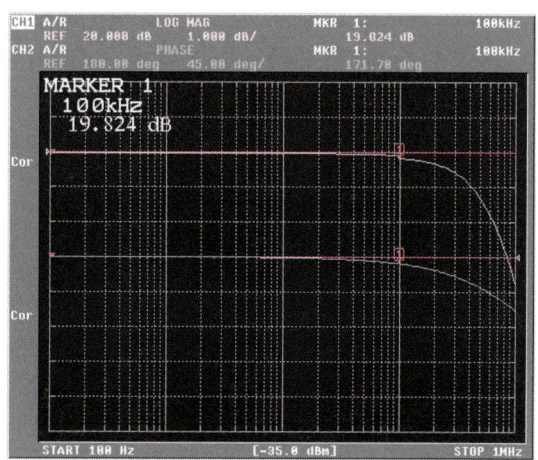

図17 試作した反転増幅回路の周波数特性(100 Hz〜1 MHz,1 dB/div., 45°/div.)
上側がゲイン,下側が位相の周波数特性.

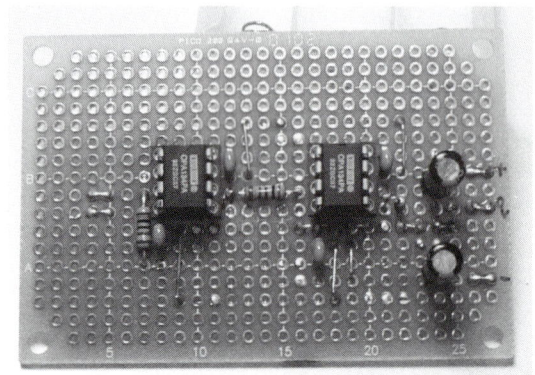

写真3 試作したオーディオ帯域用反転増幅回路

をもっと低雑音なものに変更する必要があります.

● 周波数特性のシミュレーション

図16に周波数特性をシミュレーションした結果を示します.前に検討したタイプの反転増幅器も同時にシミュレーションしました.結果を見ると-3 dB遮断周波数100 kHzは満足できそうです.

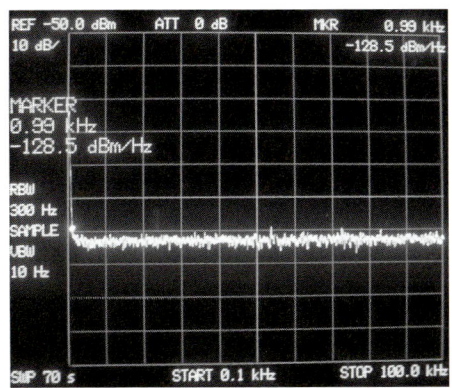

写真4 試作した反転増幅回路の1 kHzでのノイズ特性の測定(0.1 k ～ 100 kHz, 10 dB/div.)
マーカから−128.5 dBm/Hz(84.0 nV$_{RMS}$/$\sqrt{Hz}$)@1 kHzと分かる.

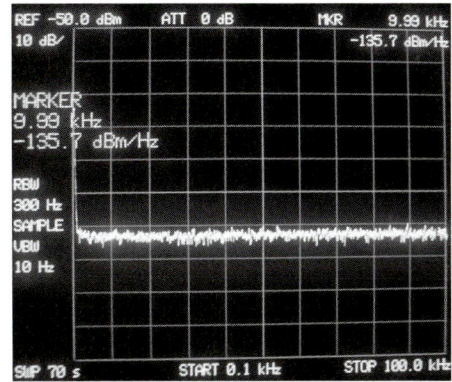

写真5 試作した反転増幅回路の10 kHzでのノイズ特性の測定(0.1 k ～ 100 kHz, 10 dB/div.)
マーカから−135.7 dBm/Hz(36.7 nV$_{RMS}$/$\sqrt{Hz}$)@10 kHzと分かる.

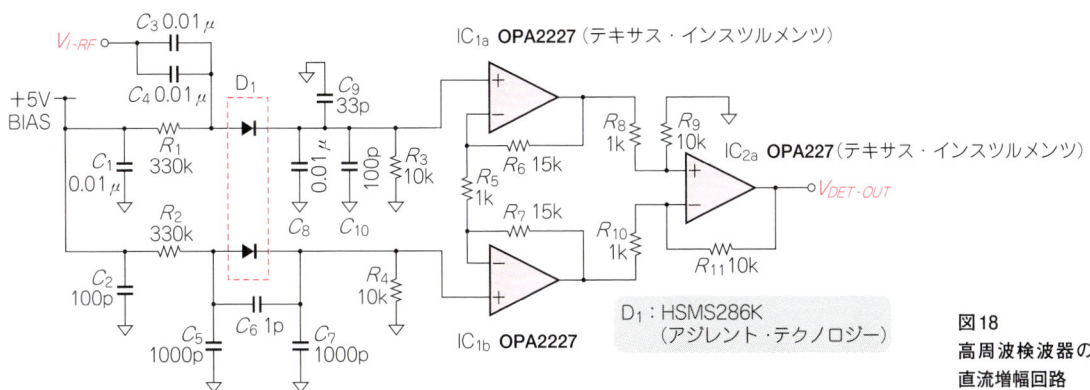

図18 高周波検波器の直流増幅回路

● 部品選び

ゲインを決定する抵抗であるR_2とR_3には精度が高く温度特性の良いものを使います.ここではリード・タイプの<u>金属皮膜抵抗</u>を使っています.R_1とR_4にはそれほどの精度は必要ないため<u>炭素皮膜抵抗</u>で十分です.

ただ,部品の種類が増えるとかえって面倒になることもあります.特に製品を設計する場合は,組み立て工程の関係でかえってコスト・アップになることもあります.今回はR_3に10 kΩの金属皮膜抵抗を使ったので,R_1にも同じ金属皮膜抵抗を使いました.R_4も手もちの金属皮膜抵抗がありましたので,これを使いました.**写真3**に試作した反転増幅器を示します.

● 実験結果

実測した周波数特性を**図17**に示しました.100 kHzで約0.2 dBゲインが減少しています.要求仕様に対して十分な性能です.

雑音特性を実測した結果を**写真4**と**写真5**に示しました.スペアナのノイズ・マーカによって測定した値は雑音電力密度P_n[dBm/Hz]ですので,これを雑音電圧密度v_n[V$_{RMS}$/$\sqrt{Hz}$]に変換する必要があります.変換には次の式を使います.

$$v_n = 0.2236 \times 10^{(P_n/20)}$$

試作した反転増幅器の<u>出力雑音電圧密度</u>は,84.0 nV$_{RMS}$/$\sqrt{Hz}$@1 kHz,36.7 nV$_{RMS}$/$\sqrt{Hz}$@10 kHzです.<u>入力換算雑音電圧密度</u>を求めるにはゲイン10倍で割ればよいので,8.4 nV$_{RMS}$/$\sqrt{Hz}$@1 kHz,3.67 nV$_{RMS}$/$\sqrt{Hz}$@10 kHzとなります.要求仕様は周波数1 kHzで10 nV$_{RMS}$/$\sqrt{Hz}$以下ですので,要求仕様を満足しています.

■ 直流信号用差動増幅器

直流信号増幅回路の応用例として,高周波検波器の直流増幅回路部分を設計してみましょう(**図18**).

要求スペックは下記のとおりです.

- ゲイン:300倍程度
- 温度ドリフト:0.04 dB/℃以下@100 mV出力時
- 出力ドリフト電圧(1/fノイズ):±100 μV$_{p-p}$以下
- 出力オフセット電圧:50 mV以下
- 絶対値確度は要求しない

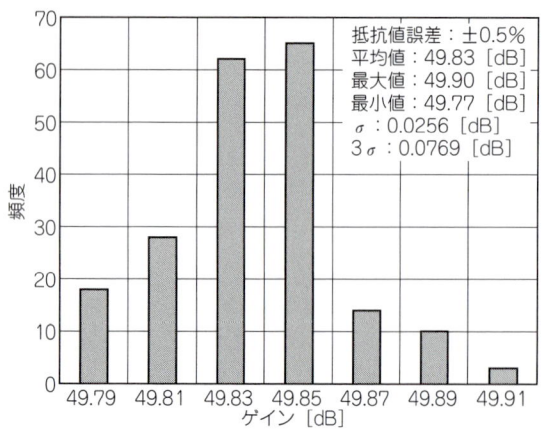

図19 直流アンプ部分のR_5〜R_{11}のばらつきのシミュレーション結果($N=200$)

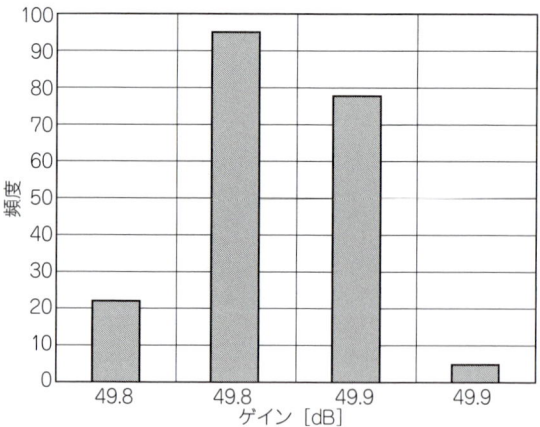

図20 直流アンプ部分のR_5〜R_{11}の温度変動による影響($=200$)

● 定数を決める

前段の差動出力のプリアンプ部分と，その後の差動アンプにゲインを割り振ります．SNRを考えると初段のプリアンプでゲインをある程度確保するとよいでしょう．そして，後段の差動アンプのゲインは控え目にします．ここでは，初段で30倍，後段で10倍するとします．初段の差動プリアンプのゲインGは，$R_6 = R_7$とすると，

$$G = 1 + 2R_6/R_5$$

で決まります．ゲイン30倍ですので，R_5を1kΩとすると，$R_6 = 14.5$kΩとなります．E24系列から抵抗値を選び，$R_6 = 15$kΩとします．絶対値確度は要求されていないので，この近似は問題になりません．この回路定数から，実際のゲインは31倍になります．

差動アンプはゲイン10倍です．差動アンプのゲインGは，$R_8 = R_{10}$，$R_9 = R_{11}$とすると，

$$G = R_{11}/R_{10}$$

です．$R_8 = R_{10} = 1$kΩとすると，$R_9 = R_{11} = 10$kΩとなります．

● 部品選び

▶抵抗の許容差によるばらつきの影響

抵抗のばらつきによってゲインに変動が生じます．これをシミュレーションした結果が図19です．抵抗値の許容差（誤差）が±0.5%であるとすると，ゲインは±0.077dB程度ばらつくことが分かります．図に示したσは標準偏差のことです．製品がN個あったとすると，そのN個の製品の約68%が平均値±σのばらつきの中に入ります．

調整時に選別できるような特注の製品ならば，±σの範囲内で設計することもできます．しかし，選別を行わないような量産設計でこれを行うと，歩留まりが悪化してしまいます．そこで，最低でも±3σの範囲

で設計します．±3σであれば，N個の製品の約99.7%がこの範囲に収まります．今回の設計では，絶対値確度は要求されていないため，このゲインのばらつきは無視して考えます．

▶温度変動によるばらつき

同様に，温度変動によるばらつきを考えます．R_5〜R_{11}の各抵抗に集合抵抗ではない普通の抵抗を使った場合は，それぞれが温度に対して独立にばらつくと考えることができます．抵抗の温度係数を±250ppm/℃とすると，温度変動±10℃で±0.25%のばらつきが生じることになります．これをシミュレーションした結果が図20です．±3σで0.038dBのばらつきが生じることが分かります．

温度ドリフトの要求仕様は±0.04dB/℃以下なので，10℃の変動で±0.4dB以下であれば問題ありません．図20のシミュレーション結果から，この仕様は十分に満足できそうなので，抵抗は集合抵抗でなくても大丈夫です．なお，さらに要求が厳しくなったときは，個別の抵抗ではなく，抵抗値の温度トラッキング性能の良い集合抵抗を使います．薄膜集合抵抗であれば，抵抗値の温度トラッキング性能が±5ppm/℃のものも入手できます．

▶OPアンプの入力オフセット電圧の変動

OPアンプには，OPA227とOPA2227を使用します．このOPアンプにはUAタイプとUタイプが用意されています．UAタイプの入力オフセット電圧の温度ドリフトは，±2μV/℃(max.)です．

初段の差動プリアンプのノイズ・ゲインは31倍なので，OPアンプのドリフト電圧が31倍されて出力されます．その後，差動アンプで10倍されるので，

検波器の温度変動を改善するテクニック　Column

ここで検波器の温度特性をさらに改善したい場合に使われるテクニックを紹介します．**図A**の回路は温度特性の要求が厳しい場合に使われるダイオードのバイアス回路です．D_1に3個入りのダイオードを使うと最も効果的です．

OPA227の出力と反転入力端子の間に接続されたダイオードの順方向電圧はOPアンプの出力に-1倍で現れます．したがって，温度変動によってダイオードの順方向電圧が$-\Delta V_F$変化するとOPアンプの出力には$+\Delta V_F$の変化が生じます．この$+\Delta V_F$によって検波ダイオードに生じた$-$の順方向電圧降下の変化分をキャンセルすることができます．

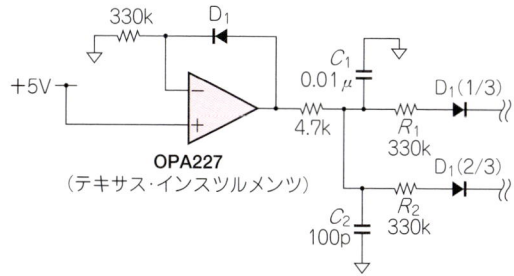

図A さらに温度特性を改善する方法

$$V_{drift\ 1} = \pm 2\ \mu V/℃ \times 31 \times 10 = \pm 620\ \mu V/℃$$

です．差動アンプのノイズ・ゲインは11倍なので，

$$V_{drift\ 2} = \pm 2\ \mu V/℃ \times 10 = \pm 22\ \mu V/℃$$

となります．全体のドリフトはこの二つの値を2乗平均して，次のように計算できます．

$$V_{drift\_total} = \sqrt{(620\times10^{-6})^2 + (22\times10^{-6})^2}$$
$$= 620\ \mu V/℃$$

なお，要求仕様から100 mV出力時に0.04 dB/℃のドリフト性能が必要であるということは，出力に許される温度ドリフト電圧は次のようになります．

$$V_{drift\_expect} = 100\times10^{-3} \times (10^{(0.04/20)} - 1)$$
$$\fallingdotseq 460\ \mu V/℃$$

したがって，UAタイプでは要求仕様を満足することができません．Uタイプであれば，温度ドリフトは$\pm 0.6\ \mu V/℃$なので，

$$V_{drift\_total} = 186\ \mu V/℃$$

となります．この値であれば問題ありません．したがって，OPアンプにはOPA227UとOPA2227Uを使います．なお，186 $\mu V/℃$は，100 mV出力時の誤差に換算すると，0.016 dB/℃に相当します．

▶ $1/f$ ノイズも調べておく

OPA227の$1/f$雑音は入力換算で90 nV_{p-p}です．この値が310倍されたとすると，約28 μV_{p-p}です．要求仕様は$\pm 100\ \mu V_{p-p}$以下なので問題ありません．なお，100 mV出力時の誤差に換算すると，28 μV_{p-p}は0.002 dB_{p-p}に相当します．

● 出力オフセット電圧の確認

OPA227の入力換算オフセット電圧は75 μVです．これが初段のアンプで31倍に増幅され，されに後段の差動アンプで10倍になるので，

$$V_{off\ 1} = 75\ \mu V \times 31 \times 10 = 23.25\ mV$$

さらに，差動アンプのオフセット電圧が11倍（ノイズ・ゲイン）になるので，

$$V_{off\ 2} = 75\ \mu V \times 11 \fallingdotseq 0.83\ mV$$

したがって，全体のオフセット電圧は，約24 mVとなります．要求仕様は50 mV以下なので大丈夫です．

◆参考・引用＊文献◆

(1) アナログ・デバイセズ 著，電子回路技術研究会訳；OPアンプの歴史と回路技術の基礎知識，OPアンプ大全［第1巻］，2003年，CQ出版㈱．
(2) 本多平八郎；作りながら学ぶエレクトロニクス測定器，2001年，CQ出版㈱．
(3) 飯田文夫，関昌太郎；特集 OPアンプによる回路設計入門，トランジスタ技術SPECIAL No.17，1991年，CQ出版㈱．
(4) ＊川田章弘；ICレビュー実験室［1］低オフセットOPアンプの使い方，トランジスタ技術2004年1月号，pp.249〜256，CQ出版㈱．
(5) ＊川田章弘；低雑音OPアンプの使い方と最新デバイスの評価，トランジスタ技術2003年12月号，pp.205〜215，CQ出版㈱．
(6) 川田章弘；ICレビュー実験室［4］差動アンプとインスツルメンテーション・アンプの評価実験，トランジスタ技術2004年4月号，pp.223〜230，CQ出版㈱．
(7) 馬場清太郎；わかる!! アナログ回路教室［3］負帰還による諸特性の改善とオフセット対策，トランジスタ技術2002年3月号，pp.257〜269，CQ出版㈱．
(8) 長谷川弘；知ると知らないとでは大違い アナ/デジ混在回路設計の勘どころ，1998年，日刊工業新聞社．
(9) 岡村廸夫；定本 OPアンプ回路の設計，1993年，CQ出版㈱．
(10) 米谷勝也；微分回路，積分回路，例解 電子回路部品定数設計ガイド，トランジスタ技術2000年10月号，pp.208〜211，CQ出版㈱．
(11) 薊 利明，竹田俊夫；わかる電子部品の基礎と活用法，1996年，CQ出版㈱．
(12) トランジスタ技術編集部編；わかる電子回路部品完全図鑑，1998年，CQ出版㈱．
(13) トランジスタ技術編集部編；受動部品の選び方と活用ノウハウ，2000年，CQ出版㈱．

（初出：「トランジスタ技術」2004年6月号 特集 第2章）

Appendix A 数百MHz以上でのインピーダンス上昇を抑える
「パスコン」のインピーダンス周波数特性に関する考察

川田 章弘

> ESRの小さい大容量セラミック・コンデンサと小容量のセラミック・コンデンサを組み合わせると，ある特定の周波数（並列共振周波数）においてインピーダンスが上昇します．この影響を軽減する方法について研究します．

● コンデンサを並列接続するとインピーダンスが上がる!?

　大容量の積層セラミック・コンデンサの品種や製造メーカも増えてきました．ところで，コンデンサのインピーダンス特性を測ると，**図A-1**のような特性が得られます．インピーダンスの一番小さな点は<u>直列共振点</u>で，この直列共振点を過ぎると等価直列インダクタンス（ESL）が見えてきます．

　セラミック・コンデンサのような等価直列抵抗（ESR）の小さなコンデンサを並列接続すると，インピーダンス特性に<u>反共振点</u>が生じます．反共振点については，回路網理論の教科書をひもとくと必ず載っていますので，「知らないなぁ…」という場合は調べてみてください．

　ところで，このようにESRの小さなコンデンサを並列接続すると，インピーダンスが上昇する点が生じるという話を私が最初に知ったのは，稿末に挙げた参考文献(3)によってです．学生だった当時は，「そんなこともあるんだ…」という感じで済ませていたのですが，最近仕事で低ESRの大容量積層セラミック・コンデンサを使うに当たって，このコンデンサとデバイスの近くに付けた0.1μFの積層セラミック・コンデンサで生じる反共振点はどうなるんだろう…という興味がわいてきました．

　そこで，**写真A-1**や**写真A-2**のような実験基板を

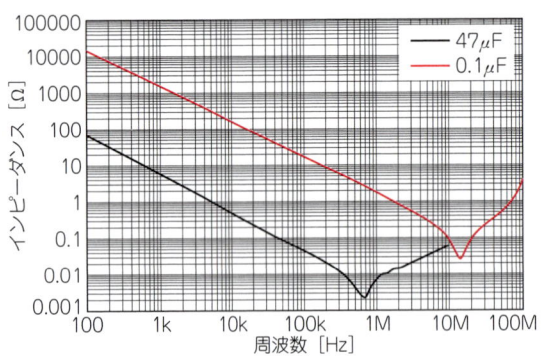

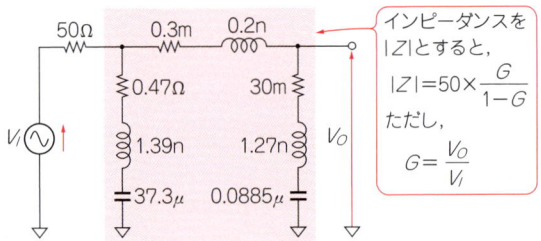

インピーダンスを$|Z|$とすると，

$$|Z| = 50 \times \frac{G}{1-G}$$

ただし，

$$G = \frac{V_O}{V_I}$$

(a) 大容量コンデンサと小容量コンデンサの距離が近い場合

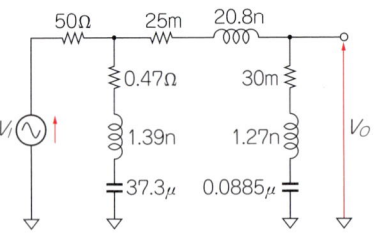

(b) 大容量コンデンサと小容量コンデンサの距離が遠い場合

図A-1 チップ積層セラミック・コンデンサの実測インピーダンス特性
自己共振周波数を越えるとCではなくLになる．

図A-2 一般的な電解コンデンサとセラミック・コンデンサの並列接続をシミュレーションした回路

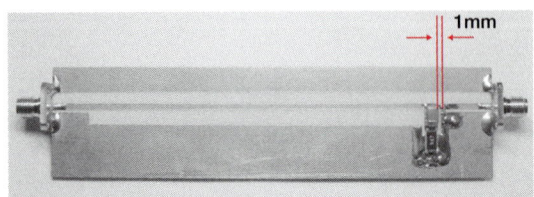

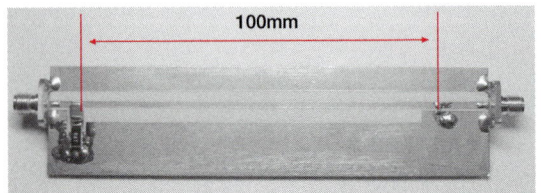

写真A-1 47μFと0.1μFを近くに実装した場合

写真A-2 47μFと0.1μFを遠くに実装した場合

作って実測してみるとともに，回路シミュレータを使って検討してみることにしました．

● **ESRの大きな大容量コンデンサと低ESRの小容量コンデンサを組み合わせた場合**

シミュレーション回路を図A-2に示します．この回路のESRやESLは図A-1から求めたものです．ESRはインピーダンスの最も小さくなっている点(直列共振点)の値から読み取りました．コンデンサの静電容量は，インピーダンスが周波数に反比例している領域(コンデンサ領域)のインピーダンス値Zと周波数fから，次式によって求めました．

$$C = \frac{1}{2\pi f Z}$$

また，ESLは直列共振周波数fから次式によって求めることができます．

$$L = \frac{1}{(2\pi f)^2 C}$$

実装時のパターンによるインダクタンスL [nH] は，章末の文献(2)に載っていた次式により算出しました．

$$L = 0.197 \ln |2\pi (h/w)| \times l$$

ただし，h：パターンとベタGND間の誘電体厚[mm]，w：パターン幅[mm]，l：パターン長[mm]

この式は，オリジナル・ソースの文献が不明なのですが，実測結果を見ると，そこそこの精度がありそうです．今回使用したパラメータは，$h = 0.8$ mm，$w = 1.75$ mm，そしてlは1 mmまたは100 mmです．

また，パターンの抵抗成分については，章末の文献(1)を参考に，銅箔のシート抵抗を0.5×10^{-3} [Ω/mm^2] として，

$$R_p = 0.5 \times 10^{-3}(l/w)$$

により算出しました．例えば，$l = 1$ mm，$w = 1.75$ mmとすると，

$$R_p = 0.5 \times 10^{-3} \times (1/1.75)$$
$$\fallingdotseq 0.3 \text{ m}\Omega$$

となります．

実測結果とシミュレーション結果を図A-3に示しました．大容量コンデンサのESRが大きいと，反共振点によるインピーダンスが上昇する点は確認できません．従来から使われていた電解コンデンサとセラミック・コンデンサの組み合わせでは，このような状況だったと予想できます．また，大容量コンデンサと小容量コンデンサを近づけた場合と遠ざけた場合の特性を比較すると，遠ざけたほうが10 MHz以上の周波数でのインピーダンスが小さくなることが分かりました．

● **低ESRの大容量コンデンサと低ESRの小容量コンデンサを組み合わせた場合**

シミュレーション回路を図A-4に，実測とシミュ

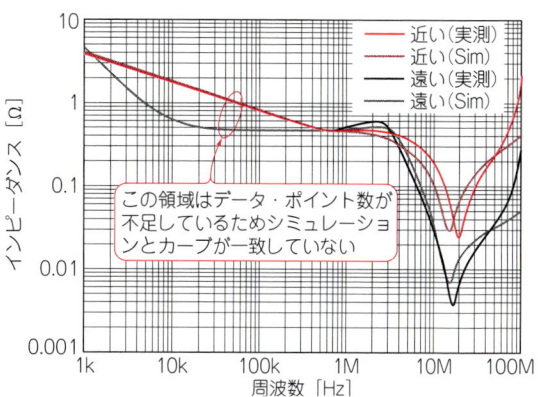

図A-3 図A-2の回路のシミュレーションと実測結果
低域から高域まで0.5 Ω以下となっている．

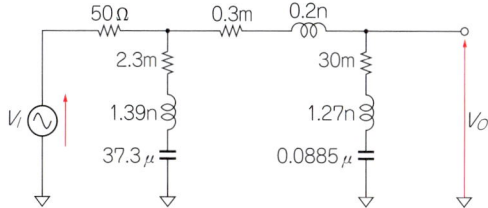

(a) 大容量コンデンサと小容量コンデンサの距離が近い場合

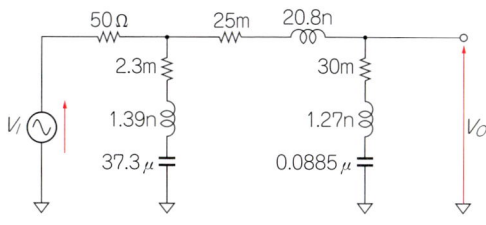

(b) 大容量コンデンサと小容量コンデンサの距離が遠い場合

図A-4 低ESRコンデンサとセラミック・コンデンサの並列接続をシミュレーションした回路

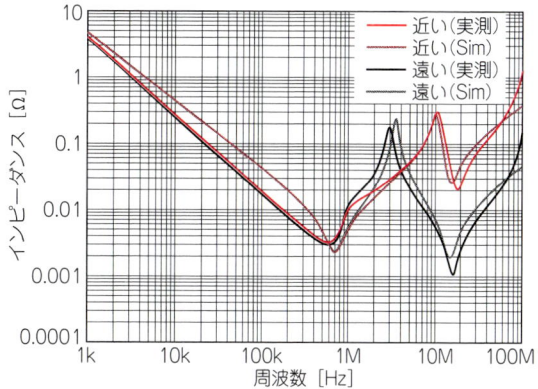

図A-5 図A-4のシミュレーションと実測結果
全体的に低インピーダンス化できているが3 MHzや10 MHz付近にインピーダンスが上昇する点がある．

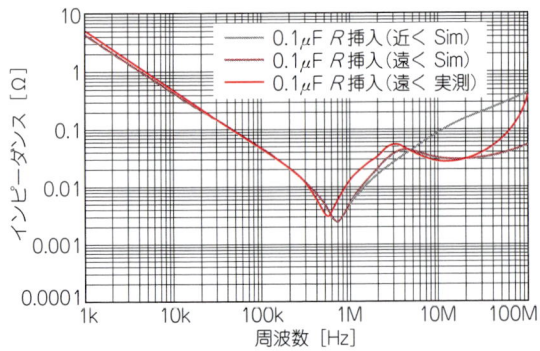

図A-6 47μFに低ESR品を使ったまま0.1μFに0.47Ωの抵抗を直列接続した場合
広帯域に低インピーダンス化できている．

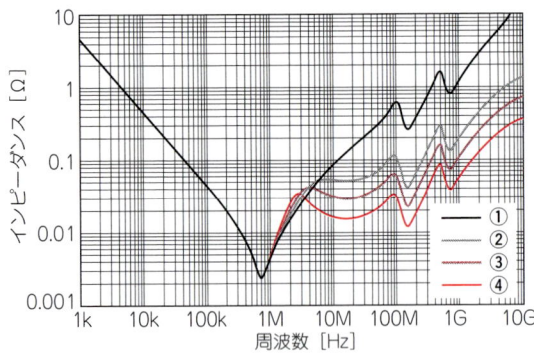

図A-8 図A-7で47μFと0.1μFのコンデンサの距離を50mm以上離した場合
20k～1GHzの広帯域で0.3Ω以下のインピーダンスとすることができそうだ．

レーション結果を図A-5に示しました．図A-5の結果を見ると，反共振点によってインピーダンスが上昇している点が観測できます．インピーダンスが上昇しているといっても0.2～0.3Ω程度なので，気にしないという人もいると思います．もし，この特性が気になるという場合は，この反共振点をつぶしにかかります．

ちなみに，図A-5でも大容量コンデンサと小容量コンデンサを遠ざけたほうが高域でのインピーダンス値は小さくなっています．そこで，反共振点つぶしは二つのコンデンサを遠くに置いた場合について行ってみることにしました．

● 0.1μFに0.47Ωの抵抗を入れる

反共振点をつぶすために，0.1μFに0.47Ωの抵抗を直列に入れてみました．シミュレーション結果と実測結果を図A-6に示します．念のため，47μFのコンデンサと0.1μFのコンデンサを近づけた場合についてもシミュレーションしておきました．

やはり，二つのコンデンサを離したほうが，高域でのインピーダンスは小さく抑えることができるようです．

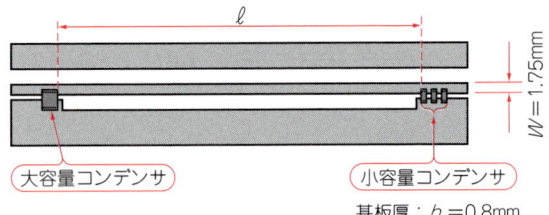

(a) 構造

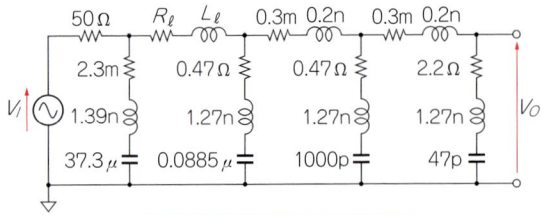

(b) シミュレーション回路

図A-7 さらに広帯域に電源ライン・インピーダンスを下げる方法を検討するためのシミュレーション回路

● 数GHzまでのパスコンについて考える

数GHz帯の高周波回路を設計したとき，いままでは安直に数種類の容量のコンデンサを並列につないでいました．しかし，ここまでの結果から考えると，もっと効果的な方法があるように思えます．

そこで，図A-7のようなシミュレーション回路を使って，1GHz程度まで効果のあるパスコンの実装方法について検討してみました．

シミュレーション結果を図A-8に示します．この結果から分かる実装のポイントは，以下の3点です．

(1) 47μFと小容量のコンデンサは50mm以上離す
(2) 0.1μFと1000pFの積層セラミック・コンデンサには0.47Ω程度の抵抗を直列に入れる
(3) 47pFの積層セラミック・コンデンサには2.2Ωの抵抗を直列に入れる

◆参考文献◆
(1) 畔津明仁；ハード設計ワンランク・アップ，1999年，CQ出版㈱．
(2) 鈴木茂夫；電子技術者のための高周波設計の基礎と勘どころ，2000年，日刊工業新聞社．
(3) 伊藤健一；アースとベタパターン，1994年，日刊工業新聞社．

(初出：「トランジスタ技術」2004年6月号　特集　第2章 Appendix A)

Appendix B フィルム・コンデンサの使い分け

高分子材料の化学構造とtanδを整理する

川田 章弘

各種フィルム・コンデンサには，プラスチック・フィルム（高分子材料）が使われています．回路技術者が教養としてこれらの材料の化学構造を知っておいても損ではありません．各材料の化学構造とtanδ，そして使い分けについて整理します．

積分回路や微分回路，そしてフィルタ回路などにはフィルム・コンデンサが使われます．電子部品の小売店に行ったり，部品メーカのカタログを見るといろいろな種類のものがあり，選択に迷ってしまうところです．

ここでは，フィルム・コンデンサに使われる材料について，普段，回路屋さんがあまり目にすることのない化学構造を見ながら特徴をつかんでおきましょう．

● 比較的安価なポリエステル系フィルム・コンデンサとポリカーボネート・フィルム・コンデンサ

容量が数百pFから数μF程度の温度特性の良いコンデンサが必要なとき，フィルム・コンデンサを使いたくなります．しかし，コストのことを考えると，なるべく安いコンデンサがほしくなります．そんなときにまず検討するのが，このポリエステル系フィルム・コンデンサや，ポリカーボネート・フィルム・コンデンサです．これらのコンデンサに使われる高分子材料の化学構造を図B-1に示します．ちなみに，[ ] 枠で囲まれた端にある"n"は，分かりやすく言えば「いっぱい」という意味です．

高分子材料は，[ ] 枠で囲まれたような化学構造をもつモノマ（単量体）がいっぱい集まった（重合した）構造となっています．ちなみに，ポリエステルの特徴はモノマ同士の結合に図B-2に示すエステル結合が関与している点です．回路屋さんが気になるtanδは0.01程度です．

▶ポリエチレン・テレフタレート

図B-1(a)の化学構造をもつプラスチックが誘電体に使われているコンデンサです．電子部品について書かれた文献を見ると，多くの場合，このポリエチレン・テレフタレートのことをポリエステルと呼んでいるようです．マイラ・コンデンサとも呼ばれます．身の回りにあるものでいえば，PETボトルもこの材料で作られています．

(a) ポリエチレン・テレフタレート

図B-2 エステル結合
ポリエステル系の高分子材料に含まれている．

(b) ポリエチレン・ナフタレート

(c) ポリカーボネート

図B-1 tanδ＝0.01程度のコンデンサに使われる高分子材料の構造式

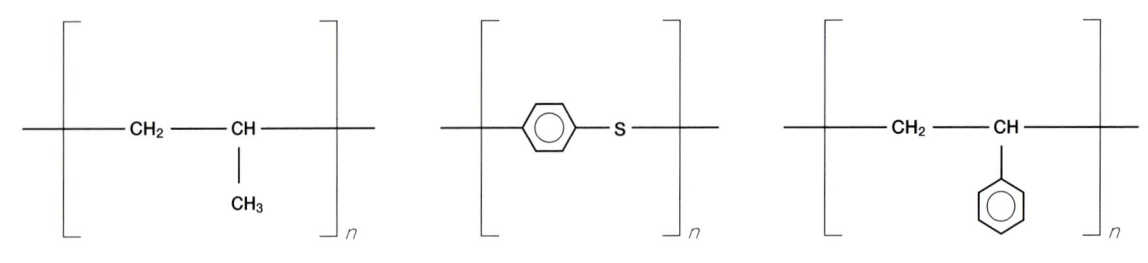

(a) ポリプロピレン　　(b) ポリフェニレン・サルファイド　　(c) ポリスチレン

図B-3　tanδの比較的小さいコンデンサに使われる高分子材料の構造式

▶ポリエチレン・ナフタレート

　図B-1(b)の化学構造をもつプラスチックが誘電体に使われているコンデンサです．上のポリエチレン・テレフタレートよりも耐熱性が向上しているため，チップ・タイプも供給されています．ポリエステル系のチップ・フィルム・コンデンサが使いたい場合，現状での選択肢はポリエチレン・ナフタレートしかありません．

▶ポリカーボネート

　私は，この材料を使ったコンデンサを目にすることはあまりありませんが，秋葉原でも入手できるようです．ポリカーボネートは，機械的強度の大きなエンジニアリング・プラスチックで，CD（コンパクト・ディスク）にも使われている材料です．

　　　　　＊　　　　　＊　　　　　＊

　実際にこれらのコンデンサを選ぶ場合，車載機器で使用したり，リフロー実装を行うという理由から耐熱性が気になるという場合は，ポリエチレン・ナフタレートを使い，それ以外ではポリエチレン・テレフタレートを使うということでよいでしょう．

● tanδの小さいコンデンサ

　図B-3に示したのは，tanδが0.001程度のフィルム・コンデンサに使用される材料です．

▶ポリプロピレン

　フィルタ回路で，最初に検討するとよいコンデンサです．ただ，耐熱性の関係からチップ・タイプはありません．したがって，DIP部品が使えるような場合はよいのですが，表面実装部品が並んでいるような基板で使うのは厳しいです．

▶ポリフェニレン・サルファイド

　私がフィルタ回路や積分回路などを設計するときによく使うコンデンサです．tanδの小さいコンデンサが欲しい箇所に汎用で使えます．耐熱性が高くチップ・タイプもあります．

▶ポリスチレン

　一般に「スチコン」と呼ばれているコンデンサです．ただ，現在では国内に製造メーカはないようです．秋葉原の店頭でオーディオ用として見かけることはありますが，入手に問題があるので新規設計には使わないほうがよいでしょう．この材料はほかのプラスチックと比較して特に耐熱性が低く，薬品に弱いという欠点があります．

▶その他

　私は，国内で製造しているメーカを1社しか知りませんし，プラスチック・フィルムというわけではありませんが，マイカ・コンデンサというものもあります．材料は雲母です．小容量のコンデンサもあるので，温度補償タイプの積層セラミック・コンデンサでは駄目だという場合は検討してみてもよいでしょう．

　　　　　＊　　　　　＊　　　　　＊

　tanδの小さなコンデンサを選ぶ場合は，耐熱性を気にしたり表面実装タイプが必要なら，ポリフェニレン・サルファイドを使い，それ以外ではポリプロピレンを使うという使い分けをすればよいでしょう．

（初出：「トランジスタ技術」2004年6月号　特集　第2章　Appendix B）

第3章 プルアップ／プルダウンやバスの終端を考慮して…
ディジタル回路の定数設計と部品選び

桑野 雅彦

ディジタル回路も電子回路であり，設計にあたってはアナログ的な挙動に対する配慮が必要です．本章では，ディジタル信号のアナログ的な挙動に配慮した回路設計の手法や定数の決定方法などについて解説します．

ディジタル回路に使われる部品では，オーディオ回路などのようにひずみなどを大きく気にする必要はほとんどありません．また大半のディジタル回路の動作周波数は，マイクロストリップ・ラインでさまざまな部品を作らなくてはならないほどの高周波でもなく，一般的な集中定数の部品が利用できる範囲内です．例えば，抵抗であれば炭素皮膜，コンデンサならば積層セラミックやアルミ電解コンデンサといった，ポピュラなものでたいてい間に合います．

ディジタル回路の動作周波数もだんだん上がってきて，昔のような部品では難しくなってはきましたが，これに合わせるように高集積化，高密度化を図るため部品の微細化が進み，それに伴って部品の高周波特性も良くなってきたことから，部品の種別で悩むことはあまりありません．

問題は，ディジタルICの場合，信号の周波数はときに100 MHzを軽く越えるような場合があるにもかかわらず，信号の伝送ということについてほとんど配慮されていないという点にあります．一般に，アナログ回路の場合には「電力伝送」を考えていますので，インピーダンスを合わせること（インピーダンス・マッチング）は基本中の基本ですが，ディジタルICにはこのような配慮はありません．出力インピーダンスはかなり低いにもかかわらず，入力インピーダンスは非常に高くなっています．

また，信号の電力増幅を行うわけではないので，信号レベルも大きく取る必要はないのですが，5 Vや3.3 Vといったかなり高い電圧を扱っています．

ミスマッチングと大きな電圧スイング幅という，くせのあるものをなだめすかして動かさなくてはならないというのが，ディジタルICの扱いの難しいところです．ここではディジタル回路の挙動のうち，信号ラインのハイ・インピーダンス対策と反射への対処方法の二つについて見ていくことにしましょう．

ディジタル信号と電子回路

● ディジタル信号は2値信号か

ディジタル回路はその名のとおり，ディジタル信号を扱う回路です．一般には1本の線で1ビット分，すなわち'1'か'0'かの2値信号を扱うようにしています．一般には，'1'と'0'を電圧の大小で表すことがよく行われますが，長距離の伝送を行うような場合には電流の大小で表すこともよく行われます．

ディジタル回路の場合，とにかく2値信号がきちんと伝わればよいわけですから，そこだけを考えれば単純につながっていればよさそうな話です．実際，多くのディジタル回路基板を見ても，ただつないであるだけのように見える部分が多いですし，ディジタル回路の教科書でも波形はきれいな矩形波が書いてあるだけです．

しかし，ディジタル回路と言っても現実は電子回路です．実際のディジタル信号の波形が，都合よく二つの値しか取らないような状態になるということはあり

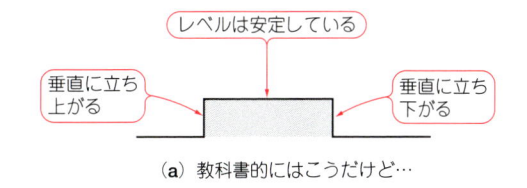

（a）教科書的にはこうだけど…

（b）現実の波形はこんなもの
（もっとひどいこともある）

図1 ディジタル回路の教科書的波形と実際の波形

えません．2値というのはあくまでも，アナログ的な挙動をする波形で'1'と'0'の状態を分けたというだけのことにすぎません．ディジタル回路の動作中の波形をオシロスコープで見ると，おおよそ矩形波とは思えないような波形が観測されます．アナログ回路として見たならば，とんでもない波形と言うしかないような波形です．

図1はこの一例です．教科書的には同図(a)のように書かれますし，ロジック・アナライザなどで波形を見るときもこのように表示されますが，実際には同図(b)のような波形であることが普通です．この例はまだきれいなほうで，実際の波形ではもっとひどい波形になっていることも珍しくありません．

● ディジタル回路は間違いが許されない

それでもディジタル回路がまともに動作しているのは，電圧の高低なり電流の大小なりを2値の信号として扱ってしまうことで，電圧の多少の変動や波形の乱れなどが起きてもデータが反転するほどでなければ問題なしとするディジタル回路のおかげです．

ところが一方で，ディジタル信号は2値信号であるがゆえに，一度反転したデータとして読まれてしまうと大きな問題になります．図2のように，本来は(a)のような波形を伝えるつもりだったのが，実際の信号波形で(b)のような乱れが生じると，(c)の波形がきたものとして動作することになってしまいます．この結果としてデータの'0'と'1'を読み違えることが起こります．

例えば，MPEGデータなどでデータ化けが起きると，大半のデータが正しくても全く絵にならないということも起こるでしょうし，CPUが読み出そうとしたプログラムや，スタック領域へのアクセスなどでデータ反転などが発生したら暴走ということにもなるでしょう．

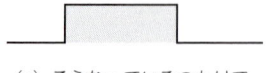

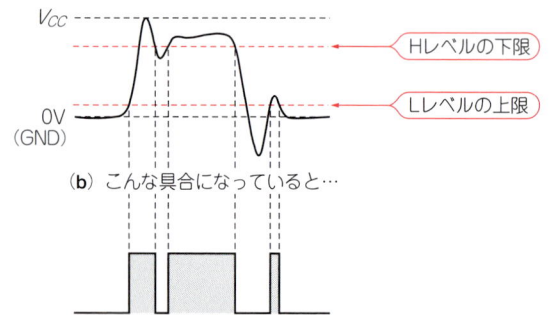

長距離の伝送を前提としたLANや，傷などによってエラーが発生するCD-ROMなどでは，エラーの発生を前提としてデータ自体に冗長性をもたせて，エラーの検出や訂正などを行えるようにしてはいます．しかし，一般のディジタル回路で信号線全部にこのようなしかけを設けることは無理な相談です．

つまり，ディジタル回路では2値信号として扱うためにエラーは起きにくくなってはいますが，万が一にもエラーが起きては困るのです．

● V_{IL}とV_{IH}

このようなデータ反転が起きてしまう理由や原因としては，どのようなものがあるのでしょうか．最も一般的なものは，電圧レベルが'1'と'0'の中間になってしまうというものです．

電圧レベルで何ボルト以上をH(High)レベル(一般に'1'と見なすことが多い)，何ボルト以下をL(Lowレベル，'0'と見なすことが多い)にするかはそれぞれの回路において決めればよいのですが，一般的なディジタルICでは，古くから使われていたTTL(Transistor-Transistor Logic)の規定レベルが比較的広く利用されています．

TTLでは，電源電圧は5.0Vが標準で，Lレベルは0.8V以下，Hレベルは2.0V以上になっていました．なお，Lレベル入力電圧はV_{IL}，Hレベル入力電圧はV_{IH}と表記されることが一般的です．$V_{IL\max}$(Lレベル最大電圧)が0.8V，$V_{IH\min}$(Hレベル最小電圧)が2.0Vという形でデータシートなどに記載されます．

Hレベルが2.0V以上であればよいため，ICの電源電圧として3.3Vがごく普通になった今でもこの電圧レベルが踏襲され，利用されています．例えば，トランジスタ技術2004年4月号の付録に付いたH8マイコンでも入力Lレベル電圧は0.8V以下，入力Hレベル電圧は2.0V以上となっています．

さて，この間の電圧，すなわち0.8Vから2.0Vまでの間はどういう扱いになるのでしょうか？これは「どちらと認識されても文句は言えない」ということになります．現実のICでは，この間のどこかの電圧を基準にして"L"か"H"かを判定します．入力が0.8V以下であれば確実に"L"になり，2.0V以上あれば確実に"H"として判定されるというのが，このV_{IL}とV_{IH}の意味です．

● データを取り違える現象

V_{IL}とV_{IH}のレベル判定のしくみから考えると，次のような現象が起きる可能性が想像できます．

(1) LレベルのときにV_{IL}以上になると"H"と判定される可能性がある

図2 ディジタル回路で偽の波形が発生する例

(a) こうなっているつもりで…
(b) こんな具合になっていると…
(c) こんな波形として扱われてしまうかも…

(2) HレベルのときにV_{IH}以下になると"L"と判定される可能性がある
(3) 本当の判定レベル(V_{IL}とV_{IH}の間にある)近傍で電圧がふらつくと、"H"扱いになったり"L"扱いになったりする

実際にディジタル回路のトラブルの多くが、これらの現象から引き起こされています。基本中の基本ではありますが、侮ってはいけません。例えば、図3に示すように、ゆっくりと変化するような波形がディジタル回路の入力に与えられると、どういうことが起きるでしょうか。

いくらきれいな波形と思っていても、ミクロ的に見れば微妙なノイズもありますし、ICの入力電圧レベルの判定のブレも当然あります。"H"か"L"かの判定レベルぎりぎりくらいのところを通過するとき、この影響によって、"H"/"L"を何度も往復したように捉えられてしまうということが起こります。

ロジック・アナライザなどで波形を見ていて、最初は"L"だったのが細かいパルス状の波形が現れて、だんだんそのパルスの幅が大きくなって最後に"H"になるという現象や、その逆に最初は"H"で"L"のパルスがだんだん大きくなって最後に"L"に固定されるような波形になっていた場合、アナログ的にはこのようななまった波形になっていることが多いのです。

それでは、これらの例のような誤動作が引き起こされる原因は何でしょうか。実際のトラブルはいろいろな現象が複合的に働くことも多いのですが、比較的よく遭遇するトラブル源は次の二つでしょう。
(1) 信号線がハイ・インピーダンス状態になる
(2) 信号の反射による影響

ハイ・インピーダンス信号線の処理

ハイ・インピーダンス(high impedance)というのは、ICの入力ピンとつながっている信号線がどこからも駆動されておらず、非常に高いインピーダンスをもっている状態です。TTLの場合には入力がバイポーラ・トランジスタであり、もともとインピーダンスがそれほど高くなかったのですが、CMOSが一般的になった現在では、駆動していない信号線はインピー

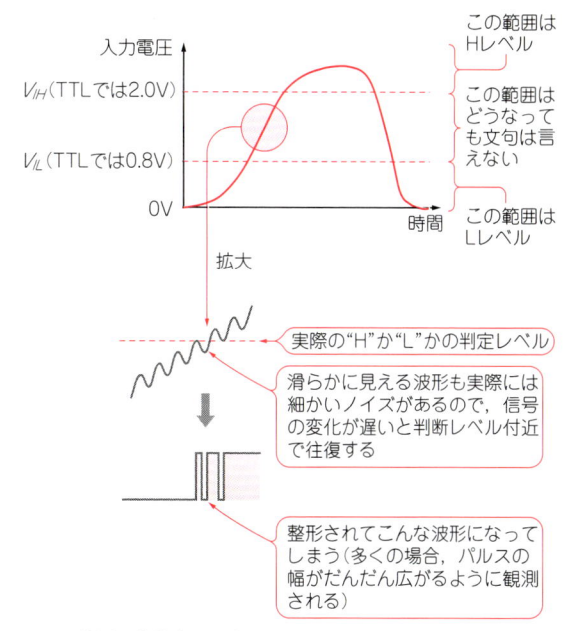

図3 波形の変化率に注意が必要

ダンスが非常に高くなっています。

基板のパターンとほかのパターンや電源との間には浮遊容量(ごく小さな容量のコンデンサ)があり、この容量を介して結合しています。したがって、ハイ・インピーダンスの信号線は周囲の影響を非常に受けやすく、ちょっとしたことで出力が暴れたり、ラッチアップなどを起こして消費電流が急増し、ICそのものが壊れてしまう可能性もあります。

このような状態は、使っていない入力ピンをついどこにもつながないままにしてしまったような場合だけでなく、例えば共通バスなどであるデバイスがバスの使用を終えてからほかのデバイスがバスを使い始めるまでの間などにも起こります。

このような場合には、抵抗を使って電源(V_{CC}やV_{DD})とつなぐプルアップ(pull-up)処理、あるいは0V(GND)とつなぐプルダウン(pull-down)処理を行います。

● 未使用入力端子の始末

未使用の入力端子の処理は図4のように、数kΩか

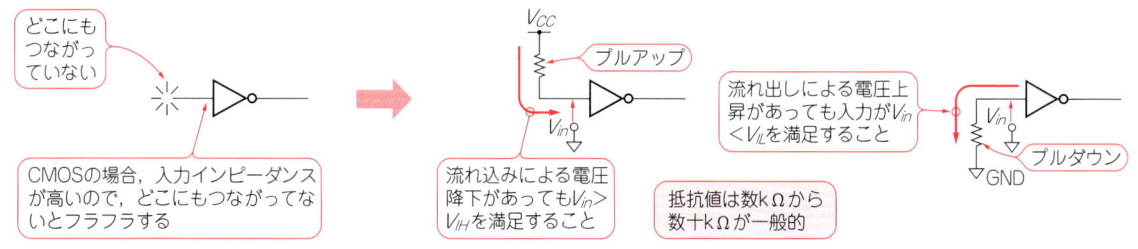

図4 未使用端子の処理

ら数十kΩの抵抗でプルアップ,あるいはプルダウンします.昔のTTLの場合にはオープンのままにしておくことも珍しくありませんでしたが,処理しておく場合には一般的にプルアップが使われました.

TTLはトランジスタのエミッタ(7400など)や内部プルアップされたベース(74LS00)が出ているため,プルダウン抵抗でLレベルにしようとすると,かなり小さい値にしなくてはならず消費電流が多くなるためです.また,将来の改造でほかのゲートで駆動するときに,TTLはHレベル出力電流(I_{OH})がLレベル出力電流(I_{OL},実際には吸い込み電流)に比べて非常に小さいため,プルダウンされていると駆動しきれない場合があるからです.例えば,74LS00ではLレベル出力電流は8mAありますが,Hレベル出力電流は0.4mAしかありません.

CMOSの場合,このような問題はありませんのでプルアップ,プルダウンのどちらでも特に問題なく動作します.以前のTTL時代の習慣や,0VとV_{IL}の間が0.8Vであるのに対して,V_{IH}のほうは電源が3.3Vであっても3.3V − 2.0V = 1.3Vとマージンが大きいので,プルアップを好む人も多いようです.

プルアップ/プルダウン抵抗は,値をあまり大きくするとハイ・インピーダンス状態と大差なくなりますし,あまり小さくしても効果が劇的に良くなるというものでもありません.電源や0Vと直結するという処理で間に合わせることもありますが,何らかの理由でピンを使うことになったときにパターンをカットするのもたいへんですので,できることならば大き目の値の抵抗を使うほうがよいでしょう.

駆動する側の能力はさまざまですが,CMOSタイプでごく一般的なドライバの能力が4mAほどなので,抵抗の最小値はこれが駆動しきれる値を目安にしておくとよいでしょう.最大値は特に厳密な決まりというものはありませんが,昔のTTLの74LSシリーズなどでは入力がLレベルのときに流れ出す電流が100μA程度(ちなみにHレベルのときは20μA程度)だったこともあってか,プルアップされた端子を0Vに接続したときに流れる電流が数百μA程度になるようにしておくことが多いようです.

3.3V系ならば1k〜33kΩ程度,5V系ならば2.2k〜51kΩ程度の間というのがよく使われる値でしょう.それほど厳密なものでもありませんし,職場などで習慣的に使われている値があると思いますので,それに合わせておくと用品手配などが楽で良いと思います.

なお,プルアップ時に気を付けなくてはならないのが電源系の違いです.昔は+5V単一電源動作が普通だったのですが,最近は低電圧化が進んでおり,さまざまな電圧レベルで動く回路が混在することが珍しくなくなっています.例えば,図5のように3.3V系で動いているICの入力端子をうっかり5Vでプルアップしてしまうと,抵抗を通してICの電源ピンに向かって電流が流れ込み,最悪の場合にはICを壊してしまうということにもなりかねません.

以前はV_{IL}よりもV_{IH}のほうがマージンが大きいことから,空きピンの処理はプルアップが一般的でした

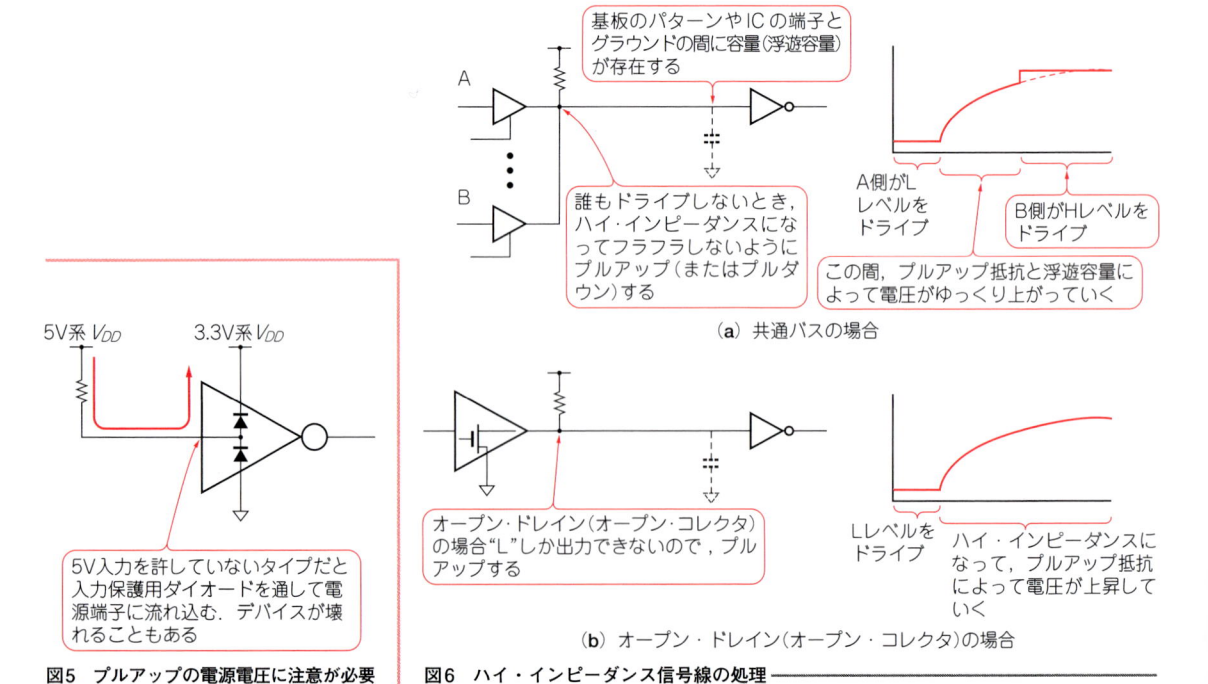

図5 プルアップの電源電圧に注意が必要

図6 ハイ・インピーダンス信号線の処理

が，今は「ついうっかり」を避けるためにはプルダウンのほうがよいのかもしれません．

● **信号線がハイ・インピーダンスになる条件と対策**

信号線がハイ・インピーダンスになってしまうのは主に2通りの場合があります．

(1) 一つのバス（共用信号線）につながった複数の出力ゲートがあり，両方ともバスを駆動していない場合

(2) オープン・ドレイン（オープン・コレクタ）出力のゲートを使う場合

対策は未使用入力のときと同様で，図6のようにプルアップやプルダウンで対応することが一般的です．注意が必要なのは空きピン処理の場合と異なり，今度は信号が動くということです．

例えば，図(a)の状態でプルアップをしている場合，直前に出力ゲートがHレベルを出力していたならば，"H"のままですから問題はありません．ところが，直前の状態が"L"である場合，プルアップ抵抗によって"L"から"H"に遷移することになります．これがあまりにもゆっくりであると，前に触れた"L"と"H"の判定レベル近辺に到達したときに出力が暴れることになってしまいます．

V_{IL}からV_{IH}の間をどのくらいの時間で遷移させるかということはなかなか難しいことですが，だいたい使用されるICのt_{pd}（遅延時間）の10倍未満にしておけば，それほど大きな問題にならないでしょう．

さて，この時間を計算するうえでどうしても必要になるのが，基板のパターン容量やICの入力容量といった，パターンにぶら下がるキャパシタンスです．次にこれらについて調べてみましょう．

● **プリント・パターンに存在する容量は約0.14 pF/cm**

基板のパターン上での容量は，次のように計算されます．真空の誘電率をε_0 [F/m]，基板の比誘電率をε_r，基板表面のパターン面積をS [m²]，パターンと内層との距離をd [m] とすると，配線で形成されるコンデンサの容量C [F] は，

$$C = \frac{\varepsilon_0 \varepsilon_r S}{d}$$

となります．ここで，真空の誘電率ε_0を8.86×10^{-12} F/m，ガラス・エポキシ材の4層基板を想定して$\varepsilon_r = 4.3$，$d = 0.4$ mm 程度を上式に代入すると，

$$C = 95.25 \times 10^{-9} \times S$$

となります．

実際のもので考えると，導体の幅はピン間2本で0.18 mm，ピン間3本で0.12 mm程度ですが仮に0.15 mmとして，パターン長をℓ [cm] とすれば，$S = 0.15 \times 10^{-3} \times \ell \times 10^{-2}$ですから，

$$C = 0.143 \times 10^{-9} \times \ell$$

となります．つまり，1 cm 当たり約0.14 pFのコンデンサ相当という計算になります．

● **ICの入力容量**

ICの入出力端子の容量は実測することもできますが，メーカの保証値はそれぞれのデバイスごとにデータブックを見るしかありません．一例としてH8マイコンのマニュアルを見ると，FWE端子は80 pF，$\overline{NMI}$端子が50 pF，それ以外の端子は15 pFとなっており，先ほど計算したパターン容量よりかなり大きな値と言えます．

FWEや$\overline{NMI}$はかなり大きな値ではありますが，ほかの信号も一つの信号線に複数のICがつながるので，大ざっぱにみて容量の合計は50 pF程度はあると想定しておくのがよいと思います．

▶ **立ち上がり時間の計算**

プルアップ抵抗を付けたラインがハイ・インピーダンスになったときの状態は，RC回路と見なせます．それでは，0 VにあったラインがV_{IL}を越えてV_{IH}になるまでの時間tは，電源電圧V_{CC}とプルアップ抵抗R，ICの入力容量Cの値からどのように表されるでしょう．

ある時点t_0におけるコンデンサの両端の電圧をV，Δt秒後の電圧上昇ぶんをΔVとすれば，

$$\frac{V_{CC} - V}{R} \Delta t = C \cdot \Delta V$$

となります．従って，

$$\frac{1}{V_{CC} - V} \frac{dV}{dt} = \frac{1}{RC}$$

となりますので，

$$-\log(V_{CC} - V) = \frac{1}{RC} t + K$$

ここで，時刻$t = 0$で$V = 0$を初期値とすると，

$$K = -\log(V_{CC})$$

ですから，

$$-\log(V_{CC} - V) = \frac{1}{RC} t - \log(V_{CC})$$

よって，

$$t = \{\log(V_{CC}) - \log(V_{CC} - V)\} RC$$
$$= \log\left(\frac{V_{CC}}{V_{CC} - V}\right) RC$$

となります．RとCの積が「時定数」と呼ばれるのは，このようにある電圧になるまでの時間がRCの積に比例するからです．

さて，この式からV_{IL}からV_{IH}までの時間Tは，

$$T = \log\left(\frac{V_{CC}}{V_{CC} - V_{IH}}\right) - \log\left(\frac{V_{CC}}{V_{CC} - V_{IL}}\right) RC$$

$$= \log\left(\frac{V_{CC} - V_{IL}}{V_{CC} - V_{IH}}\right) RC$$

となります．

仮に，$V_{CC} = 3.3$ V，$V_{IL} = 0.8$ V，$V_{IH} = 2.0$ V とすると，
$$t_{3V} = 0.654 RC$$

$V_{CC} = 5.0$ V ならば，
$$t_{5V} = 0.336 RC$$

です．ここで，C を 50 pF，R を 1 kΩ とすると，t_{3V} は 32.6 ns となります．立ち上がり時間の厳密な規定はあまりありませんが，仮に 100 ns 程度とする抵抗値は 3.3 kΩ となります．

バスの速度がもっと速い場合には，これでは大きすぎることもあります．また，SCSI や IDE のようにケーブルで伸ばす場合には信号線の容量がもっと大きくなってくるので，値をさらに小さくする必要が出てくるでしょう．このあたりはケース・バイ・ケースです．規格として決められている場合もありますが，そうでない場合には，それぞれの場面に応じて計算と実測の結果を付き合わせながら値を決定していくことになるでしょう．

信号の反射とその対策

● 信号の変化が速くなると伝播時間が問題になる

ここまでは比較的変化のゆっくりした信号の動作を見てきましたが，実際のディジタル信号の動きはそれほど単純ではありません．実際に信号線の電圧が上下するとき，当然のことながら信号線全体の電圧レベルがいっせいに上下するわけではなく，変化が起こった場所から波のように順次伝わっていくという動作をします．図7にこの状態を示します．

▶ 負荷端で信号が反射して戻ってくる

信号の変化が十分に遅い場合には伝わっていく時間は無視できますが，速度が上がってくると無視できなくなってきます．また，この遅れ時間以上に問題になるのが信号の反射です．電気信号が伝わっていくとき，インピーダンスが変化する場所では信号の一部が反対向きに戻っていくという現象が起こります．この時間差をつけて戻ってきた信号が元の信号と重なり合って信号線の途中の信号レベルに影響を与えたり，信号の出力源で再び反射した信号が本来の信号と重なり合って波形を乱すという現象が起こります．

ちょうど，細い水路に少し水をためた状態で，コップで水を注いだようなものです．注いだところから起きた波が伝わって行って端に来ると壁に当たって跳ね返り，この波が注いだところに戻り，そこでまた反射するということを繰り返しながら，だんだん減衰して一定のレベルに落ち着くのと同じような現象です．

このような現象を考えるには，信号線をただの導体と考えては駄目で，図にあるように多数の LCR が結合した分布定数回路と考えなければなりません．このように考える場合，基板や導体の厚み，導体幅，そして基板の比誘電率といった「物性」が大事な要素になってきます．

▶ 反射による波形の乱れは誤動作の元

本来の電圧以上まで跳ね上がるのをオーバーシュート (overshoot)，下まで沈み込むのをアンダーシュート (undershoot)，オーバーシュートやアンダーシュートのあとに反対向きに跳ね上がるような部分をリングバック (ring-back) と呼ぶこともあります．

厄介なのは，このような反射による電圧であっても，デバイスにとっては信号であることに変わりはないということです．デバイスの入力電圧規定を越えるような設計をしていなくても，オーバーシュートやアンダーシュートによって，これと同じことが起きてしまうのです．例えば H8 マイコンの場合，ポート7以外の入力電圧の絶対最大定格は -0.3 V ～ $V_{CC} + 0.3$ V となっています．いかなる場合でも，この範囲を越えないようにしなくてはなりません．

● 反射を減らす対策「整合」

方形波の信号をフーリエ変換すると，奇数次の高調波が多数含まれていることが分かります．例えば 10 MHz という比較的低い周波数のクロック信号であっても，その中には 30 MHz，50 MH，70 MHz …といった高調波成分が含まれています．このようにディジタル回路の波形には，動作させている周波数よりもはるかに高い周波数成分が含まれるうえ，大量の信号が

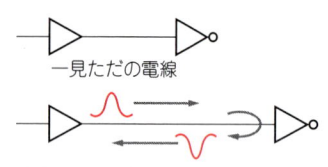

(a) 実際には，波として伝わりインピーダンスが変わるところで反射する

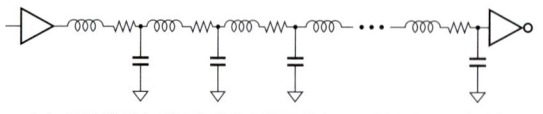

(b) 周波数が上がると分布定数回路として見なさないとだめ

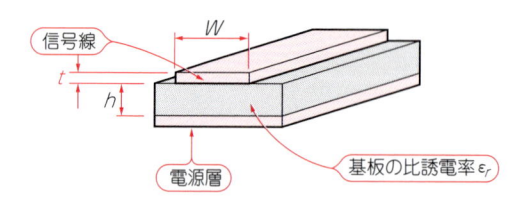

(c) 分布定数と見なすと，基板の厚みやパターン幅なども問題になる

図7 信号の電圧変化が速いときの信号線のとらえ方

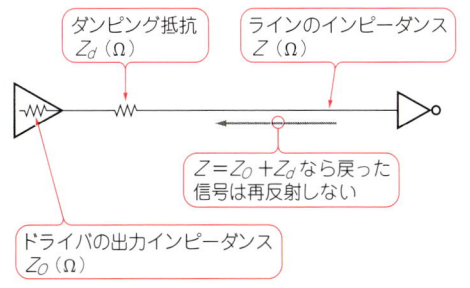

図8 ダンピング抵抗を追加して信号線のインピーダンスに合わせる

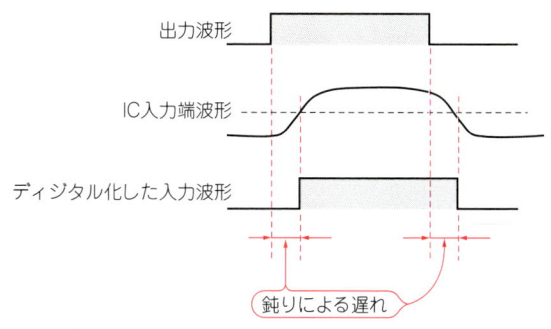

図9 波形のなまりと信号遅延

接続されるため，全ての信号についてアナログ回路のような配慮をすることは至難の業になります．

妥協案として，ディジタル信号として大きな問題が起きない程度に押さえ込むという手法をとることになります．この方法として一般的に利用されているのが，ダンピング抵抗や終端抵抗です．

いずれも考え方の基本は同じで，信号の反射がインピーダンスの変化点で発生し，その量はインピーダンスの差が小さいほど小さくなる（完全に一致すれば反射はゼロになる）ことを利用しています．このように接続点でのインピーダンスを等しくすることを「整合を取る」とも言います．

● ダンピング抵抗による整合

ダンピング（damping）は図8のように，信号出力側（ドライバ）の根元に抵抗を付けることです．ドライバの出力インピーダンスとこの抵抗のインピーダンスを合わせたものが線路（ライン）のインピーダンスと一致していれば，伝播して端点で反射して戻ってきた信号は再反射することなく消滅しますので，入力信号には大きな影響を与えないという理屈です．

また，抵抗値が大きくなってくると，ちょうどRCフィルタのようになり，高周波成分が減少して信号波形の変化がなだらかになってきます．これによって，高い周波数成分による乱れが減りますが，一方で信号の立ち上がり/立ち下がりが鈍ります．そのため，図9のように信号が遅れたり，ICの入力信号の立ち上がり/立ち下がり時間の規定（クロック入力などでは規定がある場合が多い）を満足しなくなったりするなどということが起きてくるので注意が必要です．

ダンピング抵抗の値による変化の例を，トランジスタ技術2003年11月号に付属した高周波回路シミュレータS-NAP/Linearで簡単にシミュレーションしてみました．回路は図10のようなものです．右端の抵抗はとりあえず電流の流れ道として測定に大きな影響のなさそうな大きな値にしてみたもので，他意はありません．

基板はガラス・エポキシで比誘電率 ε_r が4.3，パターンとグラウンド層の間の距離 h が0.4 mm，パターンの幅 W が0.2 mm，銅箔厚 t を35 μm とすると，特性インピーダンス Z_0 は，

$$Z_0 = \frac{87}{\sqrt{\varepsilon_r + \sqrt{2}}} \log \frac{5.98h}{0.8W + t}$$

と表されるので，これに値を入れて計算すると約91.2 Ω という値が得られます．パターンの幅 W が0.18 mmならば94.4 Ω，0.12 mmならば105.7 Ω と，幅が狭くなるにつれて特性インピーダンス値は上昇していきます．

パターン幅を0.2 mm，長さを10 cmにして，ダンピング抵抗 R_1 の値を22 Ω，33 Ω，47 Ω，68 Ω と変化させながらシミュレーションしてみたのが図11です．図(c)の47 Ω では若干不足気味で，図(d)の68 Ω でほぼ良さそうな波形です．

ここでのインピーダンス値は，ダンピング抵抗とド

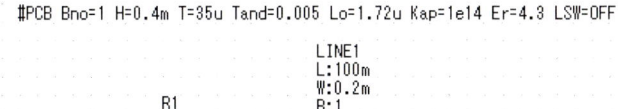

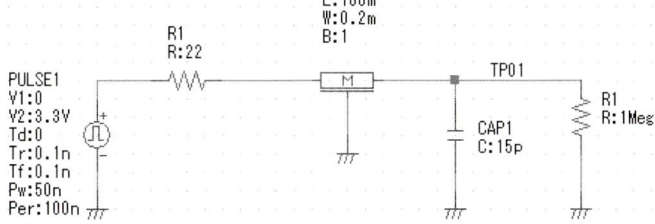

図10 ダンピング抵抗の効果を見るシミュレーション回路

(a) $R_1 = 22\,\Omega$

(b) $R_1 = 33\,\Omega$

(c) $R_1 = 47\,\Omega$

(d) $R_1 = 68\,\Omega$

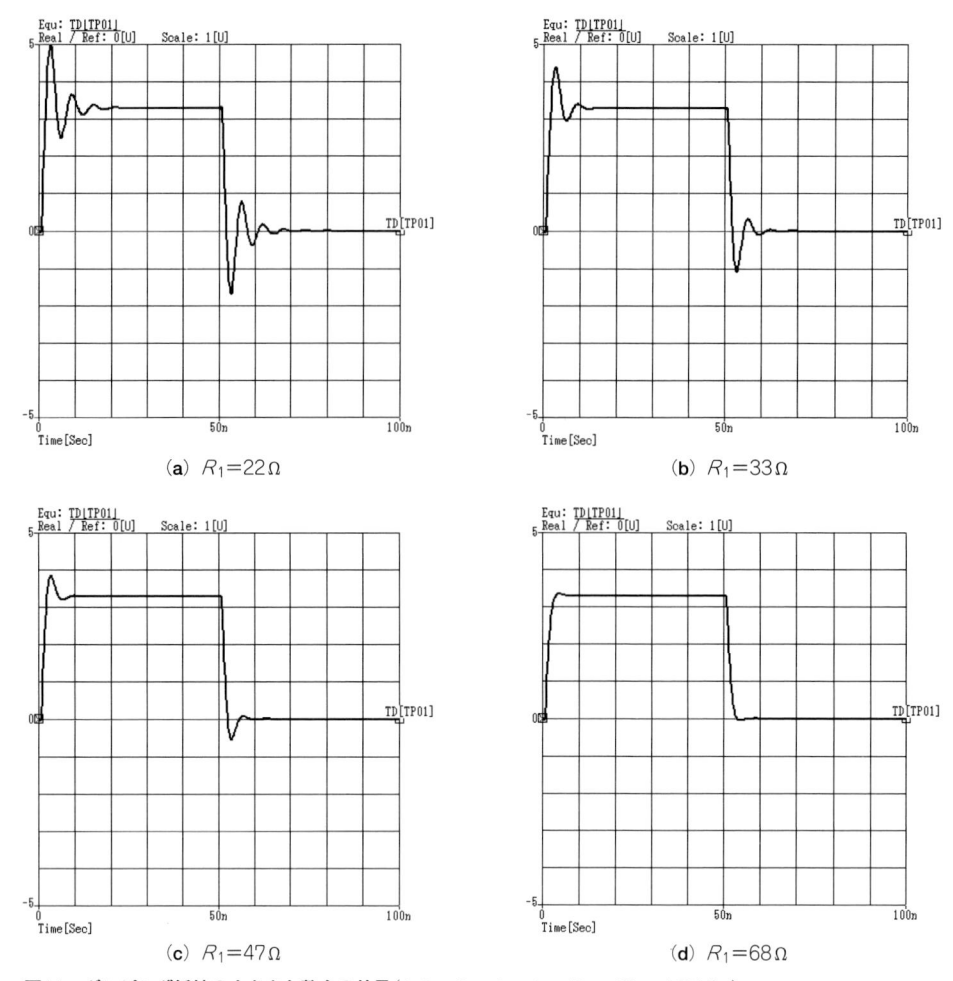

図11 ダンピング抵抗の大きさと整合の効果（シミュレーション，10 ns/div., 1 V/div.）

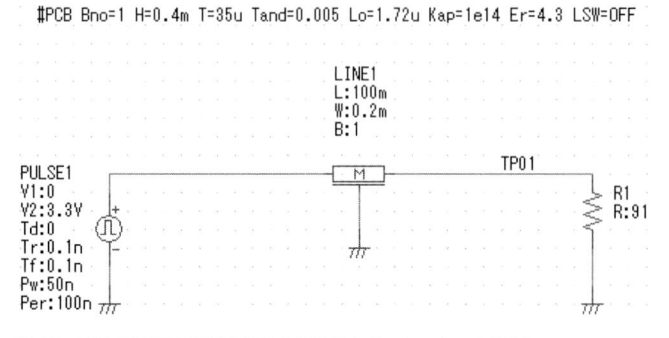

図12 単純な並列終端の整合効果を見るシミュレーション回路

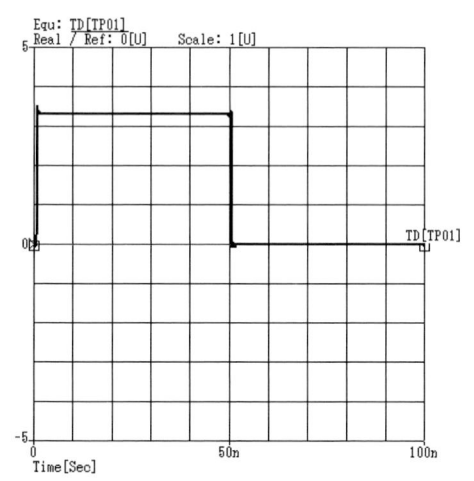

図13 単純な並列終端のシミュレーション結果
(10 ns/div., 1 V/div.)

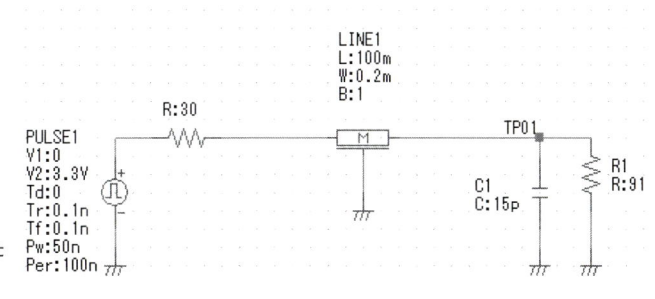

図14 ドライバの出力抵抗とデバイスの入力容量を加味した並列終端のシミュレーション回路

ライバの出力インピーダンスの和です．ドライバの出力インピーダンスは個別のIBISモデルなどを手に入れればよいのですが，簡単に逆算してみましょう．一例として東芝のTC74AC244のデータシートを見ると，電源電圧V_{CC}が3 VのときのV_{OL}（Lレベル出力電圧）が0.36 V（I_{OL} = 12 mA）とあります．12 mAが流れ込んだときの電圧が0.36 Vであるということなので，$R = E/I = 0.36/12^{-3} = 30\,\Omega$となります．

この値はメーカの保証値なので，実際にはもっと小さな値となるでしょうが，ダンピング抵抗としては22 Ω程度というのが一つの目安となってきます．

一般によく使われている値はやはり22 Ωや33 Ωあたりですが，最近の高速CMOSの出力インピーダンスの低下や，基板のパターンも細くなってインピーダンスが高くなってきているためか，50 Ωや75 Ωといった大き目の値のもののほうが良い結果が得られることも多いようです．

ある程度前例があればそれを踏襲するのもよいことですが，やはり気になる部分についてはシミュレーションをしたうえで実際の波形を測定して，理論値との整合性を検証するのがよいでしょう．

● 並列終端による整合

ダンピング抵抗はドライバの出力端で整合を取る方法でしたが，レシーバ側で整合を取る方法もあります．つまり，ラインの特性インピーダンスと同じ抵抗値で電源（通常は0 V側）と接続しておけば，反射そのものがなくなるという理屈です．

図12のように，単純に線路の先をラインの特性インピーダンスにほぼ等しい91 Ωで終端してみると，図13のように理屈どおりのきれいな波形になります．この方法を並列終端と呼びます．

ところが，ここでデバイスの入力負荷を想定したコンデンサを付けてみると話が変わってきます．図14のように，ドライバの出力抵抗としてR = 30 Ωを入れ，負荷の容量としてC_1 = 15 pFのコンデンサを入れると，図15のようになってきます．更に30 Ωを取り払うと，図16のように見るも無残な波形です．実際に，このような波形を観測した経験のある人は少なくないでしょう．

終端抵抗は確かに効果はあるのですが，問題もないわけではありません．最大の問題は，消費電流が大きくなることです．今回の例でも91 Ω＋30 Ωですから，

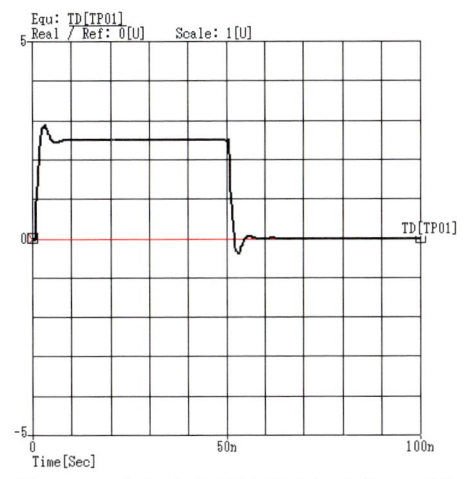

図15 ドライバの出力抵抗とデバイスの入力容量を加味した並列終端のシミュレーション結果（10 ns/div., 1 V/div.）

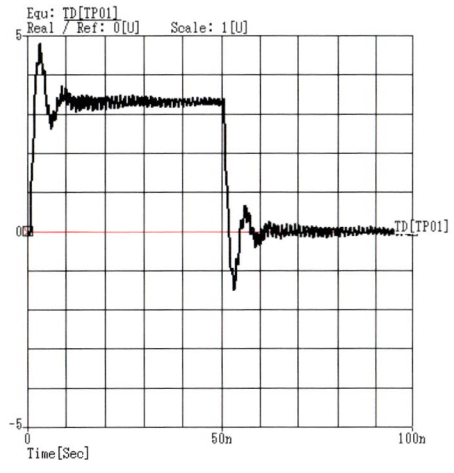

図16 図14の30 Ωを省略した場合のシミュレーション結果（10 ns/div., 1 V/div.）

信号の反射とその対策

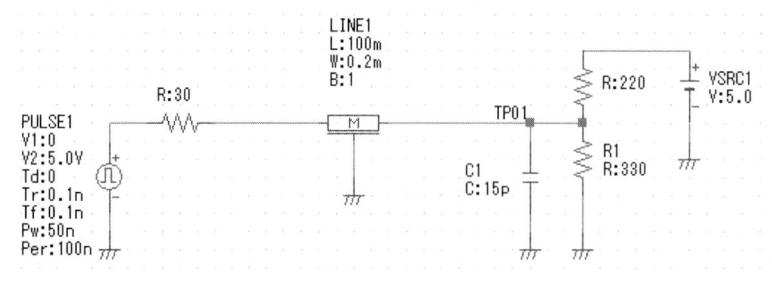

▶図17 テブナン等価終端のシミュレーション回路

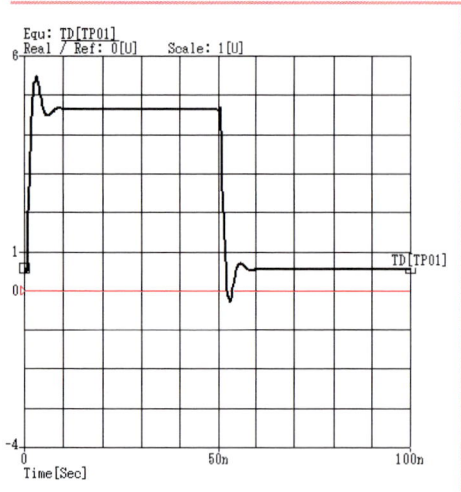

図18 テブナン等価終端のシミュレーション結果（10 ns/div.，1 V/div.）

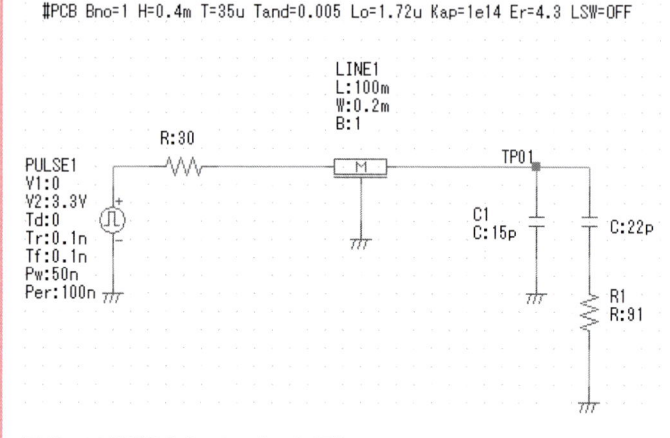

図19 AC終端のシミュレーション回路

121 Ωです．ドライバの出力電圧を3.3 Vとすると，27 mAも流れる計算です．

また，終端抵抗を使った場合，ドライバの出力インピーダンスに比べて大きな値にしておかないと電圧レベルが低くなるので，V_{IH}を満足するかどうかということにも注意が必要になります．先ほどの91 Ω終端の波形を見ても，電圧は2.5 V程度になっています．V_{IH}が2.0 V以上ということで一応満足はしていますが，マージンの減少には注意が必要です．

信号線に流れる電流は，信号の電圧レベルが下がればそれに応じて少なくなります．例えば，信号が1 Vであれば8 mA程度，400 mVであれば3 mA程度となり実用的と言えるレベルになってきます．このため信号レベルをあえて落としたバスでは，このような終端抵抗によって整合をとる方法がよく利用されています．

● テブナン等価終端による整合

テブナン等価終端(Thevenin equivalent termination)というのは図17に示すようにプルアップ/プルダウンによる終端で，SCSIなどで利用されてきた方法です．ここではSCSIを参考に5 V系にして，220 Ωと330 Ωにしてみました．この場合，終端抵抗によるインピーダンスはプルアップ抵抗とプルダウン抵抗を並列につないだものと等価になります．図のように220 Ωと330 Ωならば132 Ωになります．シミュレーションした波形が図18です．

この方法の場合，単純な抵抗終端1本のときよりも抵抗値を大きくできることは利点です．つまり，ドライバの負荷はそのぶん小さくてすむわけです．その代わり，終端抵抗には電流が常時流れたままになるので，終端部分の消費電流はいわば高値安定です．

また，テブナン等価終端の場合，シミュレーション結果でも分かるとおりLレベル電圧が上がってきやすいのが欠点です．V_{IL}は通常0.8 V程度なので，もともとマージンが少ないうえにLレベルが上がってきてしまうので，十分に注意するべきでしょう．

● AC終端による整合

並列終端ではドライバの負荷が大きすぎることや，Hレベル電圧が低下するといったことから，3.3 Vや5 V系の回路では扱いにくいものです．

これに対処するために考えられたのがAC終端です．回路は図19のように，終端抵抗に小容量のコンデ

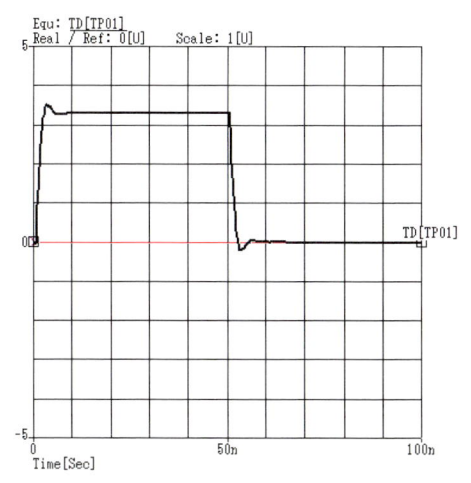

図20　AC終端のシミュレーション結果(10 ns/div., 1 V/div.)

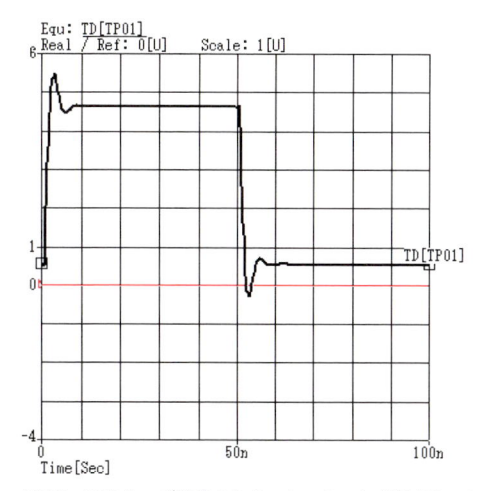

図22　アクティブ終端のシミュレーション結果(10 ns/div., 1 V/div.)

図21　アクティブ終端の整合効果を見るシミュレーション回路

サを直列にしたものです．コンデンサがあることで，信号に変化があるときは終端抵抗が働き，安定したあとは電流が流れないので，消費電流の増加も抑えられるという理屈です．

　コンデンサをあまり大きくすると意味がなくなりますし，小さすぎると効果がありません．だいたい数十pF程度に取られることが一般的でしょう．試しに91Ωと22 pFで終端してみた波形が図20です．並列終端と異なりHレベルも確保できていますし，オーバーシュート/アンダーシュートともうまく抑えられていると言えるでしょう．図には示しませんでしたが，15 pFのコンデンサがない状態でもうまく終端されています．

　実際の値については，やはり実際にシミュレーション・モデルを入手し，シミュレーションしたうえで決定したほうがよいでしょう．

● アクティブ終端による整合

　近年，SCSIバスなどで使われているのがアクティブ終端です．テブナン等価終端の場合，終端抵抗単体で信号レベルが電源と0 Vの間のレベル［先ほどの例ならば5.0 V×(330÷550) = 3.0 V］になりますが，この電圧をレギュレータで作成して，各信号線との間に抵抗を入れるという手法です．図21にアクティブ終端の例を，図22にシミュレーション結果を示します．

　この場合，抵抗の両端にかかる電圧はドライバの出力電圧と，この中間レベルの電圧の差分なので，単なる並列終端よりも消費電流を低く抑えることができます．

　また，テブナン等価終端の場合，終端に使っている電源のインピーダンスを低く抑えないと電源そのものが揺さぶられるということになり，ほかの信号にまで影響を与えてしまいます．アクティブ終端の場合には電源電圧はレギュレータで生成しているので，この影響を小さくできるのもメリットと言えるでしょう．

● フェライト・ビーズによるダンピング

　ダンピングの一種ですが，抵抗の代わりにフェライト・ビーズを使うという方法です．コイルもフェライト・ビーズも直流抵抗はほぼゼロで，等価回路もコイルと抵抗が直列になったモデルで表すことができるなど，似ている部分も多いため勘違いされやすいのですが，フェライト・ビーズはインダクタ(コイル)ではありません．

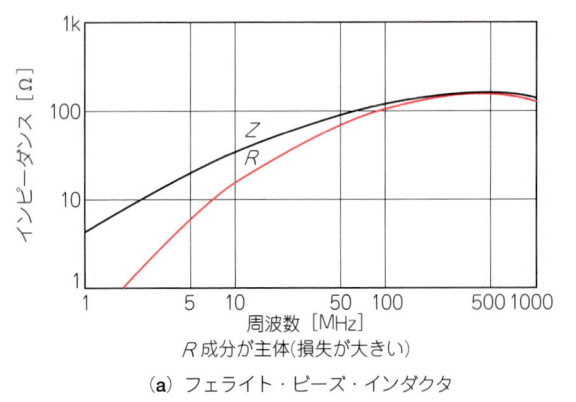

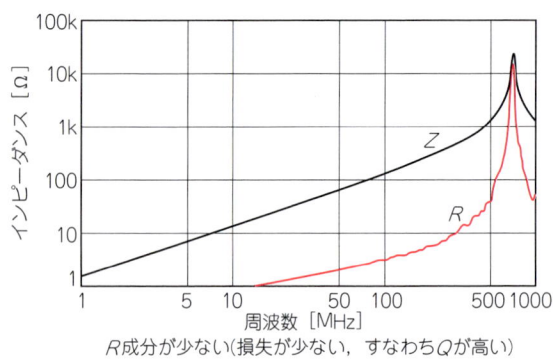

(a) フェライト・ビーズ・インダクタ　R成分が主体(損失が大きい)

(b) 高周波フィルタ回路用コイル(空芯コイル)　R成分が少ない(損失が少ない,すなわちQが高い)

図23 高域で抵抗分をもつフェライト・ビーズはダンピング用に適している
空芯コイルは抵抗分をほとんどもたないのでダンピング用には使えない.

　図23(a)がフェライト・ビーズ,同図(b)がコイルの特性です.コイルに求められる機能はインダクタンスであって,抵抗分は邪魔なものとして考えられているため,実際の製品でもインピーダンスの大部分がインダクタンス分です.一方,フェライト・ビーズの場合にはインダクタンスよりも抵抗分のほうが大きくなるようにしてあり,特にある程度以上の周波数になるとインピーダンスの大部分が抵抗成分になってきます.

　この違いはコアの素材にあります.確かにフェライト・ビーズもコイルも構造は同じですが,フェライト・ビーズの場合にはコアとなるフェライトに高い周波数成分での損失が大きい材料を選んでいます.コイルの場合には,周波数が高くなってインピーダンスが大きくなってもエネルギー自体はほとんど減衰しませんが,フェライト・ビーズの場合には高い周波数成分はコアの損失によって熱に変換されてしまいます.つまり,高い周波数の成分を吸収してしまうことになるわけです.

　フェライト・ビーズをダンピング抵抗代わりに入れると,DC分を含めた低い周波数成分についてはほとんど影響なく,電圧レベルが落ちることもありません.一方,高い周波数成分のほうはコアで減衰され,オーバーシュートやアンダーシュート,リングバックなども小さくなります.

　フェライト・ビーズには用途に応じてさまざまな特性のものが用意されていますので,インピーダンス変化のカーブを見ながら使用する周波数帯域や立ち上がり/立ち下がり時間に適したものを選定します.

◆参考文献◆
(1) ノイズ対策ノウハウ集,㈱村田製作所.
　http://www.murata.co.jp/emc/knowhow/knowhow.html
(2) 市川裕一:はじめての高周波回路設計,トランジスタ技術,2003年11月号,CQ出版㈱.

(初出:「トランジスタ技術」2004年6月号　特集　第3章)

ダイオードによる終端　　Column

　ダイオード終端というのは,並列終端やテブナン等価終端で使う抵抗の代わりにダイオードを使うというものです.信号が電源電圧以上になったり,0V以下になったときにはダイオードが導通してダイオードの順方向降下電圧を越えないようにするという仕掛けです.

　これはICの入出力端子の保護回路として一般的に内蔵されているものですが,これをもっと積極的に行って,影響を封じ込めてしまおうというのがこの考え方です.力ずくという感じの方法ではありますが,テキサス・インスツルメンツ社のSN74S1052(ショットキー・バリア・ダイオード・バスターミネーション・アレイ)など,このような目的に向けた実際の製品もいくつかあります.

　ダイオード終端の場合,アンダーシュート/オーバーシュートが発生したときにダイオードに流れる電流が大きいため,グラウンドや電源のインピーダンスを十分に低くしないと良い結果が得られません.また,ノイズが大きくなりやすいことや,抵抗に比べるとかなり高価なので,ある程度用途に限定されてくるでしょう.

第4章 確実な動作と外部との安全な接続を考慮して…
マイコン回路の定数設計と部品選び

桑野 雅彦

発振回路や入出力回路などのアナログ回路的な部分は地味ではありますが，マイコン・システム全体が確実に，安定して動作するためには非常に重要です．本章ではマイコン周辺回路設計上の配慮や定数の決め方などについて解説します．

マイコンを使った回路は第3章で触れたディジタル回路が主体ですが，入出力部分をはじめとして，アナログ的な挙動に配慮しなくてはならない部分は少なからず存在します．この部分は，まさしくディジタルな論理回路の世界とアナログな世界との架け橋となる部分といえる場所です．回路としてはそれほど複雑なものでない場合が多いのですが，意外な落とし穴が待ち構えているのがこの部分です．

アナログ的な挙動が問題になる部分は，細かく見ていくと本が1冊上梓できてしまうほどの分量になってしまうため，とても全ては紹介しきれませんが，ここではいくつかの典型的な回路について，設計上の注意点や計算方法について見ていくことにします．

確実に動作するリセット回路の設計

マイコンを手がけて最初に突き当たるのがパワーONリセット回路でしょう．電源投入後の電圧がまだ不安定なときに確実に動かなくてはならないなど，難しい面もあるので専用ICなども用意されていますが，そこまで厳密なものでなくてもよい場合には，CRによるディレイ回路が広く使われます．

● CRによるリセット回路

一般によく見られるのは図1のように，CRを直結した間の電圧を74HC14などのシュミット・トリガ・ゲートで受けるというものです．シュミット・トリガで受けるのは立ち上がりが遅い場合の定石で，ここに74HC04などの通常のゲートを使うと，第3章でも触れたように出力が暴れることになります．

74HC14のHレベルの閾値電圧（スレッショルド・レベル）V_{IH}は電源電圧の60％程度ですが，最小で50％程度まで下がります．

時定数tの計算式は第3章にも示しましたが，

$$t = \log\left(\frac{V_{CC} - V_{IL}}{V_{CC} - V_{IH}}\right)RC \quad \cdots\cdots (1)$$

となります．ここで，初期値は電源電圧が0Vですから$V_{IL} = 0$とすれば，

$$t = \log\left(\frac{V_{CC}}{V_{CC} - V_{IH}}\right)RC \quad \cdots\cdots (2)$$

が得られます．

仮にV_{CC}を3.3V，V_{IH}を2V（60％）とすると，
$t = 0.93RC$
また，V_{CC}を3.3V，V_{IH}を1.65V（50％）とすれば，
$t = 0.69RC$
となるので，ほぼRとCの積，最悪でも積の70％程度と見積もれます．実際の電源投入時は電源電圧自体が次第に上昇していくので，この立ち上がり時間よりも時定数を十分に大きくとっておくようにします．

一般に，抵抗の値は1k～1MΩ程度，コンデンサ

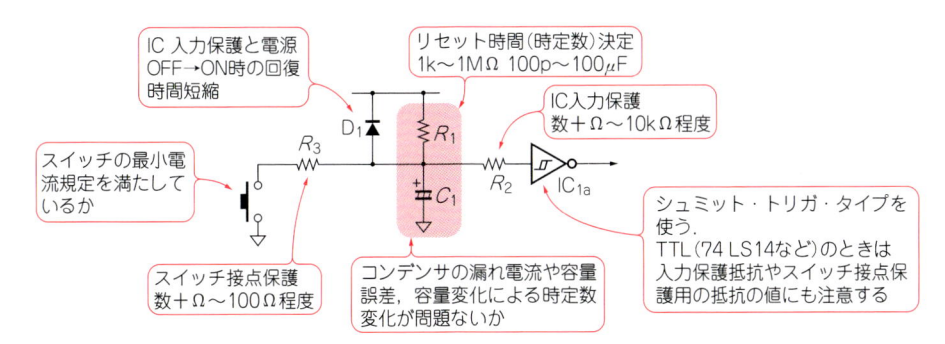

図1 簡易パワーONリセット回路の注意点

- IC入力保護と電源OFF→ON時の回復時間短縮
- リセット時間（時定数）決定 1k～1MΩ 100p～100μF
- IC入力保護 数十Ω～10kΩ程度
- スイッチの最小電流規定を満たしているか
- スイッチ接点保護 数十Ω～100Ω程度
- コンデンサの漏れ電流や容量誤差，容量変化による時定数変化が問題ないか
- シュミット・トリガ・タイプを使う．TTL（74LS14など）のときは入力保護抵抗やスイッチ接点保護用の抵抗の値にも注意する

は100 p～100 μF程度の範囲がよく利用されている値ですが，R，Cともあまりこの両端に近い値にしないほうがトラブルを起こしにくくてよいでしょう．例えば$t = 100$ msを目標にするならば，10 kΩと10 μFや33 kΩと3.3 μF，100 kΩと1 μFなどといった組み合わせが考えられます．

このように，CRによるリセット回路は単純ではありますが，実は細かい部分で考えておかなくてはならないことがあります．特にRやCが大きくなってきたときには設計上で注意したり，配慮を要するところがいくつも出てきます．

次に，これらについて見ていくことにしましょう．

● ゲートのスレッショルド電圧のばらつきに注意

前述のように，この手の回路では受ける側に74HC14などのシュミット・トリガ・タイプのゲートを使うのが一般的ですが，このときのHレベルの閾値のばらつきはそれほど小さくありません．

例えば，東芝のTC74HC14APでは電源電圧が4.5 Vの場合で2.3～3.15 Vとなっています．この値は，電源やICの種類によっても変化します．データシートをよく確認しておきましょう．

● コンデンサの漏れ電流に注意

理想的なコンデンサは直流的な抵抗値は無限大ですが，実際のコンデンサではそのようなわけにはいかず，電圧をかけるといくらかの電流は流れます．例えば，抵抗値が1 MΩのとき，コンデンサに1 μAの漏れ電流があれば，抵抗の両端では1 Vもの電圧降下が発生してしまいます．日本ケミコンのMFシリーズでも，漏れ電流の規定は「0.01CVまたは3 μAのうちいずれか大なる値以下」という表現ですので，3 μAは流れても文句は言えないということになります．

また，充電電流に対して漏れ電流が多いと，計算上では全てコンデンサに蓄えられるはずの電荷が抜けてしまうことになるため，時定数そのものが計算値から大きくずれてしまいます．このため，リセット回路でR_1の値を大きくしている場合には，コンデンサの漏れ電流をチェックしておくようにします．場合によってはR_1の値を見直す必要があります．

● コンデンサの容量誤差や経年変化に注意

漏れ電流以上に気を付けなくてはならないのが，コンデンサの容量誤差です．ディジタル回路ではアルミ電解コンデンサと，セラミック／積層セラミック・コンデンサがよく利用されますが，アルミ電解でも－10～＋50 %程度は珍しくありません．

積層セラミック・コンデンサに至ってはシリーズによっては定格で＋80 %から－20 %の誤差があるうえ，さらに高誘電率な誘電体を使ったものでは温度や印加電圧の影響を受けやすく，温度変化によって－80～＋30 %という変化をするものもあります．ものによっては－95 %まで減少することがありますが，こうなってはとても計算どころではありません．

また，アルミ電解コンデンサの場合は経年変化で容量が減っていくので，長期間使用されるような機器では注意が必要です．

厄介なことに，このような製品のばらつきによる影響というのは，試作品にたまたま誤差の少ないものが使われていれば試験でも見つからず，量産に入ってからはじめて問題が表面化するということがあります．

容量値だけに気をとられずに，メーカのデータシートをよく読んで，本当のばらつきがどの程度になるのかを計算したうえで，問題がないかどうか判断するようにします．

● 放電用ダイオード

この手の回路でうっかりしやすいのが，電源がOFFになったときの挙動です．電源がONになるときと異なり，電源OFF時の電源電圧の低下は比較的速いため，このような時定数回路が組んである場所では電源電圧よりもコンデンサの端子電圧のほうが高いという状態になりやすいのです．

そうなると図2に示すように，ICの入力保護ダイオードを通ってICの電源端子に向かって電流が流れることになります．コンデンサの容量が大きいとこのときに流れる電流も多くなりますが，もともと入力保護ダイオードはそれほど大きな電流を流すことは想定していないので，電源ON/OFFを繰り返すうちに入力保護ダイオードを壊してしまうことがあります．

図ではICの入力端子に抵抗がありますが，仮にこれを省略したとして考えてみましょう．コンデンサの容量をC，流れる電流をIとすれば，ある時間Δt経過したときの電圧の低下ΔVは，

$$C \cdot \Delta V = I \cdot \Delta t$$

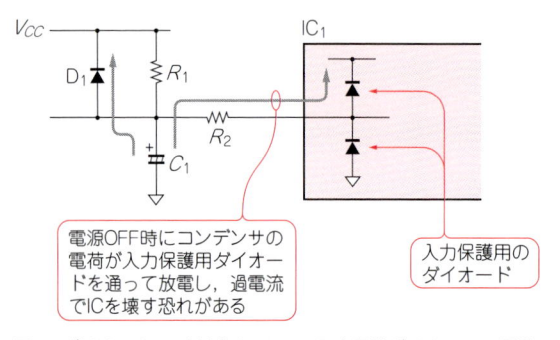

図2 ダイオードD_1を追加してICの入力保護ダイオードに電流を流さないようにする

> ### 確実に信号を読み込めるマイコンの入力回路 　　　　　　　　　　　　　　Column
>
> 　パワーONリセット回路は，入力信号のフィルタと見ることもできます．マイコンの外部からの入力信号はたいていの場合で理想的なディジタル波形というわけにはいかず，変化時にON/OFFを連続的に繰り返したり（チャタリング），ノイズが乗っていたり，マイコンの動作速度に比べて極めて変化が遅かったりということが普通です．
>
> 　このような入力信号を取り込むときに，先ほどと同じような回路で波形を整形することがよく行われます．図Aのように，パワーONリセット回路の応用で入力のチャタリングなどを取り払おうというわけです．時定数の計算方法はパワーONリセットと同様です．
>
> 図A　図1のリセット回路を応用したマイコンの入力回路

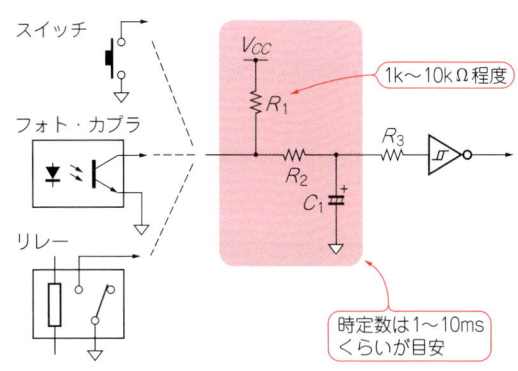

と表されるので，

$$C\frac{\Delta V}{\Delta t} = I$$

となります．

　つまり，電源電圧の変化率にコンデンサの容量を掛けたものがコンデンサから流れ出す電流 I になります（厳密に言えばダイオードの電圧降下ぶんにも配慮が必要だが，ここでは簡単のため電源と直結と見なして計算した）．これがICの入力端子の許容電流より大きくなるような場合には，図のようにダイオードを入れて電流をバイパスしてやります．ダイオードの最大電流容量も上の式から計算できます．

　ここまで厳密にできないような場合には，目安としてコンデンサの容量が $0.1\mu F$ を越えたら入れておくようにするということでもよいでしょう．

　また，このダイオードは，電源OFFから電源ONになるまでの時間が短いときに，コンデンサの電圧が低下しきれず，規定のリセット・パルス幅が得られないといった問題を軽減するのにも役立ちます．

● IC入力の保護抵抗

　先ほどのダイオードによる保護はそれなりに有効ですが，ダイオードを付けたとはいえICの入力端のダイオードと並列になっている状態ですから，外付けダイオードの順方向降下電圧が大きいとIC内部に流れる電流が多くなってきます．特にコンデンサの容量が大きいと，ダイオードそのものに流れる電流もかなり大きくなってしまいます．

　この影響を避けるため，IC入力に直列に抵抗を付けるということがよく行われます．これはリセット回路だけではなく，あとで紹介するスイッチ入力のフィルタのように，信号線にコンデンサを付けたような場所でも同じです．スイッチ入力用のフィルタのような部分ではダイオードを付けるほどのこともないということ，抵抗のほうがダイオードよりもずっと安価であるため，この保護抵抗だけという回路にするのが普通でしょう．

　なお，この抵抗を付けるのは相手がCMOSのときにはよいのですが，TTL（74LSシリーズなど）のときにこの抵抗を付けると，Lレベルに引ききれないということが起こりますので注意してください．

● スイッチの接点への配慮

　図1のように，パワーONリセット回路のコンデンサの両端にスイッチを付けて，マニュアル・リセット・スイッチとして使うというのもよく行われる手法です．

　ここで必要となってくるのが，スイッチの接点への配慮です．リセット・スイッチを使う場面では一般に，コンデンサはフル充電状態にあります．ここでスイッチをONにするということは，コンデンサの両端を短絡する状態になりますので，短い時間とはいえ思った以上に大きな電流が流れます．この電流によって接点が劣化してしまう可能性があるわけです．

　例えば，基板実装用の小型タクト・スイッチである日本開閉器工業のHP03シリーズでは，銀めっき接点のHP03-15AFKP2で電流範囲が $10\sim125\,mA$，金メッキ接点のHP03-15AFKP4では $0.1\sim100\,mA$ となっています．

　もちろん，この値は恒常的に流れることを想定した

規定なので，リセット回路のような使い方ならばもう少し流しても大丈夫かもしれませんが，一応規定は満足しておくべきでしょう．

電源電圧が3.3Vで，電流を0.1A以下に抑えるには接点との間に入れる抵抗は33Ωとなりますが，マージンを見ても50〜100Ω程度でよいでしょう．この抵抗を入れた場合，押したときの電圧レベルは0Vまで引ききれませんが，抵抗値を100Ωとし，RC時定数の抵抗が1kΩでも，

$$3.3 \times \frac{100}{1000 + 100} = 0.3 \text{ V}$$

ですので，74HC14の L レベル閾値電圧 V_{IL} の最小値（電源電圧4.5Vで1.13 $V_{min.}$）よりも十分に小さいことから問題はありません．念のため，$V_{IL} = 0.3$ V として先ほどの式(1)に代入して，リセット・スイッチによるリセット時間を再計算しておくと安心でしょう．

● **スイッチには最小電流規定がある**

スイッチやリレーの接点のように，機械的に電流をON/OFFするものの場合，接点に流す電流の最大値だけでなく最小値の規定があることに注意が必要です．例えば，日本開閉器の銀めっき接点のタクト・スイッチHP03-15FKP2では，適用電圧範囲が0.1〜28Vで電流範囲が10〜125mA，金めっき接点のHP03-15AFKP4では同じく20mV〜28Vと0.1〜100mAとなっています．

スイッチやリレーなどの接点は，あくまでも二つの金属同士の接触によって導通しているだけなので，表面に付着した汚れや酸化膜，機械的な接触状態の変化の影響を受けやすいのです．ある程度の電流が流れれば，ON/OFFの際にこの接触点がクリーニングされるのですが，あまり小さい電流だとこの効果が期待できず，接点の接触抵抗が高いままの状態になりやすくなります．

接点を流れる電流があまりにも小さくなってしまう場合には，図3のように，時定数を形成している抵抗をスイッチの接点側に移動させて値を小さくし，そのぶん接点保護抵抗の値を大きくして，時定数は大きく確保しながら接点保護を行うという方法もあります．

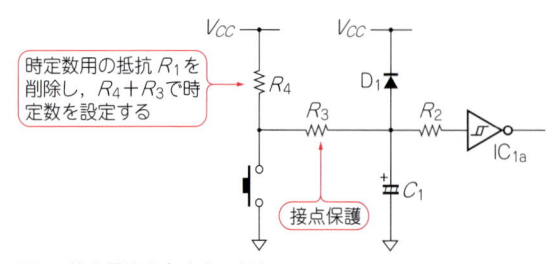

図3 接点電流を多くする方法

クロック発生回路の設計

マイコンなどの動作クロック源としては圧電セラミックなどを使ったものもありますが，やはり水晶振動子を使ったものが広く使われています．水晶振動子と発振回路を封入した水晶発振器もありますが，コストや実装面積の点から水晶振動子をそのまま利用している例も多いのではないかと思いますので，この発振回路を少し調べておきましょう．

● **水晶発振回路の定数**

一般的に使用される水晶発振回路を図4に示します．水晶発振回路の基本形は左上のコルピッツ発振回路で，このコイルを水晶振動子で置き換えるとピアースBC発振回路になります．この回路のエミッタを接地すると，ベースに入った信号がトランジスタで反転増幅されて，水晶に戻るという回路になりますので，このトランジスタを反転増幅器で置き換えればよいということになります．

ディジタルICで一般的なバッファ・タイプのものは，入出力の論理が反転している場合に入出力を接続すると内部ディレイによって発振してしまいます．しかし，アンバッファ・タイプのもの（74HCU04など）はアナログ的な挙動を示すので，入出力を接続すると中間のレベルで安定し，入力の変動によって出力が大きく振れる反転増幅回路として利用できます．これがマイコンやその周辺回路で一般的に利用されている水晶発振回路の基本形です．

実際のクロック発生回路は図5のようになります．

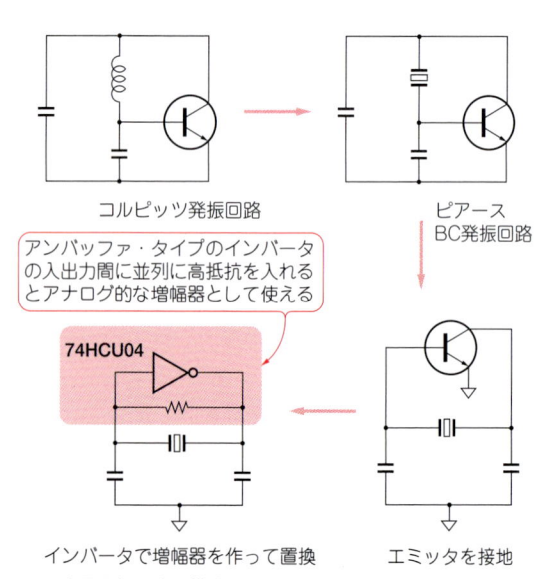

図4 水晶発振回路の構成

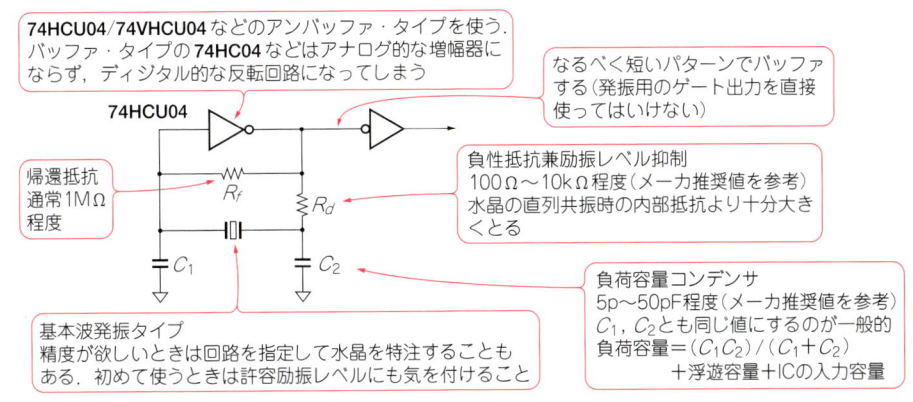

図5 一般的なクロック信号発生回路

- 74HCU04/74VHCU04などのアンバッファ・タイプを使う．バッファ・タイプの74HC04などはアナログ的な増幅器にならず，ディジタル的な反転回路になってしまう
- なるべく短いパターンでバッファする（発振用のゲート出力を直接使ってはいけない）
- 帰還抵抗 通常1MΩ程度
- 負性抵抗兼励振レベル抑制 100Ω～10kΩ程度（メーカ推奨値を参考）水晶の直列共振時の内部抵抗より十分大きくとる
- 基本波発振タイプ 精度が欲しいときは回路を指定して水晶を特注することもある．初めて使うときは許容励振レベルにも気を付けること
- 負荷容量コンデンサ 5p～50pF程度（メーカ推奨値を参考）C_1，C_2とも同じ値にするのが一般的 負荷容量＝$(C_1 C_2)/(C_1+C_2)$＋浮遊容量＋ICの入力容量

ワンチップ・マイコンなどではインバータ部分や帰還抵抗R_f，場合によっては負性抵抗のR_dまで内蔵されているものもあります．

外付けで利用する場合，帰還抵抗R_fは1MΩ程度，R_dやC_1，C_2などは水晶振動子メーカが推奨値として出している定数がありますので，それを参考に決定するのがよいでしょう．一般的な値は，R_dが100Ω～10kΩ程度，C_1，C_2は5～50pF程度で，だいたい15pF前後が利用されることが多いようです．

● 部品のばらつきや温度による周波数の変動

気を付けなくてはならないのは，水晶振動子は極めてQが高く周波数安定度も良いとはいえ，周囲の影響をほとんど受けないと言えるほど安定ではないということです．水晶そのもののばらつきもありますが，C_1やC_2の値などによっても周波数は数十から数百ppm程度は変わってきますし，温度の影響も受けます．

水晶振動子は結晶からの切り出し方向や形状によっていろいろな種類があり，温度特性なども変わってきます．広く使われているのは，ATカット水晶と音叉形と呼ばれるものです．マイコン関係で一般的に使われるのは32.768kHzのもので，RTC（リアルタイム・クロック）の基準発振用として広く利用されていますが，このタイプは基準温度（20℃）よりも温度が上がっても下がっても周波数が下がるうえ，温度による周波数変動も大きいことに注意が必要です．

リセット回路の信号ディレイへの応用 Column

IC間で簡単な時間稼ぎをしたいときにも，RCによるディレイが使用されることがあります．図Bのような回路になります．パワーONリセット回路で抵抗とつながっているのがV_{CC}ではなく，ICの出力端子になったようなものと思えばよいでしょう．

時定数の計算方法はパワーONリセット回路と同様ですが，この場合は電源電圧がICの出力電圧になることに注意が必要です．CMOSならばほぼ電源電圧近くまで上がりますが，TTLの場合には出力電圧が低いので時間が長くなります．

この回路は，ある程度大きなディレイが必要だったり，信号のばたつきを抑えるフィルタとして使うことが一般的な用途ですが，筆者が以前調べたPCのマザーボードではこれを利用してクロックのスキュー（複数のクロック間の時間遅れの差）調整を行っているものがありました．

パターンやICの入力容量を利用してコンデンサを省略し，抵抗値の調整で遅れ時間を調整しようというものでした．苦し紛れという感もあり，あまり褒められたことではないと思いますが，試しに抵抗を交換して値をそろえてみるとクロック・マージンが減ることが確認できました．このあたりは，メーカのエンジニアも苦労したところなのでしょう．

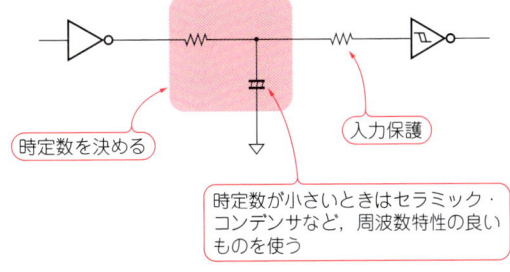

- 時定数を決める
- 入力保護
- 時定数が小さいときはセラミック・コンデンサなど，周波数特性の良いものを使う

図B 図1のリセット回路はIC間の信号ディレイ/フィルタに応用できる

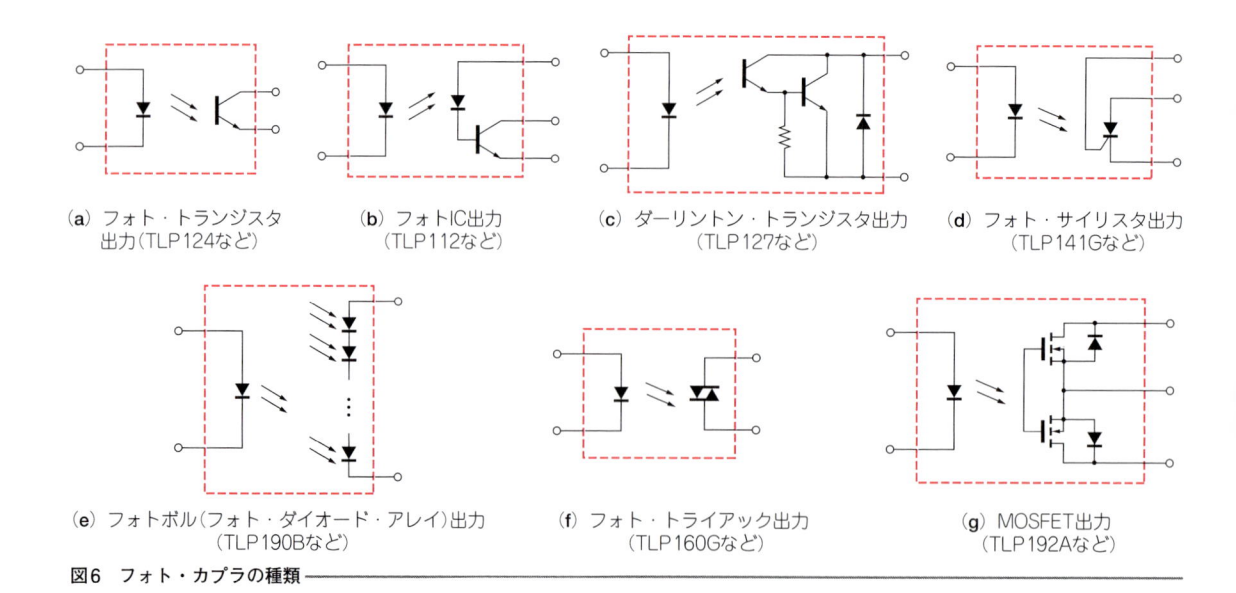

(a) フォト・トランジスタ出力（TLP124など）　(b) フォトIC出力（TLP112など）　(c) ダーリントン・トランジスタ出力（TLP127など）　(d) フォト・サイリスタ出力（TLP141Gなど）

(e) フォトボル（フォト・ダイオード・アレイ）出力（TLP190Bなど）　(f) フォト・トライアック出力（TLP160Gなど）　(g) MOSFET出力（TLP192Aなど）

図6　フォト・カプラの種類

例えば，時計用として使用した場合には50ppmの誤差でも，

3600［秒］×24［時間］×30［日］×50×10⁻⁶
＝129.6

と，月差にすると2分以上になります．

量産品の腕時計などであればレーザ・トリミングなどによって，作ったあとで調整するといったこともできるようですが，一般の用途では不可能です．周波数精度が必要な場合には，C_1をトリマ・コンデンサにしたり，水晶振動子と直列にトリマ・コンデンサを入れるなどして調整可能にすることもあります．あるいは，回路の定数を実測して水晶メーカに水晶振動子を特注するということも行われます．

温度特性を良くするために，C_1やC_2を温度補償型のものにして水晶振動子の変動ぶんをキャンセルしたり，場合によっては振動子とその周囲の温度変動を少なくするような細工が行われることもあります．

また，メーカ推奨値から外れた値にする場合や，回路が特殊な場合には念のために，励振レベルが水晶振動子の規定値以内になっていることを確認しておくようにします．水晶振動子の共振は機械的な振動によるものであるため，大きなレベルで振動させると水晶そのものが壊れてしまうのです．特に音叉形は，機械的にもろく壊れやすいので注意してください．

フォト・カプラの周辺設計

■ フォト・カプラの基礎知識

● フォト・カプラの役割と種類

パソコンのように本体と周辺機器の間がごく短い距離に設置され，電源も同じテーブル・タップから取るような使い方をする場合と異なり，遠方の機器と接続したり電源系の全く違うもの同士で信号を伝達したい場合には，電気的に絶縁しながらデータを受け渡さなくてはなりません．

このような目的でよく利用されるのがフォト・カプラです．フォト・カプラはLED（一般的には赤外線LED）を入力側に，フォト・トランジスタやフォト・ダイオードといった受光素子を出力側に置いて，互いの間を光で接続するものです．

図6に示したとおり，フォト・カプラには受光素子側の種類によって，トランジスタ出力，ダーリントン・トランジスタ出力，サイリスタ出力，トライアック出力，IC出力，FET出力など，いろいろな種類がありますので，それぞれの用途に応じて使い分けます．

● 使用上の注意

フォト・カプラで気を付けるのは発光側と受光側の結合関係です．通常のトランジスタやFETなどであれば，制御用の電流はごく小さいものでよいのですが，フォト・カプラの場合，受光側は発光側のLEDからの光を受けて動作するため，発光側にはある程度大きな電流を流さないと受光側が満足に動作しません．

一例として，最も基本的なタイプであるフォト・トランジスタ型のTLP124（東芝）を見てみましょう．TLP124を使った絶縁型のディジタル入力回路（DI）の例を図7に，ディジタル出力（DO）の例を図8に示します．

これは比較的簡単に作った例で，本格的なFA用途などでは保護用の回路をもう少し丁寧に作ったり，外来ノイズ対策などにも手をかけるのが普通ですが，そ

表1 フォト・カプラの特性仕様（TLP124）

(a) 結合特性（$T_a = 25℃$）

項　目	記　号	測定条件	最小	標準	最大	単位
変換効率	I_C/I_F	$I_F = 1$ mA, $V_{CE} = 0.5$ V, BVランク品	100	—	1200	%
			200	—	1200	
変換効率（低入力）	$I_C/I_{F\,(low)}$	$I_F = 0.5$ mA, $V_{CE} = 1.5$ V, BVランク品	50	—	—	%
			100	—	—	
コレクタ-エミッタ間飽和電圧	$V_{CE\,(sat)}$	$I_C = 0.5$ mA, $I_F = 1$ mA	—	—	0.4	V
		$I_C = 1$ mA, $I_F = 1$ mA, BVランク品	—	0.2	—	
			—	—	0.4	
コレクタ・オフ電流	$I_{C\,(off)}$	$V_F = 0.7$ V, $V_{CE} = 48$ V	—	—	10	μA

(b) 結合特性（$T_a = -25 \sim 75℃$）

項　目	記　号	測定条件	最小	標準	最大	単位
変換効率	I_C/I_F	$I_F = 1$ mA, $V_{CE} = 0.5$ V, BVランク品	50	—	—	%
			100	—	—	
変換効率（低入力）	$I_C/I_{F\,(low)}$	$I_F = 0.5$ mA, $V_{CE} = 1.5$ V, BVランク品	—	50	—	%
			—	100	—	

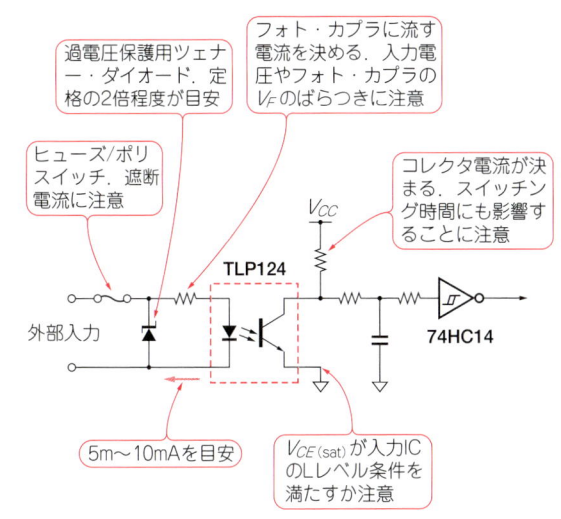

図7 フォト・カプラによる絶縁型ディジタル入力回路

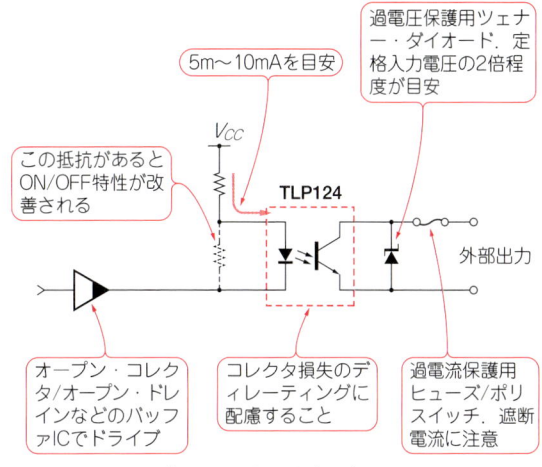

図8 フォト・カプラによる絶縁型ディジタル出力回路

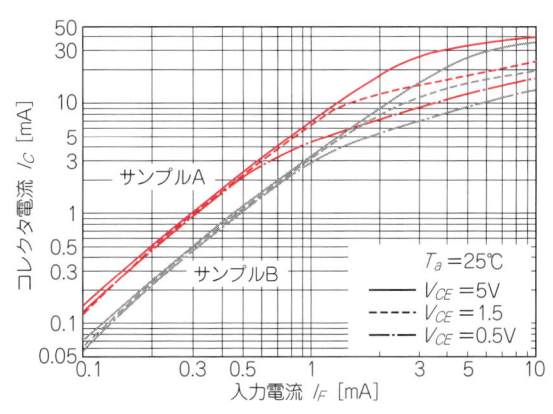

図9 フォト・カプラのI_C-I_F特性（TLP124）

れほど悪環境でなければこの程度でも十分に使えることでしょう．

■ 絶縁型入力回路の定数設計

● フォト・カプラ発光側に流す電流の最適値

　図7の絶縁型ディジタル入力から見ていきましょう．まず，フォト・カプラの発光側にどの程度の電流を流せばよいのかが問題になってきます．発光側に電流を多く流すほど，トランジスタのベース電流が増えたのと同じような効果になりますが，無制限に増えるものでもありませんし，むやみに増やしても損失が増えるだけです．参考値はデータシートを参照するとよいでしょう．

　TLP124のデータシートで結合特性のところを見ると表1のようになっています．ここで，コレクタ-エミッタ間の飽和電圧$V_{CE\,(sat)}$などが$I_F = 1$ mAで規定されていることから，TLP124の場合には最低でも1 mA流すのがよさそうです．一方，図9に示すI_C-I_F

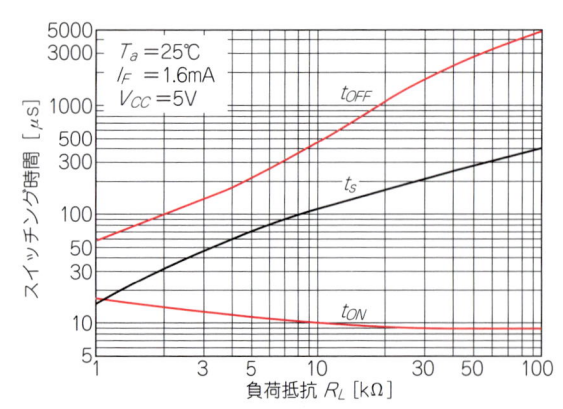

図10 フォト・カプラのスイッチング時間と負荷抵抗の関係 (TLP124)

特性を見ると，コレクタ電流はI_F(発光側の電流)を5〜10 mAも流せばほぼ飽和してくることが読み取れますので，このあたりを目安にして，電流制限用の抵抗の値を決定します．

● フォト・カプラ受光側の負荷抵抗の最適値

フォト・カプラの受光側の電流は，発光側の電流を5 mAとすると，I_C-I_F特性で$V_{CE}=0.5$ Vとして9 mA程度と読み取れます．図で分かるとおり，この値はだいぶばらつきの大きいもののようなので，マージンをとってI_Cは数mA程度で使うのがよさそうです．

ここで，$V_{CE}=0.5$ Vとして，$V_{CC}=5$ Vで$I_C=3$ mAとすると，負荷抵抗R_Lは，

$$R_L = \frac{5\text{ V} - 0.5\text{ V}}{3\text{ mA}} = 1.5\text{ k}\Omega$$

となります．

ここで念のため，負荷側のON/OFF時間も見ておきましょう．図10に示すスイッチング時間特性のグラフを見ると，負荷抵抗によってターンオン時間t_{ON}，ターンオフ時間t_{OFF}が大きく変動することが分かります．

抵抗を小さくするとターンオン/ターンオフの時間は短くなりますが，一方でコレクタ損失は増えます．また，コレクターエミッタ間の飽和電圧も上がってきますので，Lレベルになりきらなくなってしまう恐れが出てきますので注意してください．

● 過電圧保護

外部と接続される部分で気を付けなくてはならないのが回路の保護です．外部と結線される部分は電気的にかなり乱暴な扱いを受けることを想定しておかないと「ついうっかり」で壊してしまうことが起こりえますので要注意です．

ここでは過電圧に対象を絞って考えてみました．まず，フォト・カプラの発光側の電流は現在最大でも10 mAを想定しています．I_Fの最大値は周囲温度によって変化しますが，データシートを見ると，周囲温度が55℃以下なら50 mAまで，周囲温度が上限の100℃まで上がっても20 mAということなので，ここでは20 mAまでということで，定格の2倍程度までに抑え込むことを考えておきます．

電流で制限をかけるのは面倒なので，より簡単に計算に使った入力電圧の2倍になれば，2倍程度は流れる(実際にはV_Fが大きくなるので2倍まではいかないが)として，保護用の定電圧ダイオードを入れて2倍までに抑えてしまいます．さらに，このダイオード自身が過電流で壊れないように，ヒューズやポリスイッチなどによる電流保護をかけておきます．

ただし，ヒューズやポリスイッチなどは定格に記載されている電流でいきなり切れてくれるというものではないので注意が必要です．ばらつきや切断に至るまでの時間がかかるなど，両者とも意外と癖のあるものです．

このあたりもデータシートをよく読んで判断するようにしてください．

■ 絶縁型ディジタル出力回路の定数設計

ディジタル出力回路の場合も，入力回路と同様の配慮が必要になってきます．発光側はバッファ用のICなどでドライブします．図8の例では電流を引く方向でONにしていますが，これはTTLのようにLレベル(電流を引く方向)のほうが電流が多く流せるという理由からです．現在のCMOSドライバICはLレベルもHレベルも差がありませんので，ICからの吐き出し電流で点灯させる場合もあります．

発光側のダイオードと並列に付けた抵抗はON/OFF特性の改善用で，これがあるとLEDのPN接合部分に溜まった電荷が抜けやすくなります．特にオープン・コレクタ/オープン・ドレイン・タイプのI_Cでドライブする場合には効果がありますので，実験してみるとよいでしょう．

さて，受光側で気を付けなくてはならないのは過電圧とコレクタ損失です．つなぐ相手によってはフォト・カプラではコントロールしきれない場合も出てきます．このような場合にはフォト・リレーにするか，この先に別途トランジスタやFETのバッファを付けて対処することになります．

◆参考文献◆
(1) 赤外LED + フォトトランジスタ，TLP124データシート，東芝．

(初出：「トランジスタ技術」2004年6月号　特集　第4章)

第5章 負帰還回路の基礎理論と定数設計

ひずみや周波数特性を改善する基本テクニックをマスタしよう！

黒田 徹

本章では，今日のアナログ電子回路に不可欠な負帰還を取り上げます．例えばOPアンプは負帰還を掛けて使うのが普通です．ここでは比較的理解しやすい周波数応答法に基づいた理論を紹介します．

　負帰還（negative feedback）は出力の一部を入力に逆位相で戻し特性を改善する技術です．ほとんどのアナログ回路は負帰還を掛けています．ただし負帰還は両刃の剣です．一歩間違えれば発振するからです．本章では，安定に負帰還を掛けるための基礎理論と定数設計法を取り上げます．

負帰還の起源と安定化電源回路

● ワットの蒸気機関[1]

　18世紀のワットの蒸気機関は回転数を一定に保つため，図1に示す遠心調速機を備えていました．それは次のように働きます．

「蒸気機関の回転に連動し遠心振子（ガバナ）が回る．何かの理由で回転数が増すと球A，Bに作用する遠心力で振子の角度θが増し，てこを介して蒸気弁が絞られ，回転数が低下する．逆に回転数が落ちると，回転数を上げるように調速機が機能する」．

　このメカニズムは，今風に言えばフィードバック制御（負帰還）です．遠心調速機のブロック線図を図2に示します．

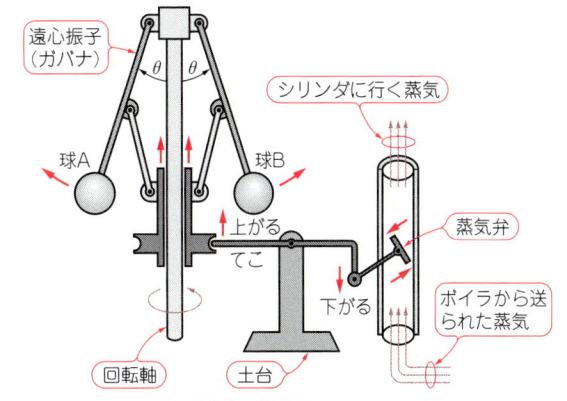

● 定値制御の例…安定化電源

　ワットの蒸気機関のように，出力を一定の目標値に保つ負帰還を定値制御といい，安定化電源もその一つです．図3の基準電圧が目標値で，誤差増幅器は目標値からの偏差を増幅します．出力電圧 V_{out} を計算しましょう．制御トランジスタに関し，

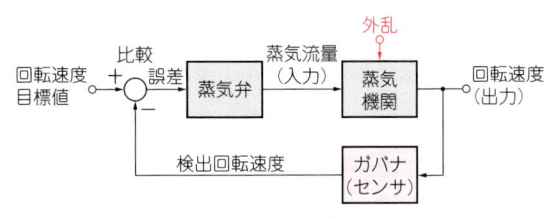

図1 ワットの遠心調速機の模式図
回転速度が上昇すると各部の位置が矢印の方向へ動く．

$$V_{out} = V_1 - V_{BE} \quad \cdots\cdots(1)$$

ただし，V_1：誤差増幅器の出力電圧

V_{out} は分圧されてゲインAの誤差増幅器に加えられ，

$$V_1 = A(V_{ref} - \beta V_{out}) \quad \cdots\cdots(2)$$

ただし，$\beta = \dfrac{R_1}{R_1 + R_2} = 0.5$

式(1)，(2)から V_1 を消去すると，式(3)が得られます．

$$V_{out} = \left(\dfrac{A}{1+A\beta}\right)V_{ref} - \dfrac{V_{BE}}{1+A\beta} \quad \cdots\cdots(3)$$

▶外乱が出力電圧 V_{out} に与える影響

　安定化電源の主な外乱は，入力電源電圧の変動と負

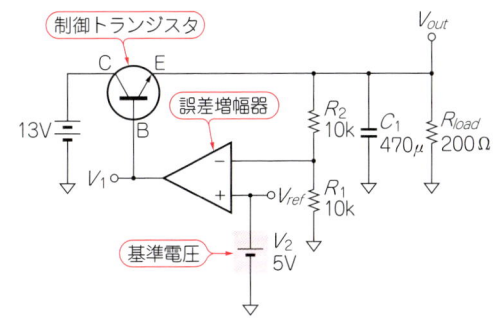

図2 ワットの遠心調速機のブロック線図

図3 安定化電源回路は定値制御システムである

荷電流の変動です．さて，負荷電流が2倍に増えたとしましょう．Tr_1が理想トランジスタならば，このときV_{BE}は18 mV増加します（Column参照）．もし，誤差増幅器の出力電圧V_1が一定ならば，式(1)に従いV_{out}は18 mV低下します．しかし，V_{out}が低下すると式(2)によってV_1が上昇するので低下分はほとんど相殺され，最終的に式(3)が成り立ちます．式(3)からV_{out}の変化分は，

$$\Delta V_{out} = -\Delta V_{BE}/(1+A\beta)$$
$$= -18\,\mathrm{mV}/(1+A\beta) \cdots\cdots\cdots\cdots (4)$$

となります．例えば$A = 1000$で，負荷電流が50 mAから100 mAに増えると，V_{out}は，

$$-18\,\mathrm{mV} \div (1 + 1000 \times 0.5) \fallingdotseq -36\,\mu\mathrm{V}$$

と，約36 μVの低下に抑えられます．

▶帰還量

式(3)の分母である$(1+A\beta)$を帰還量といいます．一般に，負帰還を掛けると外乱によって生じる出力の変動が$(1/$帰還量$)$に減少します．$A \to \infty$ならば，

$$V_{out} = \frac{V_{ref}}{\beta} = \left(\frac{R_1 + R_2}{R_1}\right)V_{ref} \cdots\cdots\cdots\cdots (5)$$

となります．

負帰還増幅回路の基礎

● 負帰還を掛けることで得られる効果[2][3][4][5][6]

増幅器に負帰還を掛ける手法は，電話線路の中継増幅器のひずみを減らす方法を模索していたH.S.Blackが1927年に考案しました．負帰還増幅器の原理を図4に示します．ひずみV_dがあっても出力電圧V_{out}は，

$$V_{out} = \left(\frac{A}{1+A\beta}\right)V_{in} + \frac{V_d}{1+A\beta} \cdots\cdots (6)$$

となります．つまり，ゲインAとひずみV_dが$1/(1+A\beta)$に減少します．式(3)と式(6)を比べると類似性は明らかです．式(6)の$(1+A\beta)$は帰還量ですから，外乱の影

ベース-エミッタ間電圧とコレクタ電流およびエミッタ電流の関係 — Column

理想トランジスタのベース-エミッタ間電圧V_{BE}とコレクタ電流I_Cの間には次の関係があります．

$$I_C = I_S e^{V_{BE}/V_T} \cdots\cdots\cdots\cdots (A)$$

ただし，I_S：飽和電流，V_T：熱電圧

飽和電流I_Sは温度に依存する定数で，常温において$10^{-12} \sim 10^{-18}$ A程度です．熱電圧V_Tは絶対温度に比例する定数で，300 K（26.85℃）において25.85 mVです．式(A)は，V_{BE}が25.85 mV増えるごとにI_Cが2.718倍増えることを意味します（図A参照）．

エミッタ共通回路ではV_{BE}を与えると式(A)によってI_Cが定まりますが，コレクタ共通回路やベース共通回路ではエミッタ電流を与えるとV_{BE}が定まります．例えば，図Bの回路のV_{BE}は次のようにして計算できます．

まず，コレクタ電流I_Cとエミッタ電流I_Eの間に次の関係があります．

$$I_C = \alpha I_E \cdots\cdots\cdots\cdots (B)$$

ただし，α：ベース共通回路の電流増幅率

αは一般に0.99～0.999程度です．式(B)を式(A)に代入してV_{BE}について解くと，

$$V_{BE} = V_T \ln(\alpha I_E/I_S) \cdots\cdots\cdots\cdots (C)$$

となります．V_{BE}はI_Eの増加関数です．I_Eが2倍に増えたときのV_{BE}の増加量ΔV_{BE}を計算してみましょう．式(C)から，

$$\Delta V_{BE} = V_T \ln(2\alpha I_E/I_S) - V_T \ln(\alpha I_E/I_S)$$
$$= V_T \ln\left(\frac{2\alpha I_E/I_S}{\alpha I_E/I_S}\right)$$
$$= V_T \ln 2 = 25.85\,\mathrm{mV} \times 0.693 = 17.9\,\mathrm{mV}$$

すなわち，エミッタ電流が2倍に増えるとV_{BE}は約18 mV増加します．これは飽和電流の値と無関係に成り立ちます．

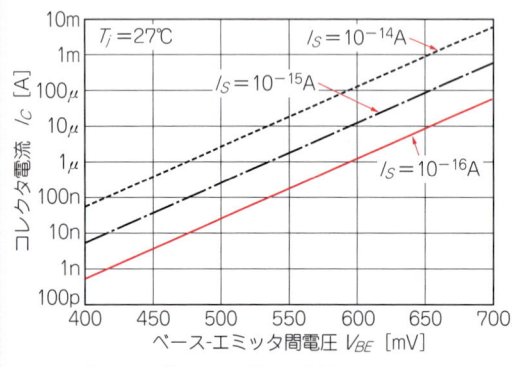

図A 理想トランジスタのI_C対V_{BE}特性
V_{BE}が25.85 mV増えるごとにI_Cが2.718倍増加する．この性質は飽和電流I_Sの値と無関係に成り立つ．

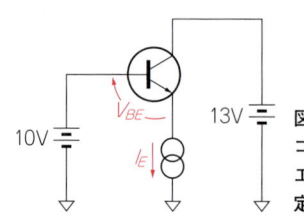

図B コレクタ共通回路のV_{BE}はエミッタ電流I_Eに従属して定まる

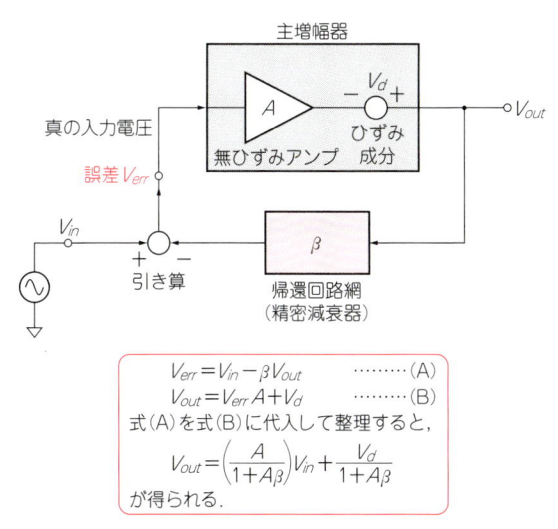

図4 負帰還増幅回路のしくみ
V_{err} を主増幅器に入力している.

$$V_{err} = V_{in} - \beta V_{out} \quad \cdots\cdots (A)$$
$$V_{out} = V_{err} A + V_d \quad \cdots\cdots (B)$$

式(A)を式(B)に代入して整理すると,
$$V_{out} = \left(\frac{A}{1+A\beta}\right) V_{in} + \frac{V_d}{1+A\beta}$$
が得られる.

響(ゲインの変動,出力雑音,ひずみなど)が「1/帰還量」に抑えられます.

▶ **用語の定義**

負帰還回路で使う用語の定義を以下に示します.
- A：オープン・ループ・ゲイン(出力電圧/真の入力電圧)
- β：帰還率(帰還回路網のゲイン)
- $A\beta$：ループ・ゲイン
- $1+A\beta$：帰還量
- $A/(1+A\beta)$：クローズド・ループ・ゲイン

▶ **直線性が改善される**

負帰還によりひずみが減る理由を図5のアンプで考えましょう. 非直線ひずみは Tr_1 と Tr_2 で生じます. R_5 と R_6 は帰還回路網を構成します.

R_5 を 0〜1kΩ まで変化させたときの入出力特性(V_1 対 V_{out})の SPICE シミュレーション結果を図6に示します. $R_5 = 0$，すなわち無帰還時の入出力特性はS字曲線ですから非直線ひずみを生じます. R_5 の値を増やすと帰還量が増えて, 曲線の傾きが緩やかになります. つまりゲインが低下します. そして, **低下ぶんに応じて特性曲線がリニアになる**ことが分かります.

▶ **真の入力電圧がひずむことによって, ひずみがキャンセルされる**

図5の V_1 は見かけの入力電圧で, Tr_1, Tr_2 の両ベース間電圧が真の入力電圧です. 真の入力電圧波形と出力電圧波形を図7に示します. 出力はほぼ正弦波(ひずみ率 = 1.7%)ですが, 真の入力電圧はひずんでいます(ひずみ率 = 11%). **負帰還はアンプの非直線性を打ち消すべく, 自動的に真の入力電圧をひずませるのです.**

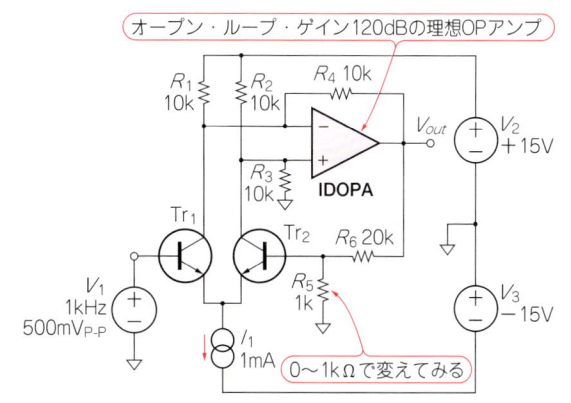

図5 トランジスタとOPアンプによる負帰還増幅回路

● **負帰還増幅器の長所/短所**

▶ **長所**
- 信号ゲインが安定化される
- 周波数特性が改善される(図8)
- DCまで負帰還を掛けると動作点が安定化する
- 増幅器のあらゆる種類のひずみや雑音が減少する

▶ **短所**
- 信号ゲインが低下する
- 設計が悪いと発振する

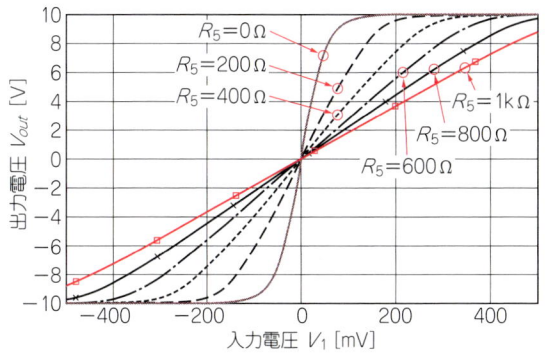

図6 図5のアンプの入力電圧 V_1 対出力電圧 V_{out} 特性のシミュレーション結果

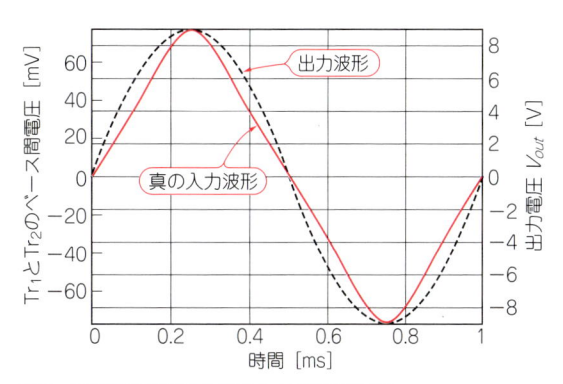

図7 負帰還を掛けると真の入力電圧がひずむ

負帰還増幅回路の基礎

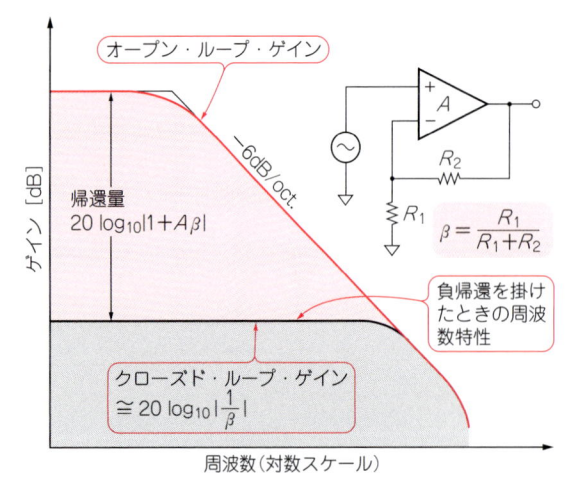

図8 負帰還を掛けると周波数特性が改善される

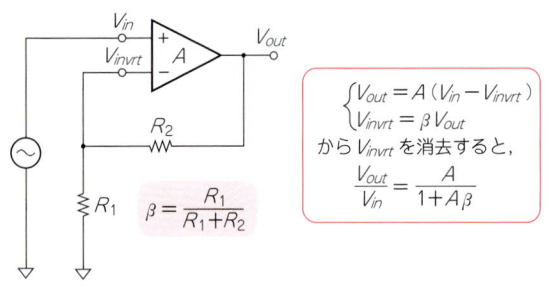

図9 非反転増幅回路の負帰還後のゲイン

$$\begin{cases} V_{out} = A(V_{in} - V_{invrt}) \\ V_{invrt} = \beta V_{out} \end{cases}$$
から V_{invrt} を消去すると,
$$\frac{V_{out}}{V_{in}} = \frac{A}{1+A\beta}$$

$\beta = \dfrac{R_1}{R_1+R_2}$

表1 非反転増幅回路と反転増幅回路の特徴

項目	非反転増幅器	反転増幅器
信号ゲイン	$1/\beta$	$-R_2/R_1$
ノイズ・ゲイン	$1/\beta$	$1/\beta$
ループ・ゲイン	$A\beta$	$A\beta$
帰還量	$1+A\beta$	$1+A\beta$
入力インピーダンス	$Z_{inopen}(1+A\beta)$	R_1

注▶ A:オープン・ループ・ゲイン, β:帰還率 = $R_1/(R_1+R_2)$
Z_{inopen}:オープン・ループ時の入力インピーダンス

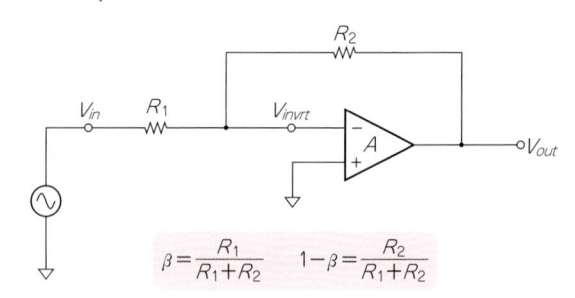

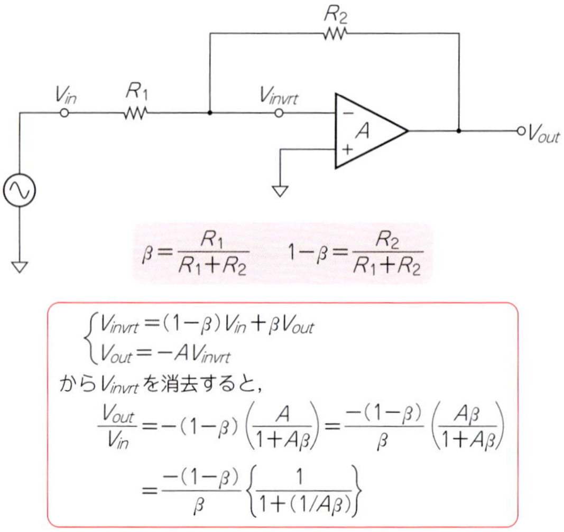

$\beta = \dfrac{R_1}{R_1+R_2}$ $1-\beta = \dfrac{R_2}{R_1+R_2}$

$$\begin{cases} V_{invrt} = (1-\beta)V_{in} + \beta V_{out} \\ V_{out} = -AV_{invrt} \end{cases}$$
から V_{invrt} を消去すると,
$$\frac{V_{out}}{V_{in}} = -(1-\beta)\left(\frac{A}{1+A\beta}\right) = \frac{-(1-\beta)}{\beta}\left(\frac{A\beta}{1+A\beta}\right)$$
$$= \frac{-(1-\beta)}{\beta}\left\{\frac{1}{1+(1/A\beta)}\right\}$$

図10 反転増幅回路の負帰還後のゲイン

温度や動作点の変動は増幅器のゲインを変化させますが,負帰還を掛けると帰還量だけゲインの変動が抑圧されます.例えば,オープン・ループ・ゲイン A = 1000倍のアンプに帰還率 β = 0.1 の負帰還を掛けたとすると,クローズド・ループ・ゲイン A_{cls} は,

$$A_{cls} = \frac{A}{1+A\beta} = \frac{1000}{1+1000\times 0.1} = 9.90099$$

ですが,何かの原因で A が10%低下して,A = 900になったとすると,クローズド・ループ・ゲイン A_{cls} は,

$$A_{cls} = \frac{A}{1+A\beta} = \frac{900}{1+900\times 0.1} = 9.89011$$

となり,クローズド・ループ・ゲインの変動率 k は,

$$k = \frac{9.90099 - 9.89011}{9.90099} = 0.001099$$

すなわち,クローズド・ループ・ゲインの変動は約0.1%に抑圧されます.

動作点の変動やあらゆる種類のひずみと雑音を,出力に加わる外乱と見なすと,図4のメカニズムによって,これらも帰還量だけ減少します.

負帰還がもたらす信号ゲインの低下は些細な欠点です.ゲインの低下は増幅段を増やすことで解決できるからです.発振の問題は深刻ですが,適当な位相補償で発振を防ぐことができます.

● 2種類の負帰還増幅器

負帰還増幅器は2種類あります.非反転増幅器と反転増幅器です.両者の特徴を表1にまとめます.

▶非反転増幅器の負帰還後のゲイン(図9)

$$\frac{V_{out}}{V_{in}} = \frac{A}{1+A\beta} = \frac{1}{\beta}\left(\frac{1}{1+(1/A\beta)}\right) \quad\cdots\cdots(7)$$

式(7)をクローズド・ループ・ゲインといいます.ループ・ゲイン $A\beta$ の絶対値が1より十分に大きいならば,次式が成り立ちます.

$$\frac{V_{out}}{V_{in}} = \frac{1}{\beta} = \frac{R_1+R_2}{R_1} \quad\cdots\cdots(8)$$

▶反転増幅器の負帰還後のゲイン(図10)

$$\frac{V_{out}}{V_{in}} = -(1-\beta)\left(\frac{A}{1+A\beta}\right)$$
$$= \frac{-(1-\beta)}{\beta}\left\{\frac{1}{1+(1/A\beta)}\right\} \quad\cdots\cdots(9)$$

ループ・ゲイン $A\beta$ の絶対値が1より十分に大きいならば,

$$\frac{V_{out}}{V_{in}} = \frac{-(1-\beta)}{\beta} = -\frac{R_2}{R_1} \quad\cdots\cdots(10)$$

となります.

▶盲点:同相入力容量による「ひずみ」

図11の二つのアンプのひずみ率を比べましょう.

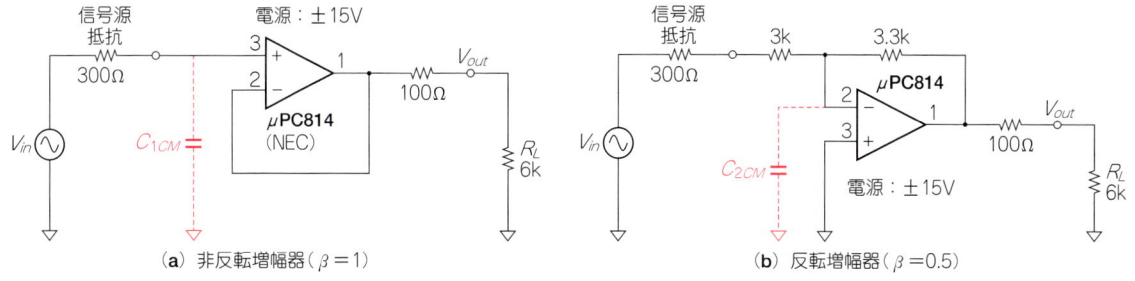

図11 信号ゲイン0dBのアンプ

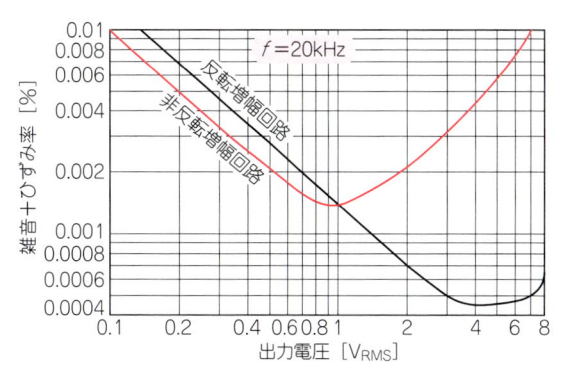

(a) 非反転増幅器（β＝1）

(b) 反転増幅器（β＝0.5）

図12 図11の二つのアンプの実測ひずみ率特性

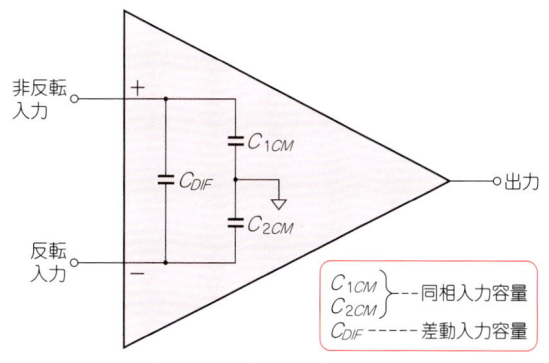

図13 OPアンプは3種類の等価入力容量をもつ

非反転増幅器の帰還率 β は1，反転増幅器の β は0.5 ですから，前者の雑音・ひずみ率は後者の1/2になるはずです．実測特性を**図12**に示します．小出力時の特性はほぼ理論どおりですが，大出力時の特性は理論と逆になっています．

非反転増幅器のひずみ率が理論どおり低下しない原因は，OPアンプの同相入力容量です．OPアンプには3種類の等価入力容量（**図13**）があります．非反転増幅器は，C_{1CM} が非反転入力電圧に依存して変化するため非直線ひずみを生じます．

一方，反転増幅器は C_{2CM} が反転入力端子-GND間に入りますが，反転入力電圧は非常に小さいので C_{2CM} の電圧依存性によるひずみは問題になりません．

安定性の確保

● 位相回転によって負帰還が正帰還になると発振する

今までの話は，オープン・ループ・ゲイン A と帰還率 β をあたかも実数のように扱いましたが，一般に A は複素数です．帰還回路網にキャパシタやインダクタがあれば β も複素数になります．例えば，**図14**のアンプのループ・ゲイン $A\beta$ は，

$$A\beta = \frac{A_0}{(1+j\omega T)^3} \times \frac{1}{10} \quad \cdots\cdots(11)$$

という複素数です．次の周波数 f_0，

$$f_0 = \frac{\sqrt{3}}{2\pi RC} \quad \cdots\cdots(12)$$

において各RC回路の位相は60°遅れるので，ループ・ゲインの位相は f_0 で180°遅れて正帰還になります．

ここで，式(12)の f_0 に対応する角周波数 ω は，

$$\omega = 2\pi f_0 = 2\pi\left(\frac{\sqrt{3}}{2\pi RC}\right) = \frac{\sqrt{3}}{RC} = \frac{\sqrt{3}}{T}$$

この ω を式(11)の $(1+j\omega T)^3$ に代入すると，

$$(1+j\omega T)^3 = (1+j\sqrt{3})^3$$

複素数 $(1+j\sqrt{3})$ を極形式で表し，さらにド・モワブルの定理を使うと，$\theta = \pi/3$ ラジアンとして，次式

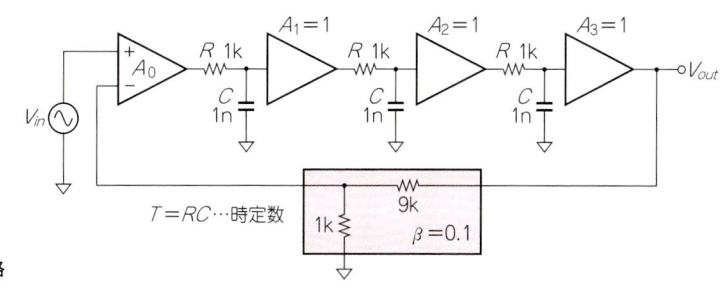

図14 3段構成の非反転増幅回路

が成り立ちます．

$$(1+j\sqrt{3})^3 = \{2(\cos\theta + j\sin\theta)\}^3$$
$$= 2^3(\cos 3\theta + j\sin 3\theta)$$
$$= 8 \times (\cos\pi + j\sin\pi) = 8 \times (-1)$$

これを式(11)に代入すると，次式が得られます．

$$A\beta = \frac{A_0}{(1+j\sqrt{3})^3} \times \frac{1}{10} = -\frac{A_0}{80} \quad \cdots\cdots (13)$$

従って，f_0 における $A\beta$ は負の実数です．

もし $A_0 = 80$ ならば，$A\beta = -1$ となるので式(7)の分母 $(1 + A\beta)$ はゼロになり，クローズド・ループ・ゲインは f_0 において無限大になります．これは周波数 f_0 の正弦波を発振するということです．

もし $A_0 > 80$ ならどうでしょうか？ 分母 $(1 + A\beta)$ は f_0 においてゼロになりませんが，発振します．一方，$A_0 < 80$ ならば安定です．

● ナイキストの安定性判別法[7]

ループ・ゲインに着目し，どのような場合に安定であるかを明快に述べたのが，ナイキスト(Nyquist)の安定性判別法です．

ナイキストの安定性判別法
オープン・ループ状態で安定なシステムが負帰還後も安定なための必要十分条件は，ループ・ゲイン $A\beta$ のベクトル軌跡が点 $(-1, 0)$ を囲まないことである．

▶ベクトル軌跡とは

式(11)のループ・ゲイン $A\beta$ は複素数ですから，複素平面においてベクトル表示できます(図15参照)．ベクトルの大きさ(長さ)はループの入出力電圧の振幅比を表し，ベクトルの偏角はループの入出力電圧の位相差を表します．ここで，角周波数をゼロ→∞まで変化させるとベクトルは変化し，ベクトルの先端が図15のような軌跡を描きます．この軌跡をループ・ゲインのベクトル軌跡といい，図15全体をナイキスト線図(Nyquist Diagram)といいます．

$A_0 = 50$ の場合のベクトル軌跡は点 $(-1, 0)$ を囲まないので安定です．一方，$A_0 = 200$ の場合のベクトル軌跡は点 $(-1, 0)$ を囲むので発振します．

● 位相余裕とゲイン余裕

図14のアンプの A_0 が79の場合を考えてみましょう．この場合も，ベクトル軌跡は点 $(-1, 0)$ を囲まないので安定と判別されます．しかし，部品定数のばらつきや温度変化などで A_0 が増加し80を越えると，ベクトル軌跡は点 $(-1, 0)$ を囲むので不安定になります．

システムが十分に安定であるためには，ループ・ゲインのベクトル軌跡が点 $(-1, 0)$ を囲まず，かつ点 $(-1, 0)$ から遠く離れていなければなりません．どのくらい離れているかは「位相余裕」と「ゲイン余裕」で判断します[7]．

・位相余裕とは，ループ・ゲインが1倍になる周波数におけるループ・ゲインの位相を，負の実軸から測ったものです(図16の Φ_m)．位相余裕は，ループ・ゲインの位相が180°遅れるまでにあと何度の余裕があるかを示します．

・ゲイン余裕とは，ループ・ゲインの位相が $-180°$ になる周波数におけるループ・ゲインの大きさ(図16の T_m)の逆数です．つまり，ループ・ゲインがあと何倍増えると1倍になるかを示します．

ゲイン余裕は一般にdBで表します．例えば，図16の T_m は0.4ですから，ゲイン余裕 G_m は，次のようになります．

$$G_m = 20\log(1/0.4) = 8\,\text{dB} \quad \cdots\cdots (14)$$

負帰還増幅器の位相余裕は60°以上，ゲイン余裕は10 dB以上を確保したいところです．

● ボーデ線図(Bode plots)

ナイキスト線図は次の欠点があります．
① 周波数が陽に現れない
② ループ・ゲインが大きいとき，全ベクトル軌跡を描くためグラフのスケールを縮めると，点 $(-1, 0)$ が原点に近づき，点 $(-1, 0)$ 近傍のベクトル

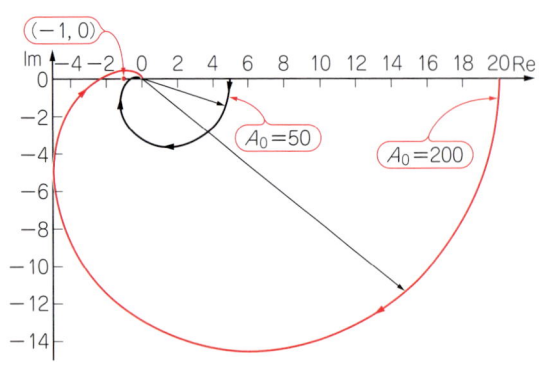

図15 図14の回路のナイキスト線図($A_0 = 50$ および $A_0 = 200$ の場合)

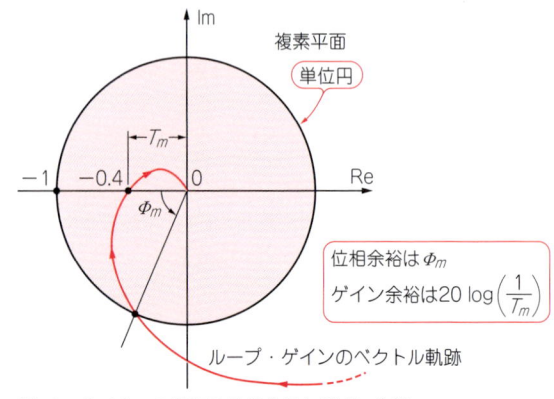

図16 ナイキスト線図の位相余裕とゲイン余裕

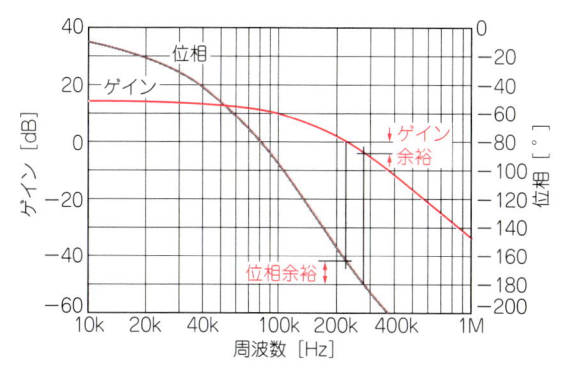

図17 図14の回路で$A_0=50$の場合のループ・ゲインのボーデ線図

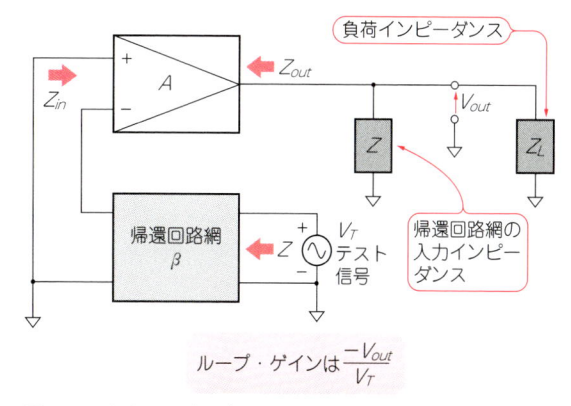

図18 入出力インピーダンスを考慮したループ・ゲインの定義

軌跡を精度良くプロットできない．

この欠点を除去したのがボーデ線図です．これは，ベクトル軌跡をゲイン-周波数特性と位相-周波数特性に分けて，周波数とゲインの目盛りを対数にしたものです．図14の$A_0=50$のアンプのループ・ゲインのボーデ線図を図17に示します．ボーデ線図はナイキスト線図の別の表現ですから，ボーデ線図で安定性を判別できます．すなわち，

> オープン・ループ状態で安定なシステムが，負帰還後も安定なための必要十分条件は，ループ・ゲインが0 dBになる周波数において，ループ・ゲインの位相が±180°以内に収まることである．

図17のボーデ線図から，図14の$A_0=50$のアンプは安定と判定されますが，位相余裕は18°，ゲイン余裕は4 dBしかないので安定性は不十分です．

● ループ・ゲインの測定
▶ ループ・ゲインの定義

これまでの話は，増幅器の入力インピーダンスが無限大かつ出力インピーダンスがゼロと考えています．実際は入出力インピーダンスを考慮して，図18のように($-V_{out}/V_T$)でループ・ゲインを定義しなければなりません．しかし，($-V_{out}/V_T$)は特別なケース以外は測定不能です．なぜなら，図18の回路はループが切れているので，動作点が安定化しないからです．

▶ ループを切らずにループ・ゲインを求める方法

帰還回路網の入力インピーダンスがアンプのオープン・ループ出力インピーダンスより十分に大きいならば，図19の方法でループ・ゲインを計算できます．この方法はループを切らないので，動作点が安定です．シミュレーション結果を図20に示します．

図19のOPA627はFET入力型OPアンプです．FET入力型はバイポーラ入力型より等価入力容量(図13参照)が大きいため，入力容量を省いたマクロ・モデルではループ・ゲインを正確に模擬できません．本シミュレーションは下記のWebサイト，

http://www.orcadpcb.com/pspice/models.asp?bc=F

のライブラリ`burr_brn.lib`に収められたエンハンスト・マクロ・モデルOPA627E/BBを使いました．このモデルは，きちんと入力容量(C_{DIF}, C_{1CM}, C_{2CM})を含みます．ライブラリ`burr_brn.lib`には入力容量を省いたスタンダード・マクロ・モデルOPA627/BBもあるので注意してください．

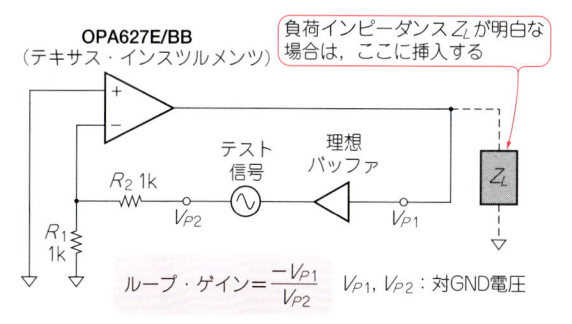

図19 ループを切らずにループ・ゲインを測定(計算)する簡便法(もし発振したならバッファのゲインを下げて測定する)

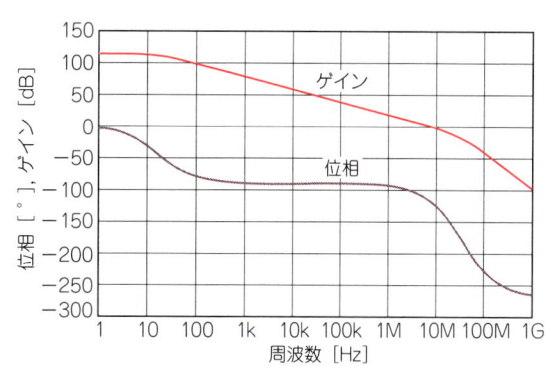

図20 図19の方法でシミュレーションしたループ・ゲインのボーデ線図

安定性の確保

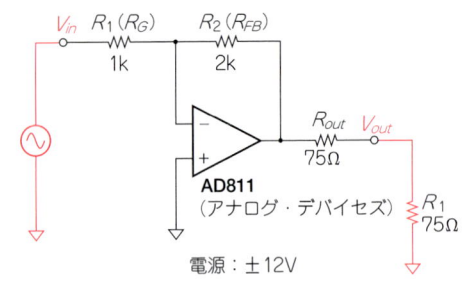

図21 標準回路構成

ひずみ率0.001％以下の負帰還アンプの設計

表2に示す仕様を満足する反転増幅器を設計しましょう．

● 標準回路の設計

まず一般的な反転増幅器(図21)の部品定数を設計します．

▶抵抗値の設定
- 入力インピーダンスの仕様：$R_1 = 1\,\text{k}\Omega$
- 出力インピーダンスの仕様：$R_{out} = 75\,\Omega$
- 出力電圧はR_{out}とR_Lで6 dB減衰するので6 dBの増幅度が必要：$R_2 = 2\,\text{k}\Omega$

▶OPアンプの選択

スルー・レート，最大出力電流，電源電圧，ユニティ・ゲイン周波数，ノイズ・ゲイン，ひずみ率を考慮して選びます．

① スルー・レート：S_R

10 MHzにおいて仕様の出力電圧を得るために必要なスルー・レートS_Rは，

$$S_R = 2\pi f \times 2V_{O(\text{peak})} \quad \cdots\cdots\cdots (15)$$
$$= 6.28 \times 10^7 \times (2 \times \sqrt{2} \times 2.5) = 443\,\text{V}/\mu\text{s}$$

② 最大出力電流：I_{OMAX}

表2 反転増幅回路の仕様

用　途	ライン・ドライバ
小信号帯域幅	DC ～ 10 MHz
フルパワー帯域幅	DC ～ 10 MHz
出力電圧(75 Ω負荷時)	2.5 V_{RMS}
入力インピーダンス	1 kΩ
出力インピーダンス	75 Ω
ゲイン(75 Ω負荷時)	0 dB
$THD\,(f = 20\,\text{kHz})$	0.001%（−100 dB）

$$I_{OMAX} = \frac{2V_{O(\text{peak})}}{(R_{out} + R_L) /\!/ R_2} \quad \cdots\cdots\cdots (16)$$
$$= \frac{7.07}{(75 + 75) /\!/ 2000} = 50.6\,\text{mA}$$

③ 電源電圧：± 12 V
④ ユニティ・ゲイン周波数：$f_u \geq 10\,\text{MHz}$
⑤ ノイズ・ゲイン：$G_n \geq 3$で安定なこと
（帰還率βの逆数をノイズ・ゲインという）．

電流帰還型OPアンプAD811(アナログ・デバイセズ，表3参照)は条件①～⑤を満足します．条件⑥のひずみ率を測定で確認しましょう．実測特性を図22に示します．残念ながら，標準回路では仕様(0.001％)を満たしません．

● 多重帰還アンプの設計手順

ひずみで困ったときは多重帰還(図23)という奥の手があります．非直線ひずみの大部分は出力段で生じます．多重帰還のコンセプトは，出力段に十分な局部帰還を掛け「ひずみ」を減らしたうえ，オーバーオールの負帰還でさらに「ひずみ」を減らすものです．設計は難しそうに見えますが意外に容易です．

【手順1】

出力段(図23の破線で囲んだ部分)のゲイン($= (R_G + R_{FB})/R_G$)を10倍程度，出力段のカットオフ周波数を仕様のカットオフ周波数(10 MHz)の4倍以上に設定します．

表4から$R_G = 56\,\Omega$，$R_{FB} = 510\,\Omega$とすれば，ゲインは10倍，出力段のカットオフ周波数は100 MHzになります[8]．しかし$(R_G + R_{FB})$はAD811の負荷になる

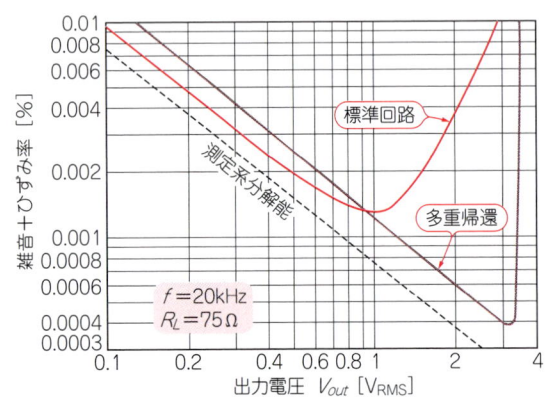

図22 図21の標準回路と図24の多重帰還回路の実測ひずみ率特性

表3[8] AD811の電気的特性

項　目	特　性
−3 dB 帯域幅[1]	100 MHz
スルー・レート	2500 V/μs
最大出力電圧	± 12 V
最大出力電流[2]	100 mA
入力雑音電圧密度	1.9 nV/√Hz
入力雑音電流密度	20 pA/√Hz

電源電圧 = ± 15 V，$R_L = 150\,\Omega$，$T_A = 25\,°\text{C}$
▶(1)$R_{FB} = 511\,\Omega$，$G = +10$
▶(2)$T_j = 25\,°\text{C}$

電圧増幅段　出力段

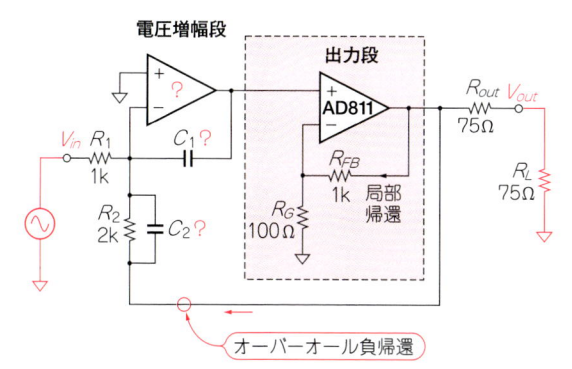

図23　多重帰還増幅回路

表4(8)　電流帰還型OPアンプAD811の−3 dB帯域幅

クローズド・ループ・ゲイン （電源電圧：±15 V）	R_{FB} [Ω]	R_G [Ω]	−3 dB帯域幅 [MHz]
＋1	750	∞	140
＋2	649	649	120
＋10	511	56.2	100
−1	590	590	115
−10	511	51.1	95

ので，最大出力電圧が低下します．そこで抵抗値を増やし，$R_G = 100\,\Omega$，$R_{FB} = 1\,\mathrm{k}\Omega$とします．出力段のゲインは11倍，出力段のカットオフ周波数は約50 MHzになります．

【手順2】
　位相補償容量C_1の値を，仕様のカットオフ周波数f_C(10 MHz)においてC_1のインピーダンスが(オーバーオール帰還抵抗R_2/出力段のゲイン)と等しくなるよう定めます．すなわち，

$$\frac{1}{2\pi f_C C_1} = \frac{R_2}{11} \quad\cdots\cdots\cdots\cdots\cdots\cdots (17)$$

上の方程式をC_1について解き，

$$C_1 = \frac{11}{2\pi f_C R_2} = \frac{11}{6.28 \times 10^7 \times 2000} \fallingdotseq 87.6\,\mathrm{pF}$$

が得られます．実用値は100 pFに切り上げます．

【手順3】
　電圧増幅段のOPアンプを選択します．このOPアンプには次の条件が課せられます．
①スルー・レートが(出力段のスルー・レート/出力段のゲイン)より大きいこと．
②ノイズ・ゲイン$G_n = 1$で安定なこと．
③利得帯域幅積が仕様のカットオフ周波数の4倍以上あること．

　結論は電圧増幅段にもAD811を使います．AD811は電流帰還型OPアンプなので，図23のように反転入力端子−出力端子間にC_1をつなぐと発振します．そこで，図24のように反転入力端子に470 Ωをつなぎ，AD811のオープン・ループ・ゲインを抑え，発振を防ぎます．

【手順4】
　位相補償容量C_2の値を定めます．オーバーオールのループ・ゲインのボーデ線図を描き，位相余裕とゲイン余裕が最大になるようにC_2を定めます．シミュレーション回路を図25に，結果を図26に示します．C_2を増やしすぎるとゲイン余裕が減り，かえって安定性が低下します．結論は$C_2 = 1\,\mathrm{pF}$とします．

【手順5】
　周波数特性とひずみ率特性を確認します．最終回路(図24)の周波数特性を図27に示します．10 MHzのゲインはシミュレーションが−2.5 dB，実測は−1.6 dBです．実測ひずみ率を図22に示します．ひずみはノイズ・レベル以下です．多重帰還回路の雑音が標準回路より多いのは，AD811の入力雑音電流i_nがR_3に流入し雑音電圧($=i_n R_3$)になるためです

● 部品選定
▶ 位相補償容量C_1，C_2
　コンデンサにはキャパシタンスと直列に寄生インダクタンスLがあります．L成分は高周波領域のゲインと位相に影響し，回路を不安定にすることがあります．

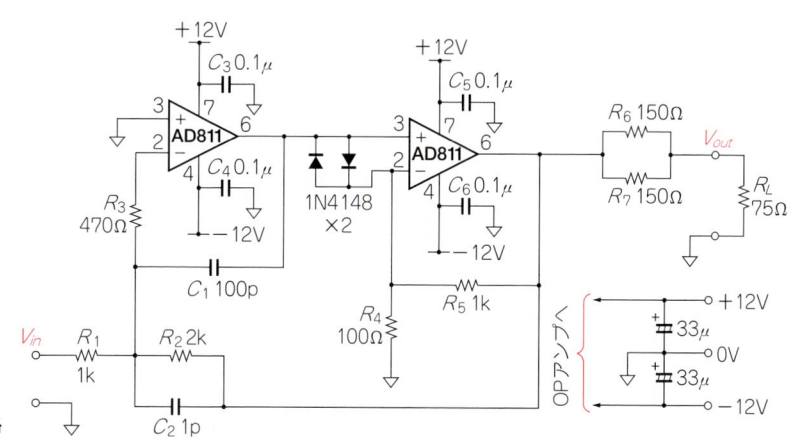

図24
多重帰還アンプの最終的な回路

ひずみ率0.001%以下の負帰還アンプの設計

図25 オーバーオール負帰還のループ・ゲインをシミュレーションする回路（シミュレータはSIMetrix．AD811/ADはアナログ・デバイセズ社の純正マクロ・モデル）

図26 オーバーオール負帰還のループ・ゲインのボーデ線図（$C_2 = 1$ pFで位相余裕76°，ゲイン余裕14 dB）

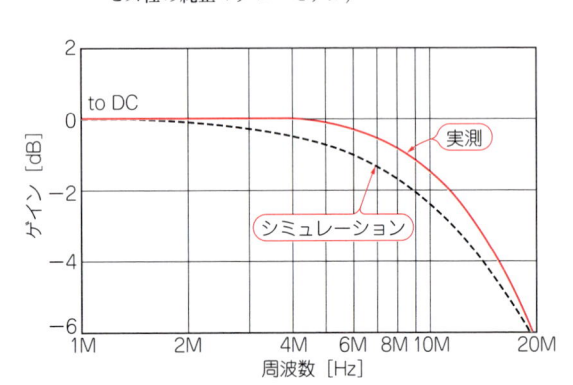

図27 図24の多重帰還アンプの周波数特性

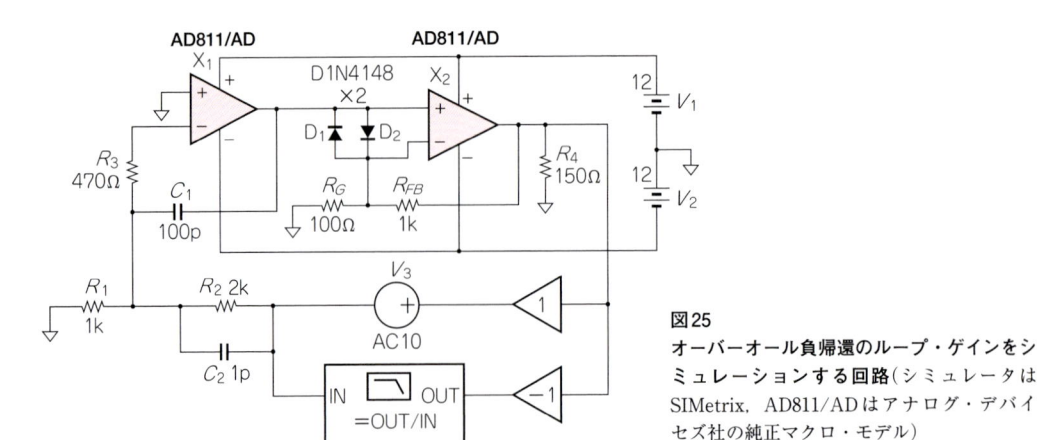

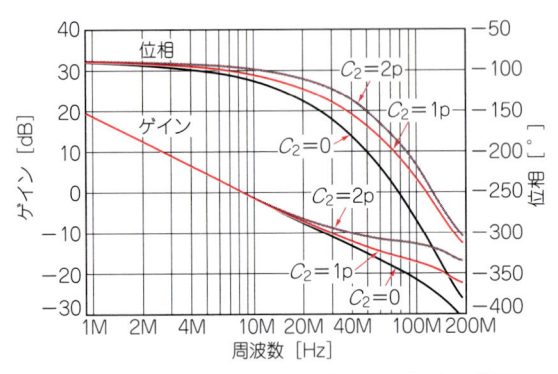

巻き回型コンデンサは構造的にL成分が大きくなりやすいので，なるべく避けましょう．

位相補償容量は信号経路にあるので，その静電容量が電圧に依存して変化すると非直線ひずみを生じます．

位相補償容量には，寄生インダクタンスが少なく，そして静電容量の電圧依存性の小さいもの，具体的には高耐圧/低誘電率系セラミック・コンデンサ（ゼロ温度係数タイプ）やディップ・マイカ・コンデンサが適当です．高誘電率系セラミック・コンデンサは，静電容量の電圧依存性が非常に大きく不適当です．

▶パスコン$C_3 \sim C_6$

寄生インダクタンスの少ない高誘電率系積層セラミック・コンデンサが適当です．

▶$R_1 \sim R_5$

1/4 W 金属皮膜抵抗

▶R_6，R_7

1/2 W 金属皮膜抵抗

抵抗に信号が加わると抵抗の瞬時電力損失が変化するため，抵抗の温度が信号に依存して変動します．炭素皮膜抵抗は温度係数が大きいため，温度が変動すると抵抗値が変動して非直線ひずみ（DCバイアスがゼロのときは主に3次高調波ひずみ）を発生します．

このひずみは$1/f$雑音のように低い周波数で増大し

ます．20 Hzにおいて0.0001%のひずみ率を問題にするときは，温度係数が±100 ppm/℃以下の金属皮膜抵抗を使う必要があります．

◆参考・引用＊文献◆

(1) 示村悦二郎；自動制御とは何か，初版，pp.22～38，㈱コロナ社，1990年．

(2) S.Bennett；A history of control engineering 1930 - 1955（IEE control engineering series 47），pp.73～81，Peter Peregrinus Ltd.，1993．

(3) David A.Mindell；Between human and machine，pp.118～125，Johns Hopkins Univ.Press，2002．

(4) H.S.Black；Inventing the Negative Feed - Back Amplifier，IEEE Spectrum，vol.14，pp.55～60，1977．

(5) 松本栄寿；正帰還から負帰還回路へ，オートメーション，2003年6月号，pp.72～75，日刊工業新聞社．
http://keisoplaza.info/ + museum/matsumoto/inst12.pdf

(6) アナログ・デバイセズ著，電子回路技術研究会訳；OPアンプの歴史と回路技術の基礎知識［OPアンプ大全第1巻］，pp.15～20，CQ出版㈱，2003年．

(7) S.Rosenstark，奥沢煕訳；フィードバック増幅器の理論と解析，pp.94～97，現代工学社，1987年．

(8) ＊AD811データシート，アナログ・デバイセズ㈱．

（初出：「トランジスタ技術」2004年6月号 特集 第5章）

第6章 安定な負帰還ループと低出力インピーダンスを目指して…
電源回路の定数設計と部品選び

遠坂 俊昭

本章で解説する電源回路では一般的な性能の他に安全性や熱そしてEMCといった製品のリコールにつながりやすい要因が多く含まれています．このため電源回路にはより慎重な設計が要求されます．

電源回路は人間でいうと血液を送り出す心臓の部分に相当し，とても重要な部分です．また，電源回路は出力電圧の品質だけではなく，外部から侵入するノイズの阻止特性，そして発火事故や感電などの安全性をも決定します．

はじめに検討すべき項目

● まず安全性の確保

設計する電子機器の安全性は最も重要な項目です．安全性に対する規格は測定，制御および研究室用電気機器，医用電気機器，レーザ製品など，分野によってそれぞれ規格が定められています．まずは自分の設計する機器がどの分野に属し，どのような規格が定められているかを認識しておくことが必要です．

測定，制御および研究室用電気機器の分野では，IEC（国際電気標準会議）61010-1の規格に基づいて制定されたJIS C1010-1があります．

この章でこの規格の全容を解説することはとても無理なので，導電部分同士を絶縁する距離を例にとって一部を紹介します．

図1に示すように，絶縁のための距離には空間距離と絶縁体の沿面に添った沿面距離があります（図1では二つの例を示したがほかにもさまざまな形状について定められている）．そして電位差，設置箇所および設置される環境によって，空間距離と沿面距離の最小

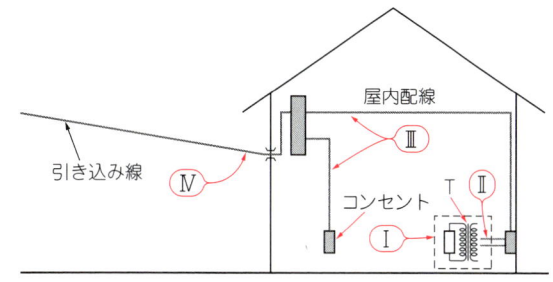

図2 過電圧カテゴリの分類

値が定められています．

▶過電圧カテゴリ

図2に示す設置箇所による区分は下記の四つです．

【過電圧カテゴリⅠ】コンセントを経由し，電源トランスにより絶縁された2次側の部分．

【過電圧カテゴリⅡ】コンセントに接続する電源コード付き機器の1次側の部分．

【過電圧カテゴリⅢ】直接配電盤から電気を取り込む，工場などの産業機器の1次側，および分岐部からコンセントまで．

【過電圧カテゴリⅣ】建造物の引き込み線で使用される電気計器，および1次過電流保護装置など，引き込み線に直接接続される部分．

オシロスコープなどの電源の仕様部分に書かれている「CATⅡ」は「過電圧カテゴリⅡ」であることを示しています．

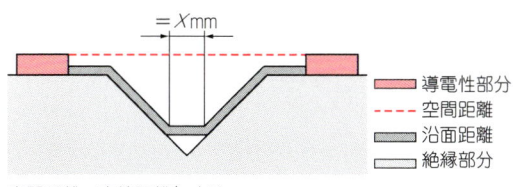

汚染度	溝の幅Xの最小値
1	0.25mm
2	1.0mm
3	1.5mm
4	2.5mm

空間距離：直線距離とする
沿面距離：溝の底部の幅Xmmを直線として，溝の輪郭に沿って測定する

（a）幅Xmmを越えるV字形の溝をもつ経路

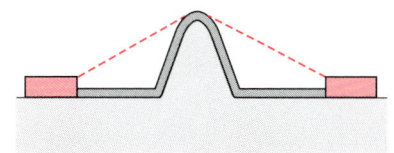

空間距離：リブの頂点を越える最短距離とする
沿面距離：リブの輪郭に沿って測定する

（b）リブをもつ経路

図1 空間距離と沿面距離

▶**汚染度**

機器が使用される環境については，汚染度の等級が下記の四つに区分されています．

【汚染度1】 汚染がないか，乾燥した非導電性の汚染だけが発生する，結露の生じない密閉された部分．

【汚染度2】 結露が生じるが，非導電性の汚染しか発生しない部分．例えば屋内．

【汚染度3】 導電性の汚染が発生するか，または予想されるような結露のために導電性となる乾燥した非導電性の汚染が発生する部分．例えば風の入る屋内．

【汚染度4】 汚染は導電性のほこり，または雨や雪によって発生する永続性の導電性を示す部分．例えば屋外．

*　　　　*

このような過電圧カテゴリ，汚染度によって決定される絶縁のための最小距離規定の一部を**表1**に示します．詳しくは参考文献(2)をご覧ください．

● **電源から混入するノイズ**

商用電源は**図3**に示すように，柱上トランスで2次側の200 V巻き線のセンタをアースした状態で供給されています．そして，商用電源にはさまざまな電子機器が接続されます．

図3において，装置2の消費電力が急変したり，A″-B″間にノイズを発生させたりすると，線路インピーダンスのためA′-B′間の電位が変動したり，A′-B′間にノイズが現れ，装置1に混入します．

また，**図3**に示すように電子機器は安全のためアースされており（直接アースされていなくても浮遊容量で交流的にグラウンドにインピーダンスをもって接続される），装置2がA″-C″間にノイズを発生させると，このノイズが装置1のA′-C′間に現れ，混入します．

表1　空間距離と沿面距離の規定(単位：mm)
各条件における数値の比較のためJIS C1010より抽出した．

動作電圧 (実効値または直流)	設置カテゴリⅠ					
	汚染度1			汚染度2		
	空間距離	沿面距離		空間距離	沿面距離	
		機器内 $CTI>100$	プリント配線板 $CTI>100$		機器内 $CTI>100$	プリント配線板 $CTI>100$
50 V 以下	0.1	0.18	0.1	0.2	1.2	0.2
100 V 以下	0.1	0.25	0.1	0.2	1.4	0.2
150 V 以下	0.1	0.3	0.22	0.2	1.6	0.35
300 V 以下	0.5	0.7	0.7	0.5	3	1.4
600 V 以下	1.5	1.7	1.7	1.5	6	3
1000 V 以下	3	3.2	3.2	3	10	5

動作電圧 (実効値または直流)	設置カテゴリⅡ					
	汚染度1			汚染度2		
	空間距離	沿面距離		空間距離	沿面距離	
		機器内 $CTI>100$	プリント配線板 $CTI>100$		機器内 $CTI>100$	プリント配線板 $CTI>100$
50 V 以下	0.1	0.18	0.1	0.2	1.2	0.2
100 V 以下	0.1	0.25	0.1	0.2	1.4	0.2
150 V 以下	0.5	0.5	0.5	0.5	1.6	0.5
300 V 以下	1.5	1.5	1.5	1.5	3	1.5
600 V 以下	3	3	3	3	6	3
1000 V 以下	5.5	5.5	5.5	5.5	10	5.5

動作電圧 (実効値または直流)	設置カテゴリⅢ					
	汚染度1			汚染度2		
	空間距離	沿面距離		空間距離	沿面距離	
		機器内 $CTI>100$	プリント配線板 $CTI>100$		機器内 $CTI>100$	プリント配線板 $CTI>100$
50 V 以下	0.1	0.18	0.1	0.2	1.2	0.2
100 V 以下	0.5	0.5	0.5	0.5	1.4	0.5
150 V 以下	1.5	1.5	1.5	1.5	1.6	1.5
300 V 以下	3	3	3	3	3	3
600 V 以下	5.5	5.5	5.5	5.5	6	5.5
1000 V 以下	8	8	8	8	10	8

・CTI(Comparative Tracking Index)は絶縁材料の指数で，ここでは$CTI>100$だけ示したが，$CTI>400$，$CTI>600$では値が異なる
・プリント配線板はコーティングを施すと値が異なるがここではコーティングなしの値を示した

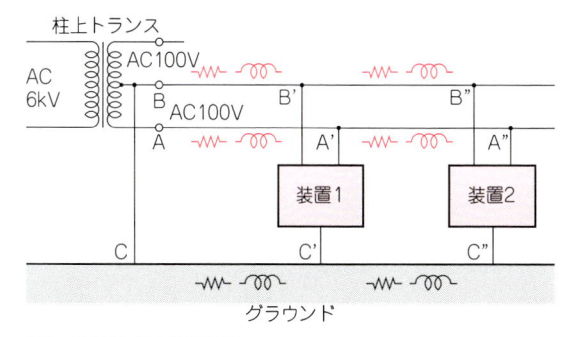

図3 商用電源の供給経路

図4 ノーマル・モードとコモン・モードのノイズ

V_{nn1}, V_{nn2}：ノーマル・モード・ノイズ
V_{nc1}, V_{nc2}：コモン・モード・ノイズ

この2種のノイズを等価回路で書き表すと図4となり，商用電源に直列に発生するV_{nn1}, V_{nn2}をノーマル・モードのノイズ，商用電源とグラウンドの間に発生するV_{nc1}, V_{nc2}をコモン・モードのノイズと呼びます．これら2種の雑音は，混入経路が異なるため対策も異なったものになります．

トランスとその1次側回路

電源回路をブロック図で表すと，図5に示すように五つの部分から構成されます．商用電源は電源トランスで負荷側と絶縁され，商用電源から電源トランスの1次巻き線までを1次側回路，2次巻き線から負荷である電子回路までを2次側回路と呼びます．

前項で説明したように，1次側回路では商用電源と直接接続されているので，より安全性が重要になり，過電圧カテゴリや汚染度により，部品の選択基準も異なってきます．

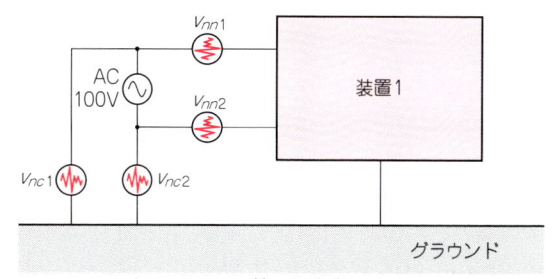

● 電源投入時は大きな過渡電流が流れる

電源を投入する際に流れる過渡電流を突入電流といいます．この突入電流は平滑コンデンサを充電するために生じるだけではなく，トランスの飽和現象が大きく関わっています．

電源トランスは珪素鋼板や方向性珪素鋼板をコアに使用し，少ない巻き数で大きなインダクタンスが得られるように工夫されています．同じ巻き数でも，コアの透磁率μが大きいほど大きなインダクタンスが得られます．

▶過渡電流が流れる理由

図6はトランスの印加電圧，励磁電流とコアに生じる磁束の関係を表したもので，図6(a)はB-Hカーブと呼ばれています．このB-Hカーブの傾きがμです．このようにμは一定ではなく，磁気飽和とヒステリシス特性をもっています．

図6(b)に示すようにトランスに印加される電圧に対し，発生する磁束は90°遅れています．従って，磁

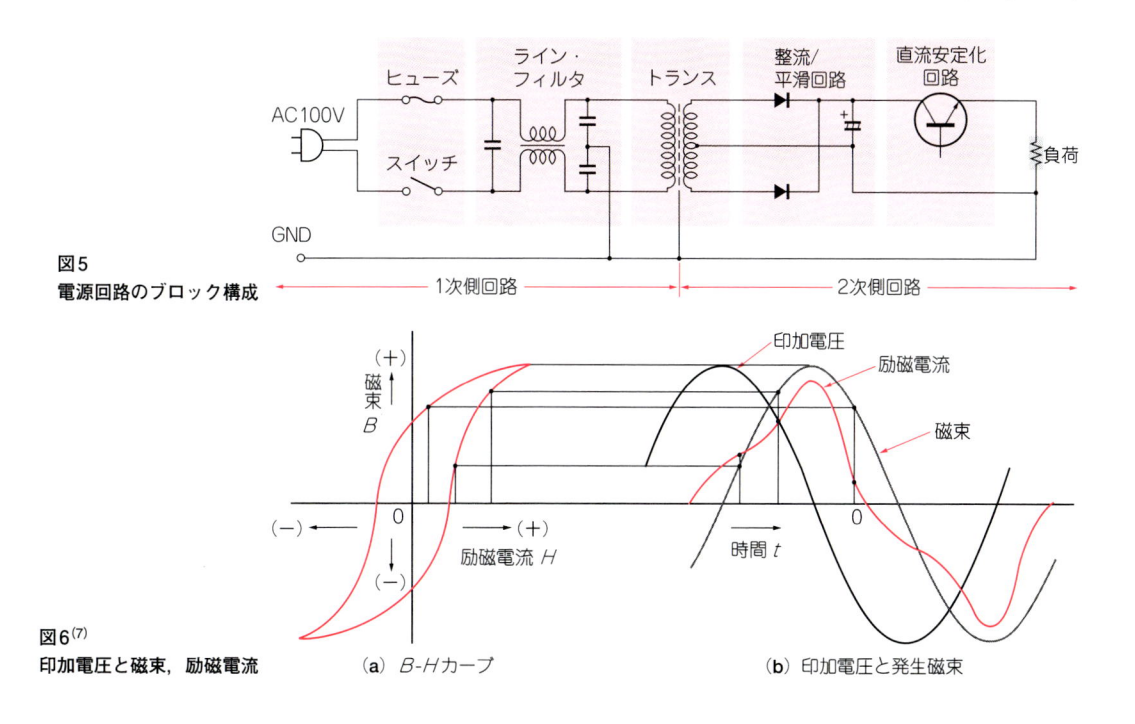

図5 電源回路のブロック構成

図6[7] 印加電圧と磁束，励磁電流

(a) B-Hカーブ
(b) 印加電圧と発生磁束

トランスとその1次側回路　71

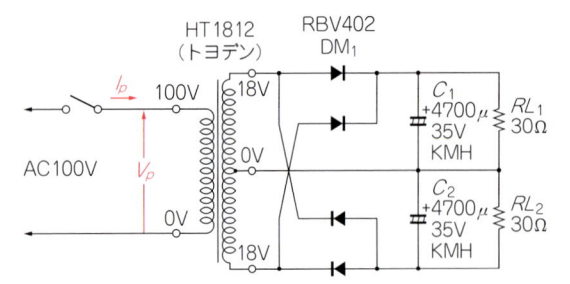

図7 AC100Vの位相と突入電流の大きさの関係を調べる実験回路

束が最大になる点は印加電圧が180°または360°になる点です．このため電源が180°で切断され，0°で再投入されると，トランスには切断されたときの磁束が記憶されているため，さらに磁束を増加させようとします．すると磁気飽和が起こり，トランスのインダクタンスがゼロになり，巻き線の抵抗成分だけが残ります．この結果が過大な突入電流となって現れます．

▶180°切断，0°投入のとき最も大きな突入電流が流れる

図7は一般的な部品を使用した電源回路です．使用した電源トランス1次側の100V巻き線の直流抵抗は，約14Ωでした．そして図8が，この電源回路に流れた突入電流（実測データ）です．

トランスだけで整流回路を接続せず，突入電流を観測したのが図8(a)，(b)です．(a)は180°で電源が切断され，180°で投入された場合です．この場合には大きな突入電流は現れず，励磁電流がわずかにマイナス側にだけ流れています．このマイナス側の偏りはトランスの偏磁特性か，商用電源の直流残存分によるものです．偏磁特性の場合はしばらくすると平衡状態になります．

図8(b)は180°で電源が切断され，0°で投入された場合です．180°でコアの磁束が最大になり，0°投入でさらに磁束を増加させようとしたため，コアが飽和し，7.5Aピークもの大きな突入電流が発生しています．巻き線抵抗が14Ωでピーク電圧が141Vならば約10Aのピークとなるはずですが，商用電源のピーク波形がなまっているのと，巻き線以外のインピーダンスが影響して7.5Aという結果になっているようです．いずれにしても，突入電流はトランスの1次側巻き線抵抗でおよそ決定されることになります．

トランスに整流回路と抵抗負荷を接続し，突入電流を観測したのが図8(c)，(d)です．(c)は0°で電源が切断され，0°で投入された場合です．平滑回路のコンデンサを充電するため最初は約2.2Aピークの負荷電流が流れますが，約1Aピークの負荷電流で平衡状態に達しています．

図8(d)は180°で電源が切断され，0°で投入された場合です．半周期にピークが二つ観測されており，負荷電流と磁気飽和のための電流であることが分かります．そして，磁気飽和のための電流は次第に小さくなって消えていきます．(d)は平滑回路のコンデンサの充電電流により電源投入時のピーク電流の幅が(b)よりも広く，突入電流の面積が一番広くなっています．

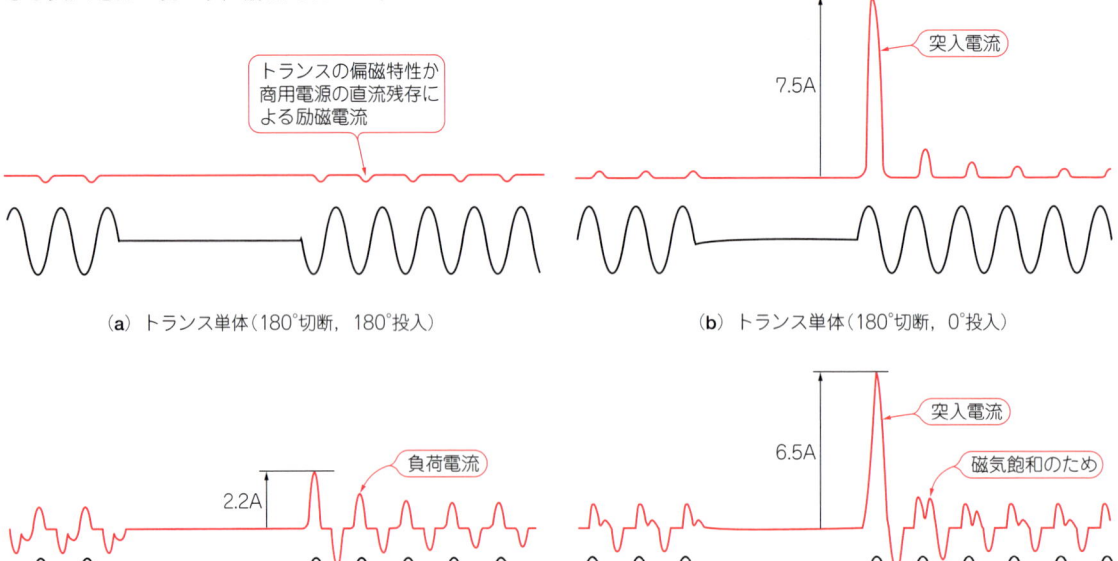

(a) トランス単体(180°切断，180°投入)

(b) トランス単体(180°切断，0°投入)

(c) 負荷あり(0°切断，0°投入)

(d) 負荷あり(180°切断，0°投入)

図8 電源回路(図7)の突入電流の実測波形(上：電流，下：電圧)

以上のように，突入電流は電源トランスの磁気飽和により，非常に大きな値となります．そして，この突入電流は電源投入のタイミングによって異なり，180°切断，0°投入（または0°切断，180°投入）のタイミングで計測しないとその最大値が分かりません．

● **ヒューズの種類と挿入のポイント**

ヒューズは万一の故障の際，発火などが機器内部で発生しないように挿入します．また，消費電力が非常に大きな機器では故障によってライン電圧に影響を与えてしまい，工場内が停電といった事故にもつながります．当然のことながら，ヒューズは機器の最大消費電流では切断せず，機器の故障時の電流で切断する容量のものを選ぶことになります．

ヒューズには図9に示すように溶断時間の違いにより，速動溶断型，普通溶断型，タイム・ラグ溶断型（スロー・ブロー）の3種類があります．JISでは溶断特性が表2に示すように規定されています．当然のことですが，ヒューズの溶断特性には幅があります．図10に一例を示します．

故障時の電流を推定することはなかなか難しいことですが，一般的には電源トランスの2次側，各端子間をそれぞれ個別に短絡し，一番小さい1次側電流を故障電流とします．

2次巻き線がたくさんある電源トランスの場合，小容量の巻き線を短絡しても定格電流以上にならない場合があります．このような場合には，その巻き線だけ2次側にヒューズを入れるか，電源トランスの巻き線に温度ヒューズを挿入し，電源トランスの温度上昇で異常を検知し，温度ヒューズを切断させます．

商用周波数の電源トランスを使用した小型機器の場合，消費電流に比べて突入電流が大きいので，一般的には突入電流でヒューズが切れないようにスロー・ブロー・ヒューズが使用されることが多いようです．

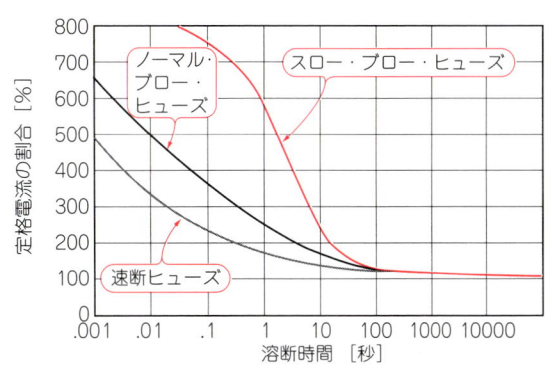

図9[(5)]　ヒューズの種類と溶断特性

● **商用電源から混入してくるノイズを落とすライン・フィルタ**

既に説明したように，商用電源から混入するノイズにはコモン・モードとノーマル・モードがあります．これらの雑音を抑圧するために挿入するのがライン・フィルタです．

ライン・フィルタに使用されているコイルはコモン・モード・チョークと呼ばれ，図11に示す動作をします．実線で示したノーマル・モードの電流（細い赤色矢印）が二つの巻き線に流れると実線で示した方向に磁束（太い赤色矢印）が発生し，互いに打ち消す方向なのでインダクタンスが発生せず，ノーマル・モード電流の妨げにはなりません．ところが，点線で示すコモン・モードの電流に対しては二つの巻き線による磁束が加算しあい，インダクタンスが生じてコモン・モード電流が流れにくくなります．

コモン・モード・チョークの動作を細かく見ると，片側の巻き線から発生した磁束がもう一つの巻き線に結合せず，独立したインダクタンスとして振る舞う成分があります．これがリーケージ・インダクタンスです．

表2[(5)]　ヒューズの溶断特性（JIS C 6575）

JIS記号	定格電流に対する割り合いと溶断までの時間			備考
	通電容量	溶断電流	溶断時間	
NN	130%	200%	30秒以内	普通溶断型
NM	110%	135%	1時間以内	
		200%	2分以内	
NR	130%	160%	1時間以内	
		200%	2分以内	
		2000%	0.01秒以上	
TS	110%	135%	1時間以内	タイム・ラグ溶断型
		300%	3秒以上	
TL		135%	1時間以内	
		300%	6秒以上	
SL		135%	1時間以内	速動溶断型
		250%	1秒以上	
SH		135%	6分以内	
		200%	0.5秒以内	

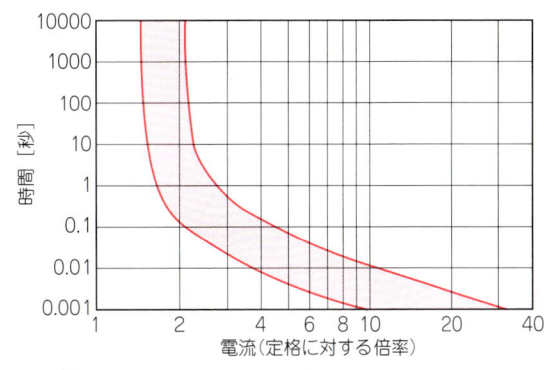

図10[(4)]　標準型ヒューズの溶断曲線

トランスとその1次側回路

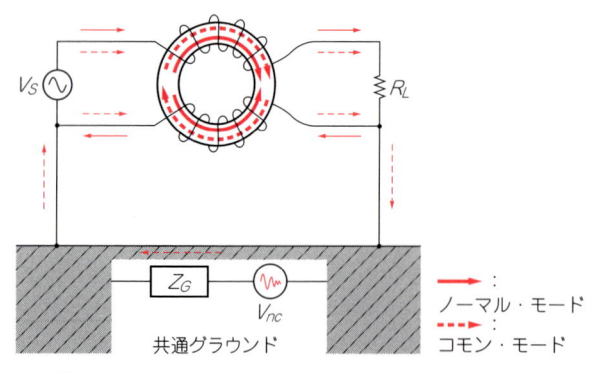

図11⁽⁶⁾ コモン・モード・チョークの動作

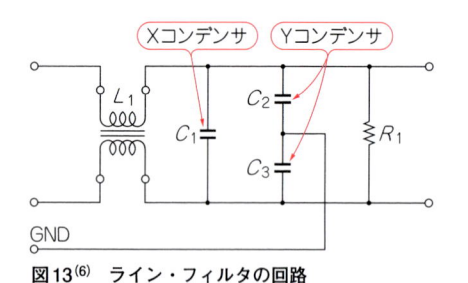

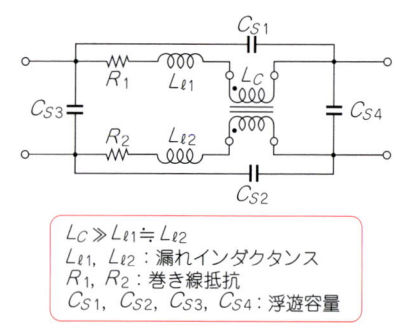

図12⁽⁶⁾ コモン・モード・チョークの等価回路

$L_C \gg L_{\ell 1} \fallingdotseq L_{\ell 2}$
$L_{\ell 1}, L_{\ell 2}$：漏れインダクタンス
R_1, R_2：巻き線抵抗
$C_{S1}, C_{S2}, C_{S3}, C_{S4}$：浮遊容量

以上の動作から，コモン・モード・チョークを等価回路で書き表したのが**図12**です．ライン・フィルタに使用されるコモン・モード・チョークは互いの巻き線がショートしないように別々に巻かれています．このため，等価回路のリーケージ・インダクタンスL_{l1}，L_{l2}が大きくなりノーマル・モード電流に対してもインピーダンスをもつため，ノーマル・モードのノイズの抑圧効果も期待できます．

図13は一般的なライン・フィルタの回路です．L_1のリーケージ・インダクタンスとC_1でノーマル・モードのノイズを抑圧し，L_1のインダクタンスとC_2，C_3でコモン・モードのノイズを抑圧します．R_1は電源コンセントが引き抜かれたとき，コンデンサにチャージされた電圧で感電しないように放電のため挿入しています．

ライン・フィルタのC_2，C_3は機器の筐体に接続されるため，**図14**に示すようにライン・フィルタによる漏れ電流が流れて感電する恐れがあります．このためC_2，C_3の容量をむやみに大きくすることはできず，またライン・フィルタを一つの機器で多用するとC_2，C_3が並列に接続されることになり危険です．

回路の形からC_2，C_3はYコンデンサ，C_1はXコンデンサと呼ばれています．

● **商用電源トランスの使いこなし**
▶ ノイズ除去効果を引き出す方法

商用周波数(50/60 Hz)の電源トランスは形状が大きく，重いため敬遠されがちです．しかし，外来ノイズ除去特性が良好で，ノイズ発生が少ないという点では非常に優れたデバイスです．

電源トランスは1次-2次間が絶縁されているため，**図15**に示すようにコモン・モード・ノイズを阻止します．ただし，1次-2次間の浮遊容量が多いと，この浮遊容量によってコモン・モード・ノイズが混入してしまいます．このコモン・モード・ノイズの抑圧に効

図13⁽⁶⁾ ライン・フィルタの回路

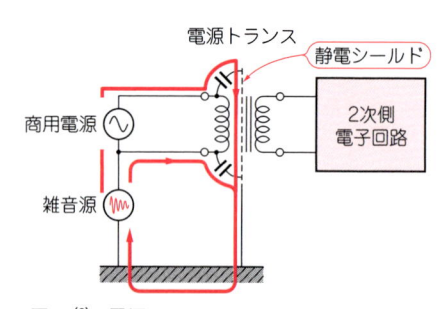

図15⁽⁶⁾ 電源トランスによるコモン・モード・ノイズの阻止

◀**図14**⁽⁶⁾
ライン・フィルタによる感電

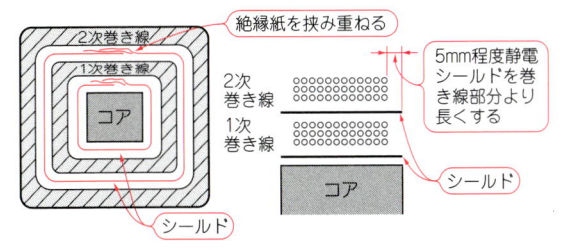

図16⁽⁶⁾　電源トランスの静電シールド

果を発揮するのが，1次-2次間の静電シールドです．

　シールドは，図16に示すように1次コイルを完全に覆うように挿入します．このシールドの効果は，図17に示すGND端子付きのLCRメータで確認できます．一般的な静電シールド付きのトランスでは，GNDを接続しないと100 p～数百pFの浮遊容量が計測されますが，GNDを接続すると1 pF以下に激減します．減る量が少ない場合には，シールドの挿入方法が適切ではありません．

　このように，電源トランスにより1次側と2次側の結合を少なくでき，ノイズ除去の効果が期待できます．したがって，電源トランスの1次側と2次側の配線は浮遊容量により結合しないよう十分に離します．

　トランスの等価回路を図18に示します．L_pはトランスの1次インダクタンスです．L_{l1}とL_{l2}は，1次コイルから発生した磁束が2次コイルに全て結合するこ

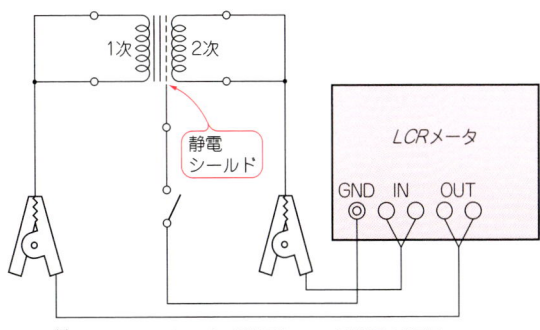

図17⁽⁶⁾　LCRメータによる静電シールド効果の確認

とができず漏れ磁束となったリーケージ・インダクタンスです．

　原理的には電源トランスを通過したノーマル・モード・ノイズは整流/平滑回路で直流に変換されてしまうはずですが，数十kHz以上のノイズになると複雑な混入経路をたどりコモン・モードに変換され，信号回路に混入してしまうことがあります．このような場合，トランスの2次側にコンデンサを接続するとリーケージ・インダクタンスとLPFを形成し，ノーマル・モード・ノイズを低減することができます．

　HT1812（トヨデン）の1次インダクタンスとリーケージ・インダクタンスを図19の方法で計測したら，L_p = 1.4 H，L_l = 7.36 mHの結果になりました．この定数から，図20(a)の回路でシミュレーションした結

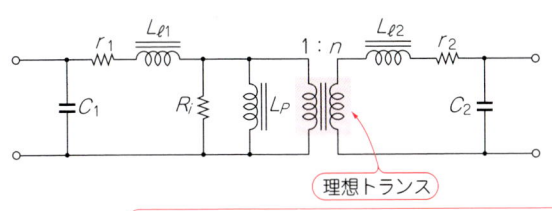

C_1：1次巻き線浮遊容量　C_2：2次巻き線浮遊容量
r_1：1次巻き線抵抗　r_2：2次巻き線抵抗

(a) 等価回路

L_{l1}：1次巻き線漏れインダクタンス　L_{l2}：2次巻き線漏れインダクタンス
L_P：励磁インダクタンス　R_i：鉄損

(b) パラメータを全て1次側に換算した等価回路

図18⁽⁶⁾　トランスの等価回路

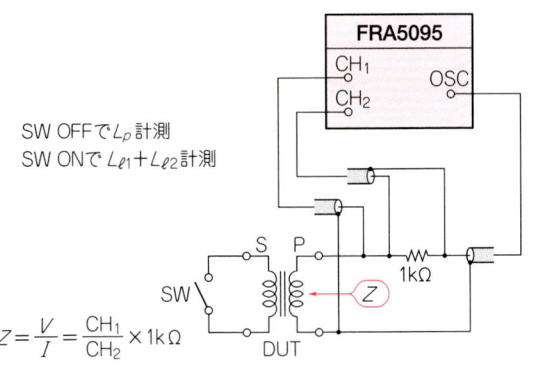

SW OFFでL_p計測
SW ONで$L_{l1}+L_{l2}$計測

$Z = \dfrac{V}{I} = \dfrac{CH_1}{CH_2} \times 1k\Omega$

(a) FRAによるインピーダンスの計測

(b) 1次インダクタンス特性

励磁インダクタンス
113.5Hz@0dB

リーケージ・インダクタンス
21.63Hz@0dB

図19⁽⁶⁾　FRAによるインピーダンスの計測

トランスとその1次側回路　75

$$K_{COUPLING} = \frac{1.4\text{H} - \left(\frac{7.36\text{mH}}{2}\right)}{1.4\text{H}} \fallingdotseq 0.9974$$

$$L_2 = 1.4\text{H} \times \left(\frac{20}{100}\right)^2 = 56\text{mH}$$

(a) 回路

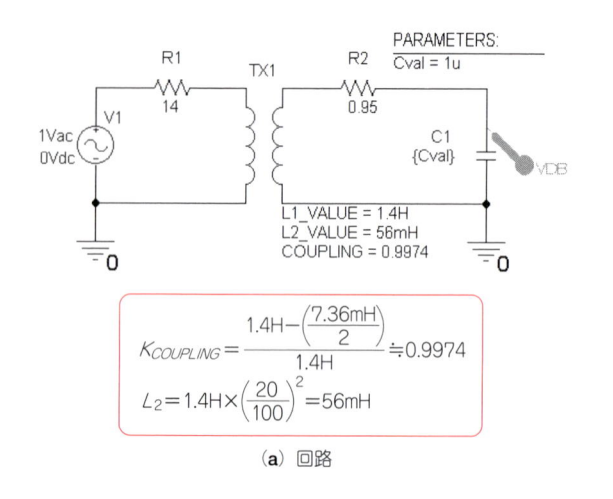

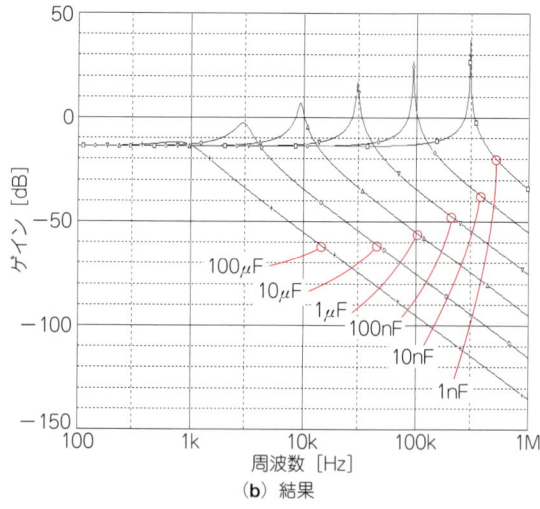

(b) 結果

図20 電源トランスによるノーマル・モード・ノイズ除去効果を見るシミュレーション

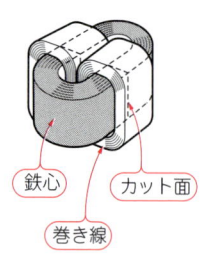

図22 2相の巻き線をもった内鉄型カット・コア・トランス

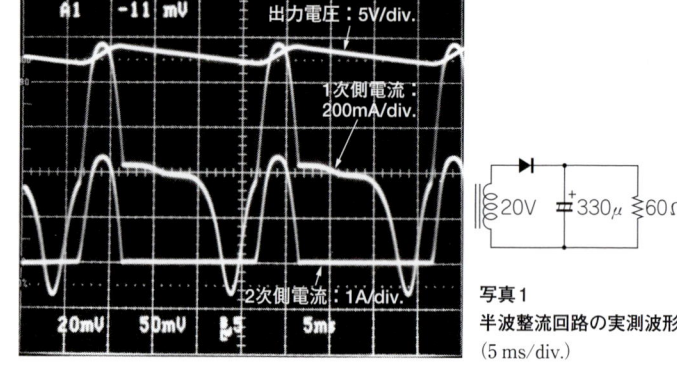

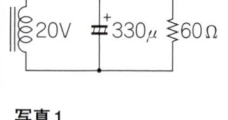

写真1 半波整流回路の実測波形 (5 ms/div.)

果が図20(b)です．100μFが一番効果的ですが，形状が大きく，しかも60Hzのインピーダンスが約27Ωで無効電流がたくさん流れてしまいます．10μFの場合は3kHzに若干のピークがありますが，100kHz以上の減衰が80dBと期待できる値です．

図21は実際に計測した結果で，ほぼシミュレーションと同じ結果が得られています．

このように，ノイズ混入に対して注意深く製作された商用周波数の電源トランスを使用すると，ライン・フィルタを使用しなくても耐ノイズ性の優れた機器にすることが可能です．

▶トランスから発生するノイズを減らす方法

また一方で，電源トランスから発生するノイズ源として漏れ磁束があります．この漏れ磁束が，微少信号を扱う高ゲインなプリアンプなどに混入するとハムとなって現れます．漏れ磁束の量はトランスの構造によって大きく異なり，構造上からトロイダル・トランスが有利です．

また，図22に示すカット・コアを使用した巻き線を2組もったトランス(内鉄型)で，2組の巻き線に同じ電流が流れるように動作させると，2組の巻き線から発生した漏れ磁束が打ち消し合い，漏れ磁束を減少させることができます．

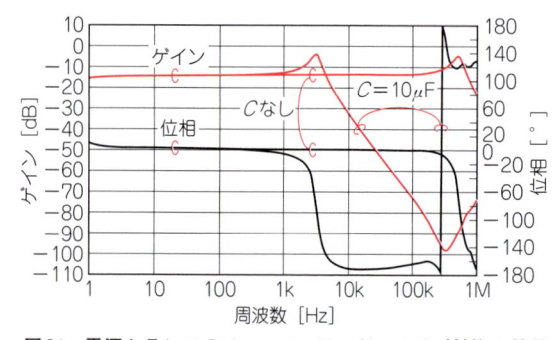

図21 電源トランスのノーマル・モード・ノイズ対策の効果 (HT1812，トヨデン)

整流/平滑回路

● 四つの回路方式がある

電源トランスからの交流電圧を直流電圧に変換する

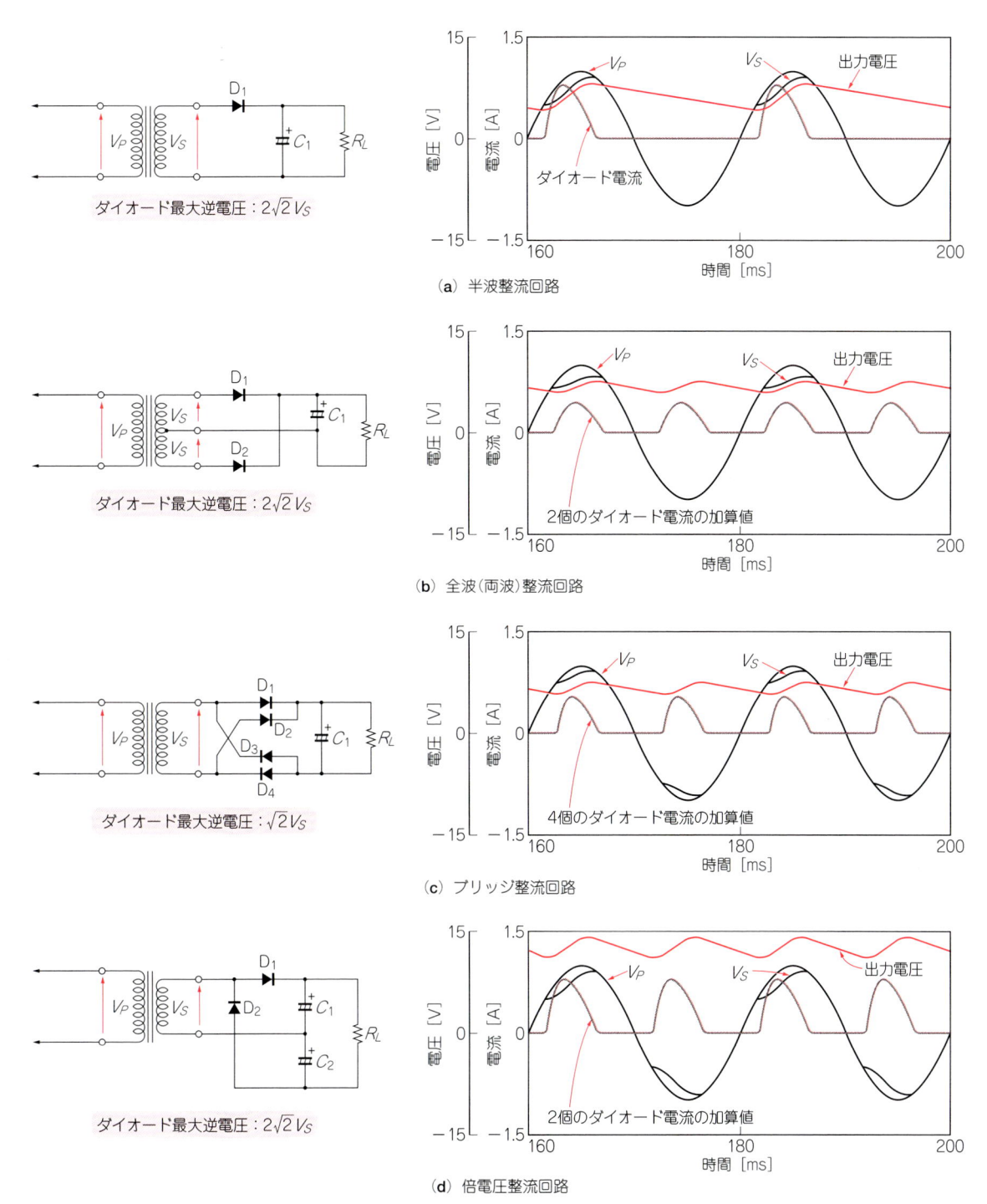

図23 四つの整流／平滑回路

(a) 半波整流回路
ダイオード最大逆電圧：$2\sqrt{2}V_S$

(b) 全波（両波）整流回路
ダイオード最大逆電圧：$2\sqrt{2}V_S$

(c) ブリッジ整流回路
ダイオード最大逆電圧：$\sqrt{2}V_S$

(d) 倍電圧整流回路
ダイオード最大逆電圧：$2\sqrt{2}V_S$

のが整流／平滑回路です．図23に示す四つの方式が現在では一般的に使用されています．

写真1は，半波整流回路のトランス1次側電流，2次側電流，そして出力電圧です．このように半波整流回路は，トランスの2次コイルに直流が流れるためトランスが毎周期飽和します．この結果，1次側に無駄な飽和電流が流れて効率が悪く，漏れ磁束も多いので，ごく小容量の電源にしか使用されません．

ダイオード・ブリッジ回路はトランスの巻き線が一つで済み，経済的です．しかし，整流ダイオードの順方向電圧V_Fによるドロップが2個ぶんになり，+5V程度以下の低電圧／大電流で使用する場合にはV_Fに

よる損失の影響が大きくなり，全波整流回路のほうが有利になります．

● **希望の直流電圧とリプルを実現するには**

整流／平滑回路での重要なパラメータは，得られる直流電圧とリプルの大きさです．この値を左右するのがトランスの巻き線比，巻き線抵抗，および平滑コンデンサの容量です．整流／平滑回路は回路こそ簡単ですが，非線形要素がたくさん含まれており，数式によってパラメータを算出するのが非常に難しい回路です．そこで一昔前の先輩設計者は，O. H. Schade氏の作成したグラフを頼りに，これらの値を設計していました[12]．

▶ シミュレータを利用する

しかし現在では，回路シミュレータが手軽に使用できるようになったため，シミュレーションにより各パラメータの最適値が簡単に求められます．

整流／平滑回路のシミュレーション回路例を図24(a)に示します．シミュレーションではトランスの巻き線比と巻き線抵抗のパラメータが必要になります．巻き線比を決定するために，実測した1.4 Hを1次インダクタンスとして設定しています．しかし，この絶対値はシミュレーション結果の直流電圧にはほとんど影響を与えません．したがって，実用上は巻き線比を決定するために1 H～10 H程度の値を1次インダクタンスとして設定しておけばよいことになります．

HT1812の2次電圧は18 Vですが，定格負荷時の電圧降下を見越してか，巻き線比が100：20になってい

ます．この巻き線比から2次コイルのインダクタンスは，$L_2 = L_3 = 1.4\,H \times (0.2)^2 ≒ 56\,mH$になります．

L_1, L_2, L_3をK_Linearで結合させます．結合係数もこのシミュレーションではほとんど結果に影響しませんが，計測値から0.9974を設定しました．通常，整流／平滑回路でのシミュレーションでは結合係数を1にしておけばよいでしょう．

PSpice評価版でのシリコン整流ダイオードの一般的特性に近いモデルは，EVALライブラリに入っているD1N4002なので，これを使用しました．

図24(b)がシミュレーション結果です．写真2が実

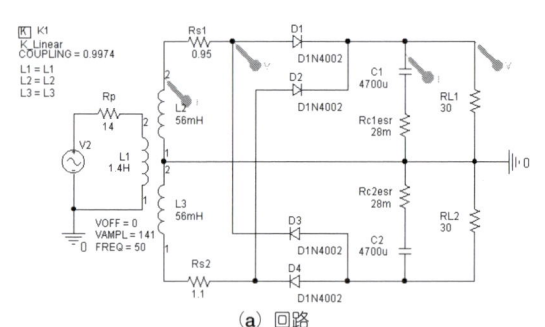

(a) 回路

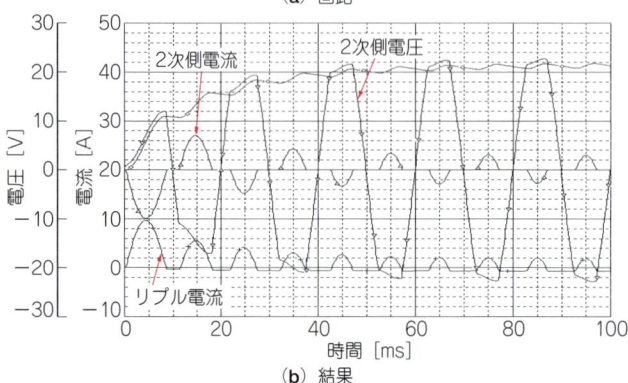

(b) 結果

図24 整流回路のシミュレーション

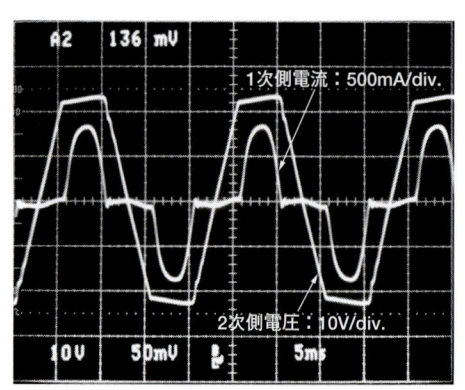

(a) 1次側電流と2次側電圧

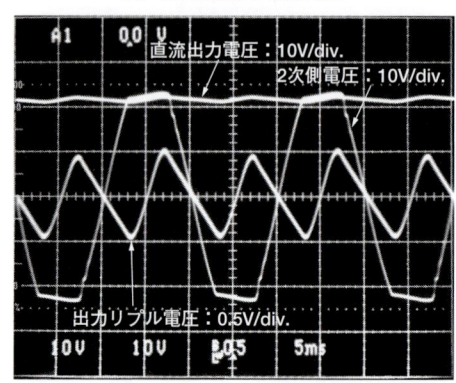

(b) 出力リプル

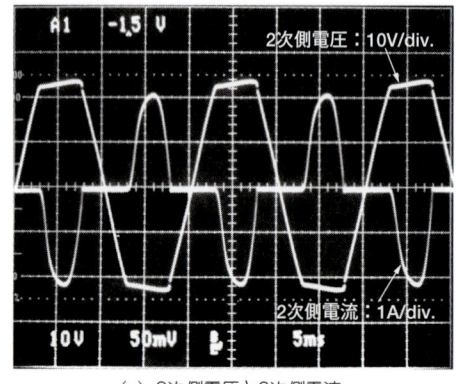

(c) 2次側電圧と2次側電流

写真2 全波整流回路の実測波形(5 ms/div.)

測した結果です．商用電源の正弦波のピークがつぶれ気味なので，2次側電流のピーク値が若干小さくなっていますが，直流出力電圧，リプル電圧，コンデンサに流れるリプル電流のいずれも，実用的には問題ない値でよく一致しています．

この出力電圧を安定化回路に供給する場合，<u>出力電圧の最低電圧</u>(リプル電圧の最低値)が最重要なパラメータです．要求された商用電源電圧の最低値，そして最大消費電流のときに，この最低電圧が確保されていることを確認します．図24(b)は商用電源電圧100 Vのとき約21 Vです．したがって電源電圧90 Vでは，最低電圧も10%低くなります．

トランスの巻き線比を大きくすれば最低電圧が上昇します．しかし，直流安定化回路の入出力電位差と出力電流で安定化回路の電力損失が決定されるため損失が増加し，リプル電圧も大きくなります．また，平滑コンデンサの容量を大きくすれば最低電圧が上昇しますが，あまり大容量にするとコンデンサの形状が大きくなり，高価です．巻き線比と平滑コンデンサの値を変えて，妥当な値をシミュレーションから見つけます．

このシミュレーションでは<u>トランスの巻き線抵抗</u>が重要なパラメータです．しかし，カタログ品として販売されている電源トランスの巻き線抵抗が明示されているものはほとんど見当たりません．簡単に計測できるパラメータなので，ぜひトランス・メーカから明示してもらいたいものです．

直流安定化回路

直流安定化回路には複数の方式がありますが，この節では最も一般的なシリーズ・レギュレータについて説明します．以下，シリーズ・レギュレータを単にレギュレータと記します．

● シリーズ・レギュレータの基本動作

図25(a)はレギュレータの基本回路です．電圧変動のあるV_1を入力し，<u>直列制御素子</u>であるTr_1のコレクタ-エミッタ間の電圧を自動制御して安定した一定電圧を出力します．Tr_2は，出力電圧を監視してTr_1を制御する<u>誤差増幅器</u>として動作します．

図25(a)のⒸ点は，ツェナ・ダイオードにより6.9 Vの一定電圧になっています．そして，Ⓐ点の出力電圧が15 VのときにはTr_2の入力インピーダンスがR_1//R_2よりも十分に大きいため，Ⓑ点はほぼ7.5 Vになります(正確にはベース電流により若干ずれる)．Tr_2のベース-エミッタ間の電圧はほぼ0.6 Vなので，この回路は出力電圧15 Vで安定します．

入力電圧V_1が上昇したり，負荷抵抗R_Lの値が大きく(負荷が軽く)なるとⒶ点の出力電圧が上昇し，Ⓑ点も比例して上昇します．するとTr_2のベース-エミッタ間の電圧が大きくなるので，Tr_2のコレクタ電流が増加し，R_4による電圧降下が大きくなり，Ⓓ点の電圧が下がり，Ⓐ点の出力電圧が上昇するのを防ぎます．

逆に，V_1が下降したり，負荷が重くなるとⒶ点の出力電圧が下降し，Ⓑ点も比例して下降します．するとTr_2のベース-エミッタ間の電圧が小さくなるので，Tr_2のコレクタ電流が減少し，R_4による電圧降下が小さくなり，Ⓓ点の電圧が上がり，出力電圧が下降するのを防ぎます．

図25(b)は，誤差増幅器にOPアンプを使用したレギュレータの基本回路です．OPアンプの非反転入力は，ツェナ・ダイオードにより7.5 Vの一定電圧になっています．OPアンプの入力インピーダンスはR_1//R_2よりも十分に大きいので，出力電圧の半分の値が反転入力に加わります．したがって，出力電圧が+15 Vよりも大きくなると反転入力が+7.5 Vよりも大きくなり，OPアンプ出力電圧が下がり，出力電圧が+15 Vよりも上昇するのを防ぎます．

図25(c)は図25(b)を書き換えただけで，全く同じ回路です．このように，シリーズ・レギュレータはツェナ・ダイオードの一定電圧を非反転増幅回路で増幅

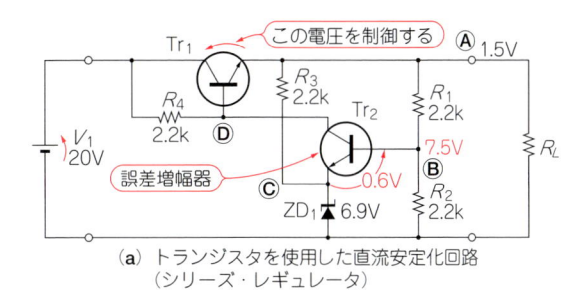

(a) トランジスタを使用した直流安定化回路(シリーズ・レギュレータ)

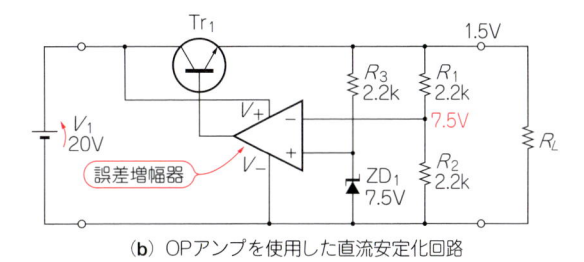

(b) OPアンプを使用した直流安定化回路

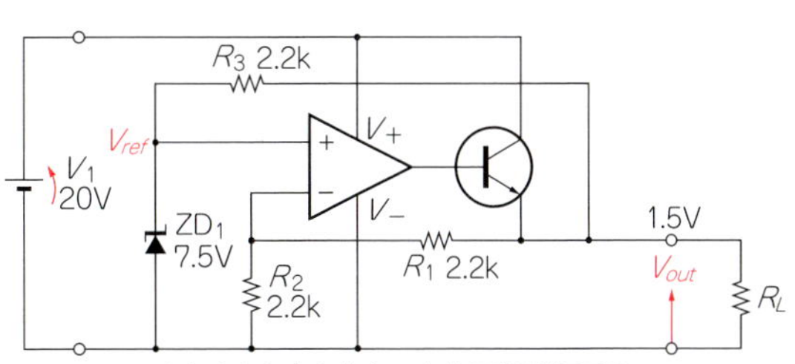

(c) (b)を書き換えると非反転増幅回路

図25 直流安定化回路(シリーズ・レギュレータ)

している回路なのです．したがって，ツェナ・ダイオードの電圧を V_{ref} とすると，出力電圧 V_{out} は下式で求まります．

$$V_{out} = V_{ref} \frac{R_1}{R_1 + R_2}$$

● シリーズ・レギュレータの性能を表すパラメータ

シリーズ・レギュレータの性能を決定する主な項目には次のものがあります．

▶ロード・レギュレーション

シリーズ・レギュレータで出力電圧を一定に制御しますが，負荷が変動し，出力電流が変化した場合，まったく出力電圧が変化しないわけでなく，わずかですが出力電圧が変化します．無負荷のときの出力電圧を V_1，定格負荷での出力を V_2 とすると，ロード・レギュレーション k_{LR} は次式で求められます．

$$k_{LR}\,[\%] = (V_1 - V_2)/V_1 \times 100$$

ディスクリート部品でシリーズ・レギュレータを製作すると，まれに無負荷よりも定格負荷のほうが電圧が高く計測される場合があります．このようなレギュレータは負帰還の設計が適切でなく，発振している可能性があります．オシロスコープなどで出力電圧を詳しく観測し，発振対策を行います．

▶ライン・レギュレーション

直流安定化回路において，入力の商用電源電圧が変動した場合，出力直流電圧にどのくらい影響するかがライン・レギュレーションです．入力電圧が10%変化した場合，出力電圧がどの程度変動するかを百分率などで表示します．

▶出力インピーダンス

ロード・レギュレーションは，直流域での出力インピーダンスと言えます．電力増幅器などが負荷の場合，シリーズ・レギュレータの出力電流が増幅器の信号に比例して変動します．このような場合には出力インピーダンスの周波数特性が重要になり，できるかぎり広帯域で低いインピーダンスに確保されていることが望まれます．

シリーズ・レギュレータの負帰還設計が適切でないと，特定の周波数で出力インピーダンスが上昇する現象が発生します．

▶リプル電圧抑圧比

整流/平滑回路からの直流電圧には，その多寡の違いはありますが，必ずリプル電圧が含まれています．このリプル電圧が，直流安定化回路でどの程度抑圧されるかがリプル抑圧比です．

一般的な3端子レギュレータの場合は60dB程度の抑圧比になっています．したがって，整流/平滑回路の出力に $1\,V_{p-p}$ のリプルが含まれていれば，3端子レギュレータの出力ではリプル電圧が $1\,mV_{p-p}$ になって現れることになります．

▶出力ノイズ

シリーズ・レギュレータの基本回路で説明したように，ツェナ・ダイオードの基準電圧を非反転増幅回路で増幅して出力電圧とするために，ごくわずかですがツェナ・ダイオードやOPアンプのノイズ，それに R_1，R_2 の電圧検出抵抗から発生する熱雑音などが出力電圧に重畳して現れます．

通常のOPアンプ回路ではOPアンプ自身が電源電圧変動を抑圧する特性をもっているために，3端子レギュレータなどでも問題が生じることはごくまれです．しかし，PLL回路に使用するVCOなどでは，3端子レギュレータの出力に現れるごくわずかなノイズが悪影響することもあります．

● 熱設計

図25(a)に示したように，シリーズ・レギュレータは入力電圧と負荷の間にトランジスタ(Tr_1)を直列に接続し，そのコレクタ-エミッタ間の持ち電圧を制御して，負荷端の電圧を一定に保ちます．したがって，Tr_1 に流れる電流とコレクタ-エミッタ間の持ち電圧の積である電力が Tr_1 で熱に変化します．この Tr_1 で発生した熱を放熱器で空気中に発散させないと Tr_1 の温度は上昇を続け，最後には破壊してしまいます．

熱の計算は電気回路において電圧，電流，抵抗を関係づけるオームの法則と同様に考えられ，

温度差［℃］= 発熱量［W］× 温度抵抗［℃/W］

になります．

図26はTO-220のトランジスタに5Wの電力損失

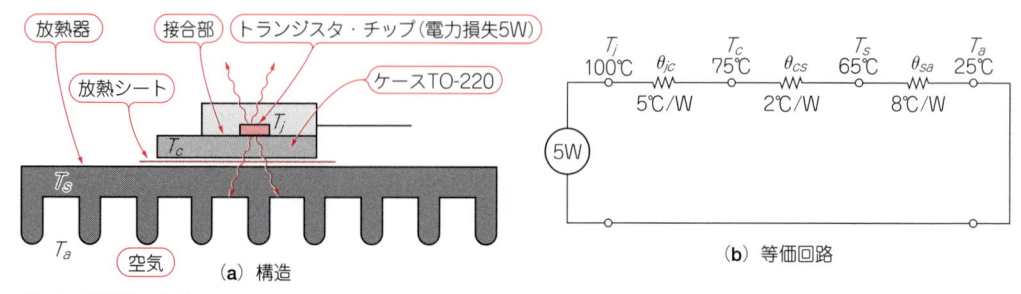

図26 熱設計のモデル

を与え，放熱器(heat sink)で放熱した例です．トランジスタのデータシートの最大定格の欄に，$T_a = 25$℃（a：ambit；周囲）ではコレクタ損失が25 W，接合温度が150℃と規定されていたとすると，このトランジスタの接合部(junction)とケース(case)の間の温度抵抗は下式から求められます．

$$\theta_{jc} = (150℃ - 25℃) \div 25 \text{ W} = 5℃/\text{W}$$

放熱器の温度抵抗を8℃/W，放熱器とトランジスタの間に使用する放熱シートの温度抵抗を2℃/Wとすると，接合部とケースの温度差T_{jc}は，

$$T_{jc} = 5 \text{ W} \times 5℃/\text{W} = 25℃$$

ケースと放熱器の温度差T_{cs}は，

$$T_{cs} = 5 \text{ W} \times 2℃/\text{W} = 10℃$$

放熱器と周囲の温度差T_{sa}は，

$$T_{sa} = 5 \text{ W} \times 8℃/\text{W} = 40℃$$

になります．

周囲温度T_aが25℃の場合は，
- 放熱器温度：25℃ + 40℃ = 65℃
- ケース温度：65℃ + 10℃ = 75℃
- 接合部温度：75℃ + 25℃ = 100℃

になります．

接合部の最高温度が150℃と規定されているので，周囲温度はさらに50℃上昇した25℃ + 50℃ = 75℃まで許されることになります．しかし，通常は余裕を考慮し，接合部の温度は120℃程度を上限とします．したがってこの場合，周囲温度の上限は45℃程度になります．ファンなどで放熱器に風を当てて強制空冷すると，放熱器の温度抵抗を1/3〜1/5程度に下げることができます．

出力電圧24 V以上のシリーズ・レギュレータの設計例

出力電圧が24 V程度までは3端子タイプのレギュレータICが使用できます．しかし，それ以上の出力電圧になると自分で回路を設計しなくてはなりません．

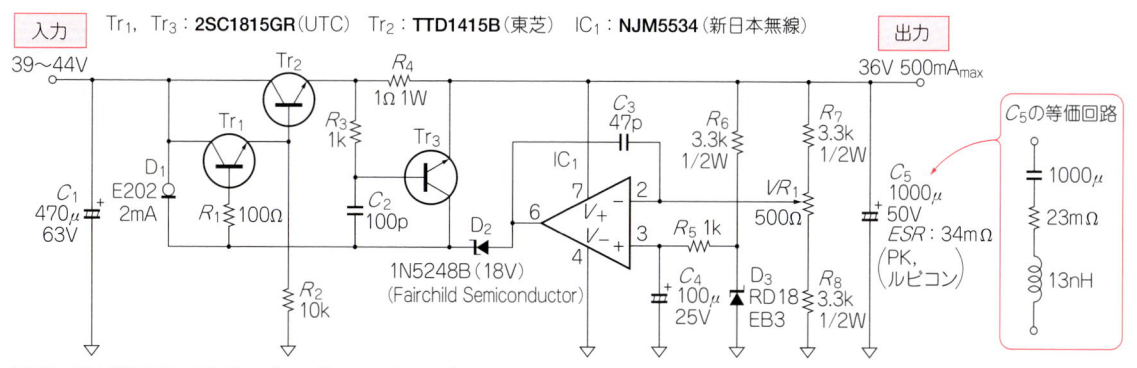

● 出力電圧＋36Vのシリーズ・レギュレータの設計

図27の回路は誤差増幅器にOPアンプを使用したシリーズ・レギュレータです．R_7, R_8の値を変更することにより36 V以外の電圧にも対応できます．

▶ 誤差検出

この回路で，最大出力電圧の限界を決定しているのがOPアンプの電源電圧です．NJM5534の場合は±22 Vなので最大出力可能電圧は44 Vということになりますが，少し余裕が必要なので最高出力電圧は＋40 V程度が限界になります．

D_3のツェナ電圧としては，出力電圧の半分程度の電圧を選びます．そして出力電圧をR_7, VR_1, R_8で分圧し，この電圧がツェナ電圧と等しくなるように定数を決定します．R_7, R_8の値があまり大きいと出力電圧のノイズが増加したり，制御ループの周波数特性が不適切になって発振することがあります．逆に小さすぎるとR_7とR_8が発熱し，無駄な電力が消費されます．したがってR_7, R_8は2 k〜5 kΩ程度の値を選びます．

この回路の場合，出力電圧の温度安定度はD_3の温度係数が支配的なので，D_3に温度補償型のツェナ・ダイオードや基準電圧ICを使用すれば，温度安定度の優れたレギュレータが実現できます．

D_1で2 mAの定電流を流し，D_2で18 Vの電圧をオフセットすることによりOPアンプの出力電圧の不足を補っています．

▶ 出力短絡保護

出力短絡保護はR_4とTr_3で行っており，R_4の両端電圧が0.6 Vを越えるとTr_3がONになり，Tr_1のベース電圧が下がり，出力電圧も下がることになります．R_5, C_4はD_3で発生するノイズを除去しています．

出力が短絡され，そのときの入力電圧を40 Vとすると，Tr_2で20 Wの電力を消費することになります．したがって，出力短絡で連続動作保証をすると非常に大きなヒートシンクが必要になります．

通常，機器に組み込む場合は，最大消費電流でヒートシンクを選択し，シリーズ・レギュレータの出力短

図27 出力電圧36 Vのシリーズ・レギュレータの回路

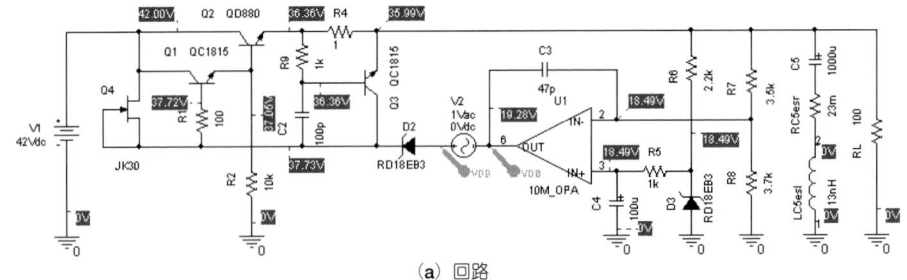

図29
36 Vシリーズ・レギュレータのオープン・ループ特性のシミュレーション

(a) 回路

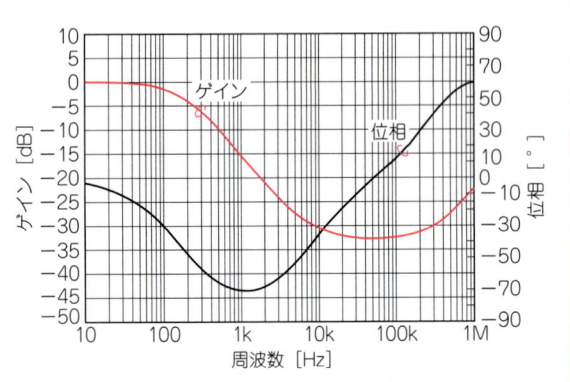

図28 R_4とC_5で構成されるLPFの実測特性(10 Hz～1 MHz)

(b) 結果

絡が生じた場合はヒートシンクの異常温度上昇を温度スイッチなどで検出し，警報を発生するかブレーカで遮断するなどの処理を行います．

▶ **負帰還回路**

シリーズ・レギュレータは負帰還が施されているので，負帰還のループ・ゲインが1になる周波数で位相遅れが120°以内になるように，周波数特性を設計しなくてはなりません．**図27**の回路の場合，位相遅れを検討しなくてはならないのは，誤差増幅器であるIC_1の回路と，R_4とC_5で構成されるロー・パス・フィルタ回路の二つです．

Tr_1とTr_2がダーリントン接続され，D_2の等価抵抗，IC_1の出力インピーダンスがごく低いことから，Tr_2の出力インピーダンスは$R_1/(h_{FE\ Tr1}\ h_{FE\ Tr2})$となり，$R_4$に比べて非常に低い値になるので無視できます．

図28はR_4とC_5のLPF特性を実測したデータです．ゲインに着目すると，1Ωと1000μFなので遮断周波数は159 Hzですが，20 k～200 kHzまでが平坦特性となり，200 kHz以上ではカーブが上昇しています．これはC_5が，**図27**に示したような内部等価回路になっているためです．そして平坦な部分では，LPFの位相遅れが0°付近に戻っています．IC_1で構成される誤差増幅器では位相が90°遅れているので，このLPFの位相の戻りは負帰還回路設計においては非常に都合のよい特性です．

この位相が戻っている周波数で，IC_1の誤差増幅器とR_4，C_5で構成されるLPFのトータル・ゲイン，す

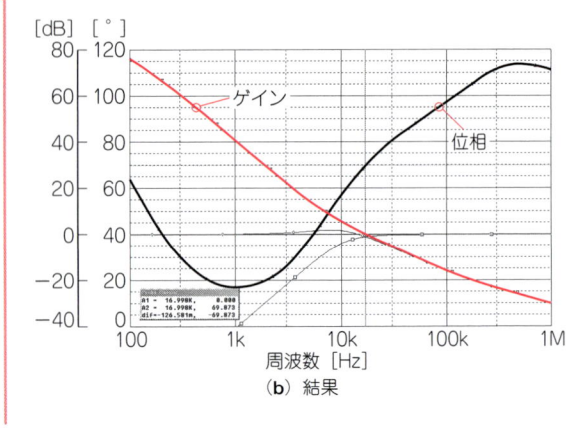

なわち負帰還におけるループ・ゲインが1になるように，IC_1の誤差増幅器の周波数特性を設計すればよいことになります．

周波数があまり高いと配線の浮遊インダクタンスの影響が出てくるので，ループ・ゲインが1になる周波数を20 kHzとします．

20 kHzにおけるR_4，C_5のLPFのゲインは約－32 dB(0.025)，したがってIC_1の誤差増幅器の利得が20 kHzで40倍になれば，トータルで20 kHzにおける利得が1になります．したがって，誤差増幅器が利得1になる周波数は20 kHz × 40 = 800 kHzです．R_7とVR_1のタップの合成抵抗を3.5 kΩとすると，

$$C_3 = 1/(2\pi \times 800\ \text{kHz} \times 3.5\ \text{k}\Omega) = 56.8 \times 10^{-12}$$

約57 pFですが，IC_1のGBWを考慮してC_3 = 47 pFとしました．

▶ **シミュレーションと実測**

図29(a)がオープン・ループ特性のシミュレーション回路です．誤差増幅器の出力に交流信号源V_2を挿入し，この信号の一巡の周波数特性がオープン・ループ特性となります．

図29(b)がシミュレーション結果です．V_2の両端の信号の比(dBなので差をグラフ化している)がループ・ゲインになり，位相0°が負帰還なのでオープン・ループの位相遅れは180°になります．オープン・ループ・ゲインが1になる周波数が16.998 kHzで，そのときの位相が69.873°(位相遅れでは180°－69.873°≒110°)で，位相遅れが120°以内になっているので十分

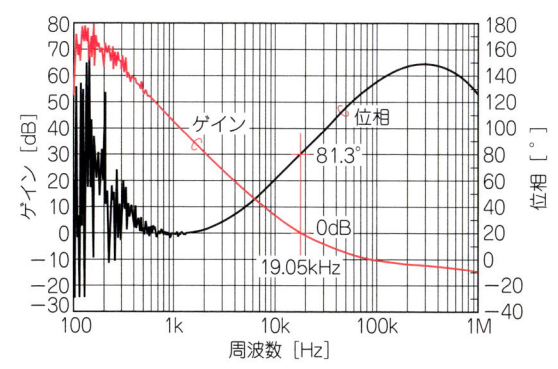

図30　36Vシリーズ・レギュレータのオープン・ループ特性の実測値（100 Hz ～ 1 MHz）

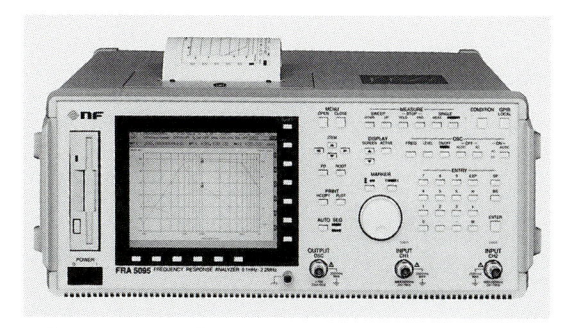

写真3　電源やアンプの安定性の解析に便利なフレケンシ・レスポンス・アナライザ（FRA5095，エヌエフ回路設計ブロック）

　図30はシミュレーションと同様にIC₁の出力にフレケンシ・レスポンス・アナライザFRA5095（写真3）のOSC出力を直列接続して実測した結果です．シミュレーションに比べ，オープン・ループ・ゲインが1になる周波数が19.05 kHzと若干高くなっています．これはNJM5534のGBWが実際には30 MHz程度あるためと思われます（シミュレーションではGBW = 10 MHz）．このように実測でもシリーズ・レギュレータの安定性が確認できます．

● 出力インピーダンスの実測とシミュレーション

　シリーズ・レギュレータでは負荷電流が変化したときの出力電圧の変化をロード・レギュレーションとして，無負荷時出力電圧から定格負荷時出力電圧を差し引いた値で表します．このロード・レギュレーションは，シリーズ・レギュレータの直流での出力インピーダンスが低いほど優秀な値になります．

　負荷が直流的で高速に変化しない場合は，このロード・レギュレーションの規定だけでよいのですが，負荷電流が高速に変化する場合には交流での出力インピーダンスが重要になります．交流での出力インピーダンスの計測は図31に示すように，外部から交流電流を注入し，そのときの出力の交流電圧と交流電流の比を計測することにより求められます．R_1は電流検出用の抵抗で，R_2はシリーズ・レギュレータからFRAに大量の直流電流が流れ込み，FRAのOSC出力が焼損するのを防いでいます．

　この交流電流注入法で計測した出力インピーダンスの特性を図32に示します．電流を100 Ωの抵抗で検出しているため0 dBが100 Ω，したがって－40 dBが1 Ωになります．負荷抵抗による変化はわずかでした．

　図33はシミュレーションによる36 V出力のシリーズ・レギュレータの出力インピーダンス特性です．シミュレーションでは1 Aを注入しているので，0 dBが1 Ωになります．10 kHzより低域でインピーダンスが下がり，約5 kHzにおける出力インピーダンスが10 mΩで，ほぼ実測の図32と同様な結果が得られています．また，現実の回路では配線のインピーダンスがあるため，出力インピーダンスが1 mΩ以下になることはまずありません．

　このように，出力インピーダンスの周波数特性を計測するにはフレケンシ・レスポンス・アナライザなどの専用の計測器が必要になりますが，簡単には図34に示すように，負荷電流を急変させて，そのときの出力電圧の変化をオシロスコープで観測することにより，出力インピーダンスの大きさとレギュレータの安定度の概略がつかめます．

　写真4（a）が観測結果です．負荷抵抗は100 Ωにして

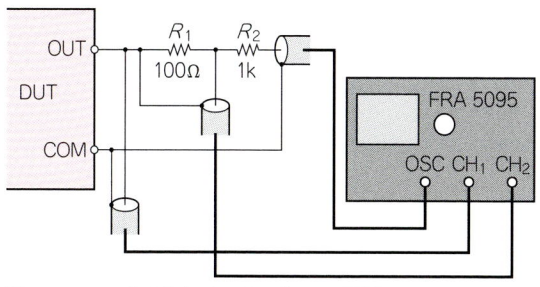

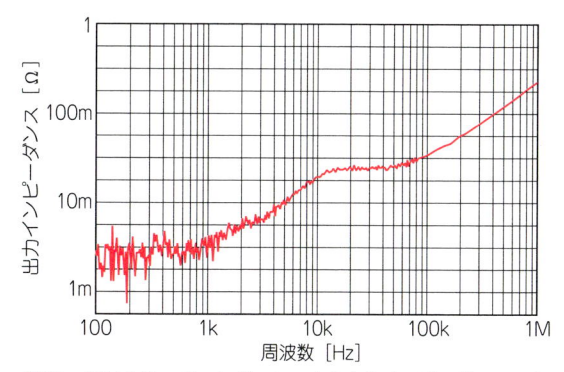

図31　FRAによる出力インピーダンスの計測

図32　36 Vシリーズ・レギュレータの出力インピーダンスの実測値（100 Hz ～ 1 MHz）

出力電圧24 V以上のシリーズ・レギュレータの設計例

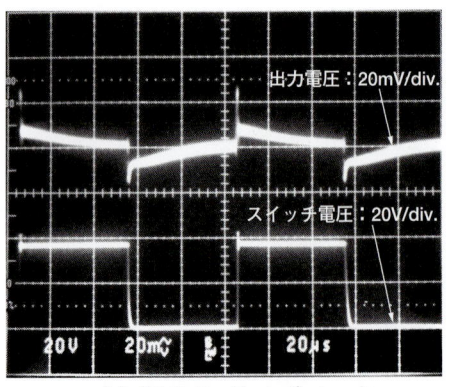

(a) 36Vシリーズ・レギュレータ
（急変電流300mA, 20μs/div.）

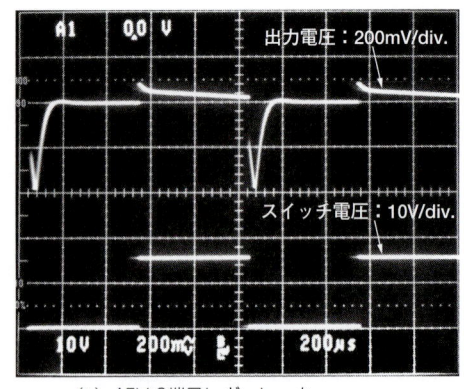

(b) 15V 3端子レギュレータ
（急変電流360mA, 200μs/div.）

写真4 パルス電流による出力インピーダンスの観測結果

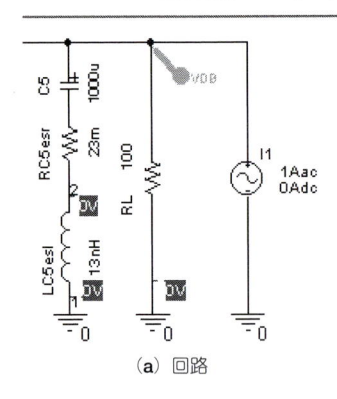

(a) 回路

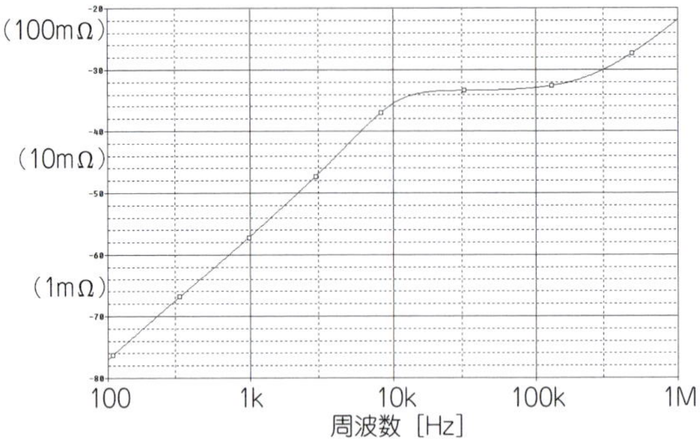

(b) シミュレーション結果

図33 36Vシリーズ・レギュレータの出力インピーダンスのシミュレーション

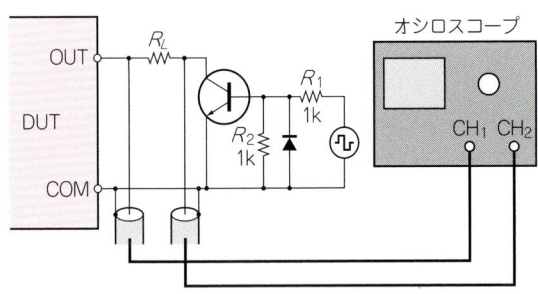

図34 パルス電流による出力インピーダンスの観測法

います．**写真4(b)**は，比較のために示す3端子レギュレータNJM7815Aの観測結果です．負荷抵抗は50Ωにしています．写真から，**図32**の出力インピーダンス特性と同様に，36Vレギュレータの特性が1桁以上優れていることが分かります．

◆参考・引用*文献◆

(1) IEC安全ハンドブック 基本編，機器編，1995年9月，日本規格協会．
(2) JIS C 1010-1：1998，測定，制御及び研究室用電気機器の安全性，第1部：一般要求事項，平成10年7月31日，日本規格協会．
(3) JIS C 1010-1の指示計器およびAC-DCトランスデューサへの運用マニュアル，JEMIMA.
(4) *岡部匡伸；ヒューズの正しい使い方，トランジスタ技術，1992年3月号，pp.413〜418，CQ出版㈱．
(5) *薊利明，竹田俊夫；スイッチとヒューズ，トランジスタ技術，1994年2月号，pp.321〜330，CQ出版㈱．
(6) *遠坂俊昭；計測のためのフィルタ回路設計，1998年9月1日，CQ出版㈱．
(7) *坪島茂彦，羽田正弘；図解 変圧器，1981年12月，東京電機大学出版局．
(8) 黒田徹；基礎トランジスタ・アンプ設計法，1989年2月28日，ラジオ技術社．
(9) 大塚巌；直流安定化電源回路，昭和46年11月10日，日刊工業新聞社．
(10) 大塚巌；安定化電源回路の実際，1963年10月25日，産報．
(11) 本多平八郎；作りながら学ぶエレクトロニクス測定器，2001年5月1日，CQ出版㈱．
(12) O. H. Schade；Analysis of Rectifier Operation, Proc. IRE, Vol.31, No.7, July 1943.

（初出：「トランジスタ技術」2004年6月号 特集 第5章）

第2部 アナログ回路 実例集

Prologue・2 既存の回路を使う前に IC の電気的特性をチェックしよう
定番／便利デバイス活用の勘所

川田 章弘

● 最近の回路設計はICの選択が大半を占める

第2部では，すぐに使える便利な回路が多数掲載されています．アナログICや電源回路，高周波回路の設計者でない限り，最近は個別半導体部品を使って回路設計をすることが少なくなりました．

基板レベルの回路設計者は，機能ICを組み合わせてシステムを実現することがほとんどでしょう．現代の回路設計者の仕事は，ICの選択と基板設計が大半を占めるといえるでしょう．

● ICの選択すら他人任せ？

最近では基板設計すらアウトソーシング化されており，回路設計者はICの選択と基板設計指示書を作成するだけかもしれません．会社によってはICの選択すらせずに，聞きかじった知識を元に蘊蓄を詰め込んだ製品仕様書作成だけが仕事かもしれません．

いつの日か，日本国内の技術者は「技術」とは名ばかりの書類作成屋になってしまう予感がします（既に大手メーカではその傾向が見られます）．

● 技術者ならばICの電気的特性は最低限チェックしよう

自らをエレクトロニクス技術者と称するのであれば，たとえ書類作成が業務の大半であっても，自分の回路に使用されているICの電気的特性は十分にチェックすべきです．

設計者がICの電気的特性を理解していないことが原因で問題を起こす回路例を図1に示します．図1の回路を設計した方は，図2に示すオリジナル回路を何も考えずにコピーし，使用するICだけをICyyからICxxに置き換えたのかもしれません．もしかすると，図1に使われているIC（ICxx）のほうが，図2に使われているIC（ICyy）よりも価格が安く，価格だけに目が眩んで回路動作も回路定数も見直さなかったのかもしれません．

● 誤動作の原因はICの電気的特性からすぐ分かる

図1の回路では，Lレベルの入力電流として最大0.4 mAの電流が流れるとデータシートに記載されています．入力端子に10 kΩの抵抗を接続しただけで，入力端子には4Vの電圧が発生します．つまり，$\overline{EN}$端子はLレベル（0.8 V以下）ではなくHレベルになり，本来の回路動作（Lレベルへのプルダウン）をしてくれません．

同じ回路のまま，図2に使われているICyyに置き換えると，ICyyの入力電流は最大1 μAですから，10 kΩのプルダウン抵抗に電流が流れても発生する電圧は0.01 Vです．入力はLレベルへプルダウンされ，回路は正常動作します．

項 目		MIN	NOM	MAX	MIN	NOM	MAX	単位
V_{CC}	電源電圧	4.5	5	5.5	4.75	5	5.25	V
V_{IH}	"H" レベル入力電圧	2	—	—	2	—	—	V
V_{IL}	"L" レベル入力電圧	—	—	—	—	—	0.8	V
I_{IH}	V_{CC} = MAX, V_I = 2.7 V	—	—	—	—	—	20	μA
I_{IL}	V_{CC} = MAX, V_I = 0.4 V	—	—	—	—	—	−0.4	mA

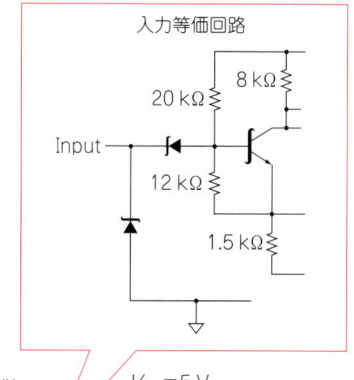

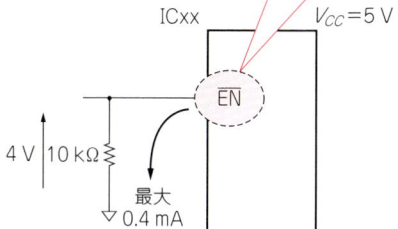

図1
EN端子が "L" レベルにならない回路
EN端子をプルダウンするならば1 kΩ以下にしなくてはならない．

項　目		記号	測定条件		$T_a = 25℃$			$T_a = -40〜85℃$		単位
				V_{CC} (V)	最小	標準	最大	最小	最大	
入力電圧	"H"レベル	V_{IH}		2.0	1.50			1.50		V
				3.0〜5.5	$V_{CC} \times 0.7$			$V_{CC} \times 0.7$		
	"L"レベル	V_{IL}		2.0			0.50		0.50	
				3.0〜5.5			$V_{CC} \times 0.3$		$V_{CC} \times 0.3$	
入力電流		I_{IN}	V_{IN} = 5.5 V or GND	0〜5.5			± 0.1		± 1.0	μA

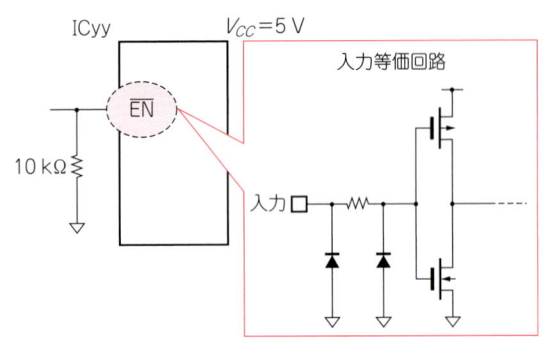

図2　オリジナル回路（使用しているICが**図1**と異なる）
$\overline{\text{EN}}$端子を10kΩの抵抗でプルダウンしているが問題ない．

● **電子回路の動作に相性!?**

このような誤動作を目の当たりにしたとき，自分の設計ミスを認めず，

「ICを変更したら動くのだから，これはICの問題だ」
とか，
「この回路と，このICは"相性"が悪い」
といった発言をする人も世の中にはいるようです．

物理の原理原則で動作している電子回路に"相性"などという言葉を使うのは，技術者ならば控えるべきです．

電子回路には人間同士の付き合いのような情緒は存在しません．回路に問題が生じるのには，物理現象に基づく原因があります．男と女，あるいは上司と部下のような"相性"が原因ではありません．

● **自分で考えてからコピー（利用）しよう**

第2部に掲載されている回路をコピーして使うときは，ICのデータシートを参照し，その電気的特性を確認し，さらに回路動作をよく理解してから使うようにしましょう．

これは，第2部の回路に限らず，先輩方の設計した既存回路を流用する場合にも言えることです．回路動作を理解せず，各部品定数の妥当性について再計算もしていない流用（デッドコピー）は，設計とは呼べません．

盲目的なコピーを繰り返すのは，もはや「技術者」の仕事ではないと肝に銘じておくべきです．

第2部の構成　　　　　　　　　　　　　　　　　　　　　　　　　　　Column

第2部のアナログ回路実例集は，アナログ回路をワンチップに集積した便利な機能ICや定番ICを応用した回路の実例集です．動作実績がある回路を集めてあります．**第7章**は，計測関連回路から測定回路と信号発生回路，**第8章**は，計測に役立つ信号変換回路〜パルス変換，RMS‐DC変換，高精度V‐F変換の各回路ほか，**第9章**にはアンプ／バッファ／フィルタ回路など，**第10章**には便利な電池使用のモバイル電源回路などを収録しました．

また，高性能なICの使いこなしや機能ICを使った製品の差別化に必要な，基板パターン・レイアウトや周辺回路の作り込みの実例を紹介しています．回路のキーとなるICの特徴や仕様，代替部品も紹介しています．IC選択時のヒントにもなるでしょう．

〈編集部〉

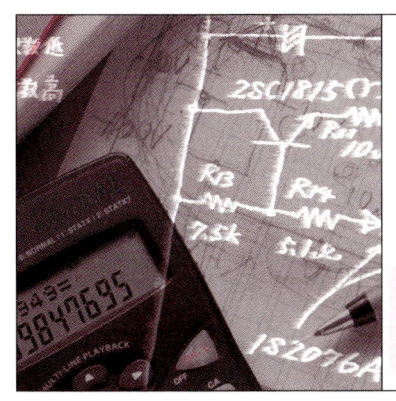

第7章 計測に役立つ回路を集成 ～測定・信号発生など
測定と信号発生のための回路 実例集

この章以降の第2部では，参考回路集として機能ICも積極的に使用したアナログ回路の実例をコンパクトにまとめた．本章では計測関連の回路をとりあげ，7-1～7-6までが測定編，7-7～7-11に信号発生回路を集めて収録しました．〈編集部〉

7-1 分解能が1pAで最大値が19.999nA 入手しやすい部品で実現する電流測定回路

本多 信三

ディジタル・マルチメータで測定できる電流は1μAくらいまでで，それ以下の電流を測定するにはピコアンメータとかエレクトロメータと呼ばれる特別な測定器が必要です．図1は，入手しやすい部品を使って製作できる最大分解能1pAの電流計の入力回路です．

● キー・デバイスは低入力バイアス電流OPアンプ

一番重要な部品は，入力部のOPアンプAD549JH（アナログ・デバイセズ）です．このOPアンプは入力バイアス電流が最大0.25pAで，分解能1pAの電流計の入力に使うには最適といえます．

● 基板への漏れ電流が誤差につながる

1pAということは，1Vに対して1000GΩの抵抗です．入力部は，この抵抗値より1桁上くらいの抵抗値を保つ必要があります．このために入力部にテフロン端子を使い，帰還回路の抵抗器の胴体を素手で触ってはいけません．抵抗を持つときはリード線を持つようにしてください．もし汚したときや汚れていそうなときは洗浄します．電子部品用の洗浄液があれば一番ですが，私は薬局で売っている燃料用アルコールを使っています．ノイズを減らすためには入力のリード線を短くすることが有効なので，入力部だけを金属ケース

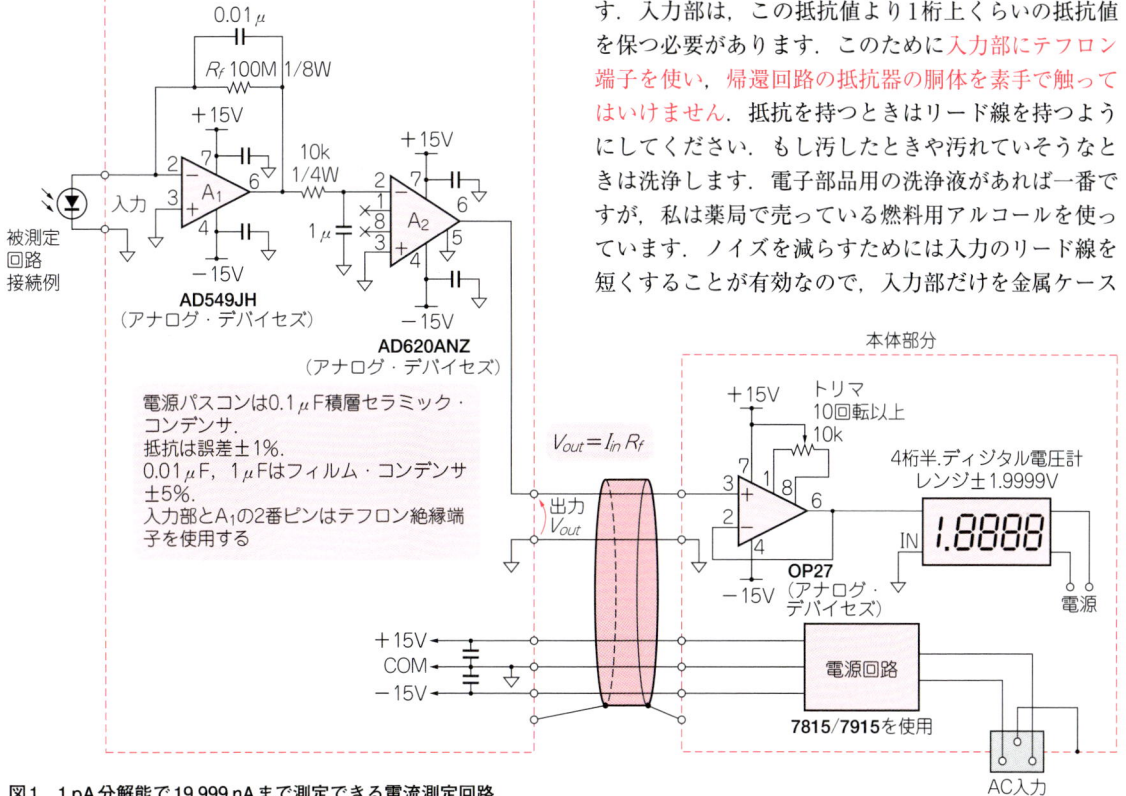

図1 1pA分解能で19.999nAまで測定できる電流測定回路

7-1 入手しやすい部品で実現する電流測定回路

に入れて測定箇所の近くに置くようにします．

● 電流測定回路の製作

図1の回路図では，±15 Vの電源部は省略しました．3端子レギュレータの7815と7915を使用した電源で問題ありません．

▶ オフセット調整用OPアンプ

本体の入力部には，OP27クラスの高精度OPアンプを使用してオフセット調整回路を付けます．表示部には，安定度の高い4桁半の±1.9999 V（普通は±2 Vと表現している）のディジタル電圧計を使用します．

▶ 基板への漏れ電流を防ぐテフロン端子

使用するパーツで重要なのは，テフロン端子です．入力部にはPF-6-1（マックエイト），OPアンプAD549JHの2番ピンにはSFS-1-1（サンハヤト）を勧めます．PF-6-1は，カタログでは絶縁抵抗値として500 MΩ以上と記載されています．SFS-1-1は体積抵抗率10^{18} Ωcmと表示してあります．

7-2 電圧降下がわずか10 mVで低電圧/小電流にも使える 双方向の電流測定回路

石島 誠一郎

図2は，Hブリッジ回路で駆動されるモータの電流を±1.25 Aフルスケールで計測し，マイコン内蔵のA-Dコンバータなどでディジタル・データに変換する回路です．

INA210（テキサス・インスツルメンツ）は，高ゲイン（200倍），低オフセット（35 μV以下），低オフセット・ドリフト（0.5 μV/℃以下）の電流測定用アンプです．フルスケールでのシャント抵抗による電圧降下を10 mV程度に抑えられるので，低電圧，かつ小電流の負荷にも利用可能です．

● フルスケールからゲインとシャント抵抗を決定

フルスケール±1.25 Aの電流を0～5 Vの電圧に変換するには，5 V/2.5 A＝2 Ωの電流-電圧変換が必要になります．INA210のゲインは200倍なので，シャント抵抗は2 Ω/200＝10 mΩとなります．

INA210のREFピンは，入力が0 V（電流が0 A）のときの出力電圧を設定します．INA210の出力はフルスイングするので，REFピンが2.5 V，シャント抵抗が10 mΩならば－1.25 A（出力0 V）～＋1.25 A（出力5 V）の範囲で動作します．

REFピンは，A-Dコンバータのリファレンス電圧を分圧して接続してもよいでしょう．

ロー・パス・フィルタを入れる場合は，INA210とA-Dコンバータの間に入れます．

● 測定精度はシャント抵抗で決まる

INA210は低オフセットのため，電流測定精度はシャント抵抗の精度で決まります．抵抗値が数mΩ～0.1 Ω程度の電流測定用シャント抵抗が利用可能です．一般に，高精度で低抵抗なものは高価になるため，抵抗による電圧降下が許されるのであれば，抵抗値は大きく高精度のものを選択します．

配線パターンの抵抗は測定精度の低下につながるため，シャント抵抗とINA210との配線は極力短くし，シャント抵抗直近で分岐します．

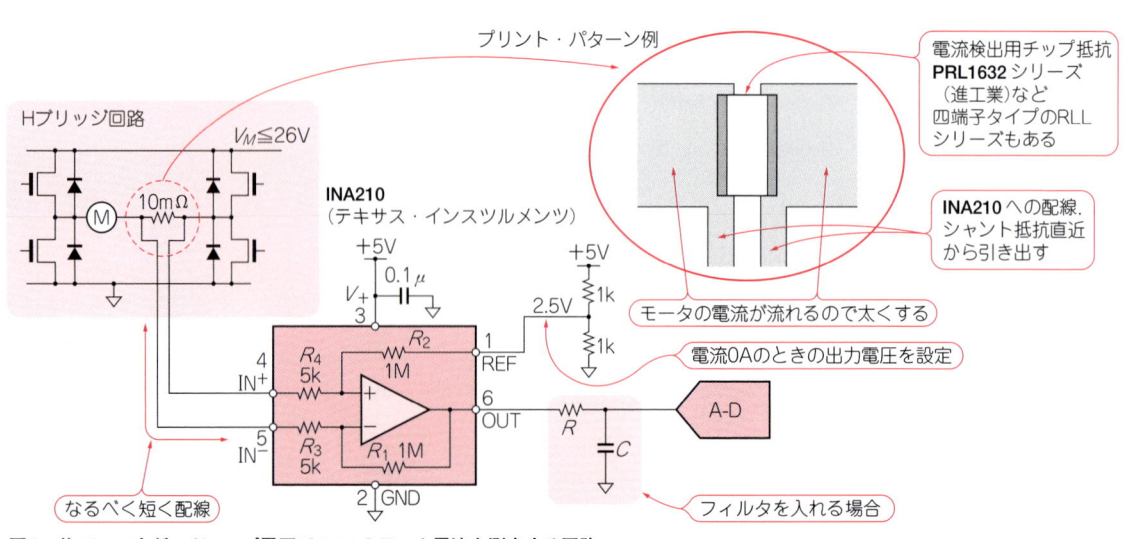

図2 約10 mVと低いドロップ電圧で±1Aのモータ電流を測定する回路

大電流の計測や高精度な測定が必要な場合は，電流端子と電圧端子の分かれた四端子シャント抵抗を利用します．

モータの電源電圧は，INA210のコモン・モード電圧の制限により26 V以下で使用します．

表1のように，INA210とはゲインが違うINA211〜INA214もラインナップされており，測定電流と精度に合わせて利用可能です．

表1 ゲイン設定の異なる電流測定用アンプのラインナップ

品番	ゲイン［倍］	R_3, R_4［Ω］	R_1, R_2［Ω］
INA210	200	5 k	1 M
INA211	500	2 k	1 M
INA212	1000	1 k	1 M
INA213	50	20 k	1 M
INA214	100	10 k	1 M

7-3 環境変化による誤検出を防げる 容量測定による近接センサ回路

石島 誠一郎

検出対象が近づいたことを検知する近接センサ向けの容量-ディジタル・コンバータIC AD7150（アナログ・デバイセズ）は，二つのセンサを接続でき，発振回路と12ビットのΔΣ型容量-ディジタル・コンバータ（以降，CDC）により0〜4 pFの容量を測定します．

図3に示すように，負の容量を生成するCAPDACと呼ばれる回路がCDCの前に接続されており，最大で−10 pFのオフセットをもたせることができ，これにより0 p〜14 pFの容量を測定できます．

AD7150は，環境変化による大きく緩やかな容量変化を抽出し，閾値とCAPDACの設定をダイナミックに変化させることで，環境変化による容量変化と，検出物の接近による容量変化とを判別する機能をもっています．

センサ感度や閾値設定のパラメータの書き込み，測定された容量値の読み出しなどは，I²Cバスにより内部レジスタにアクセスすることで行いますが，デフォルトのパラメータで動作可能な場合には，I²Cバスを接続する必要はありません．

● AD7150の動作

検出物がセンサ部に接近すると，センサ周辺の誘電率が変化し，結果的に容量変化となって現れます．AD7150は，この急激な容量変化を検出すると，**図4**のようにコンパレータから"H"レベルを出力します．

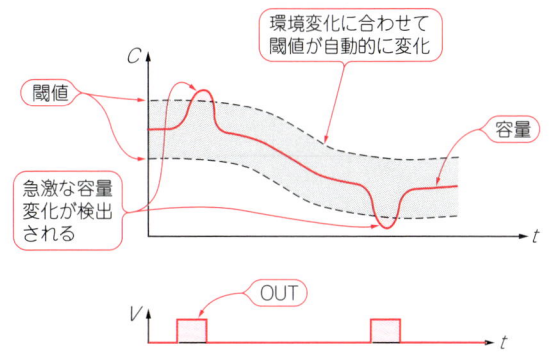

図4 AD7150は検出した容量変化が環境か近接物によるものかを判別できる

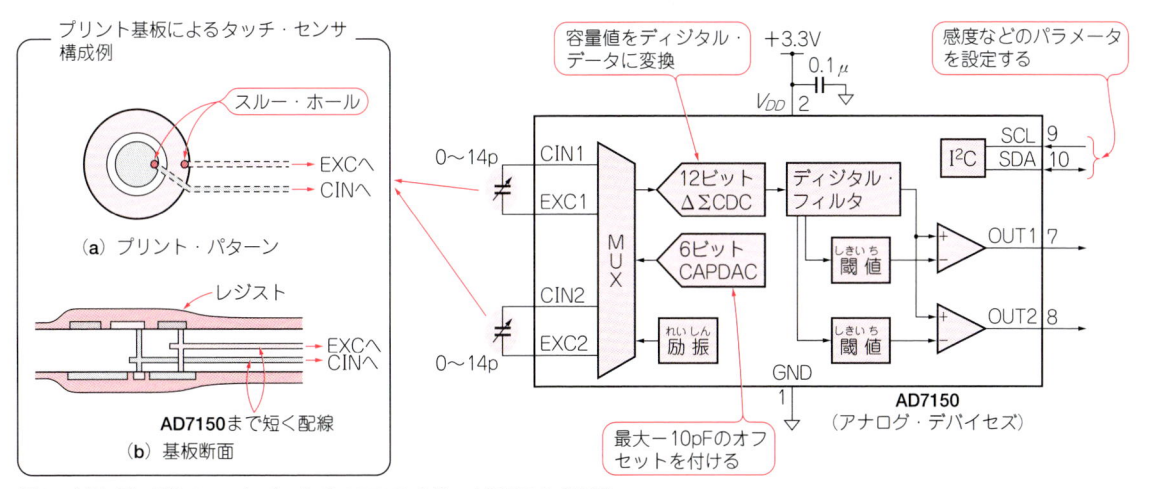

図3 容量-ディジタル・コンバータIC AD7150を使った近接センサ回路

● 正常に動作させるためのレイアウト

接続した二つ以下のセンサは，EXC端子を通して個別に充放電することで容量測定を行います．そのため，EXC端子はほかのセンサ部とは分離して接続します．

確実に検出するには，接続されたセンサの容量変化を大きくする必要があります．そのため，配線容量を小さく，配線容量が外部環境の影響を受けにくいレイアウトにする必要があります．

そこで，センサ部とAD7150の配線は，極力短くして容量を抑え，多層板の場合は内層で配線することで環境変化による容量変化を小さくします．両面基板の場合は，表面をべたグラウンドとして裏面に配線します．

7-4 800M～2GHzの帯域で使用できる リターン・ロス/VSWRの測定回路

市川 裕一

図5は，RFパワー・ディテクタIC MAX2016（マキシム）を使った800M～2GHzで使えるリターン・ロス/VSWR（Voltage Standing Wave Ratio；電圧定在波比）測定回路のブロック図です．

双方向性結合器で取り出した入射信号P_{in}と反射信号P_rは，MAX2016内の2個のログ・ディテクタ（対数検波器）で別々に検波され，それぞれの検波出力電圧V_AとV_Bの差に比例する電圧V_Dが生成されて出力されます．リターン・ロスP_{RL}とVSWRは次式を使って簡単に算出できます．

$$P_{RL} = P_{RFINA} - P_{RFINB} = \frac{V_D - V_{CENTER}}{SLOPE}$$

ただし，V_{CENTER}［V］：$P_{RFINA} = P_{RFINB}$のときの出力電圧（通常1V），$SLOPE$［mV/dB］：入力電力比対出力電圧の特性をプロットしたグラフの傾き，ここでは25mV/dB

$$VSWR = \frac{1 + 10^{-\left(\frac{P_{RL}}{20}\right)}}{1 - 10^{-\left(\frac{P_{RL}}{20}\right)}}$$

A-Dコンバータで取り込み，マイコンなどで処理

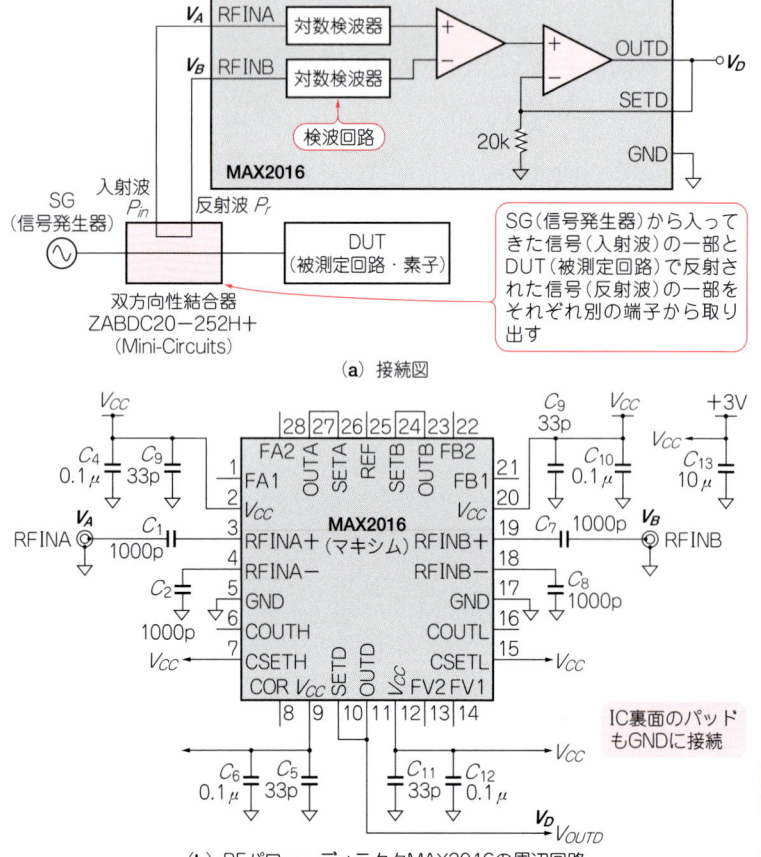

図5
RFパワー・ディテクタIC MAX2016を使った800M～2GHzで使えるリターン・ロス/VSWR測定回路

すれば簡単に算出できます．双方向性結合器を変えれば，低周波～2.5GHzでの測定が可能です．

● キー・デバイスの特徴と仕様

MAX2016は単電源で動作し，二つのRF入力信号のパワー・レベルの検出を行えます．低周波～2.5GHzの帯域で使用でき，ダイナミック・レンジは900 MHzで80 dB（－70～＋10 dBm），1.9 GHzで67 dB（－55～＋12 dBm），2.5 GHzで52 dB（－45～＋7 dBm）もあります．パッケージは，表面実装の5 mm×5 mm 28ピンQFNです．

図6にパターン・レイアウト例を示します．

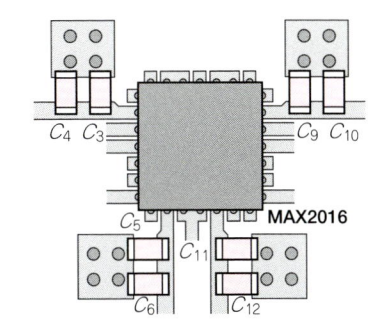

図6
図5のパターン例
電源のバイパス・コンデンサは四つのV_{CC}ピンのできるだけ近くに配置する．特性を引き出すためには，パッケージ裏面のパッドを基板のベタGNDにしっかりと接続する必要がある．そのためパッドが接続される部分には，スルー・ホールやビアを複数個設ける．

7-5 10 M～2 GHzの帯域で使用できる ゲイン／損失測定回路

市川 裕一

図7は，MAX2016を使った10 M～2 GHzで使用できるゲイン／損失測定回路のブロック図です．

方向性結合器1で取り出した入力信号P_{in}と，方向性結合器2で取り出した出力信号P_{out}は，MAX2016内の2個のログ・ディテクタ（対数検波器）で別々に検波され，それぞれの検波出力電圧V_AとV_Bの差に比例する電圧V_Dが生成されて出力されます．ゲイン（損失）G_{loss}は，次式を使って簡単に算出できます．

$$G_{loss} = P_{RFINA} - P_{RFINB} = \frac{V_D - V_{CENTER}}{SLOPE}$$

ただし，V_{CENTER}［V］：$P_{RFINA} = P_{RFINB}$の時の出力電圧（通常1 V），$SLOPE$［mV/dB］：入力電力比対出力電圧の特性をプロットしたグラフの傾き．ここでは25 mV/dB

A-Dコンバータで取り込み，マイコンなどで処理すれば簡単に算出できます．

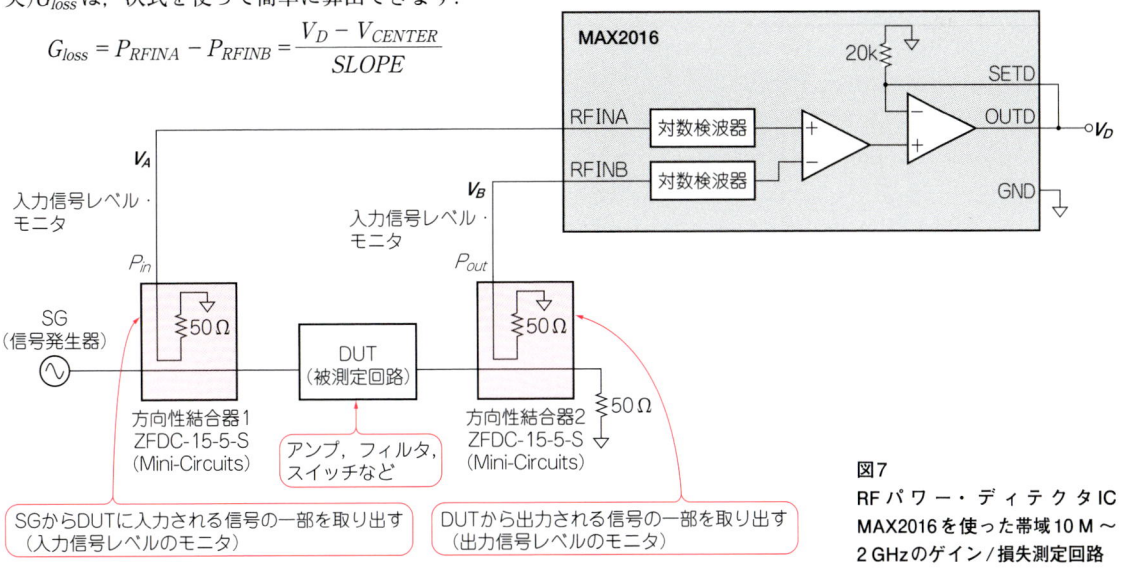

図7
RFパワー・ディテクタIC MAX2016を使った帯域10 M～2 GHzのゲイン／損失測定回路

7-6 コンパレータ1個で電圧範囲内／外を判定できる ウィンドウ・コンパレータ回路

高橋 久

一般的にウィンドウ・コンパレータ回路は，2個のコンパレータを使って上下限電圧を比較し，比較結果を出力します．ここでは，1個のコンパレータで構成するウィンドウ・コンパレータ回路を紹介します．図

8に入力電圧が2V～3.6Vの範囲にあるかどうかを判断する回路を示します．入力が2V以下あるいは3.6V以上であるとき，出力は"L"になります．入力電圧が2～3.6Vの範囲にあるとき出力は"H"です．

電圧範囲の設定は，抵抗による分圧とダイオードおよびツェナー・ダイオードの電圧を使っているため正確ではありません．しかし，おおよその電圧範囲にあるかどうかを判断するには，小型で安価にできます．

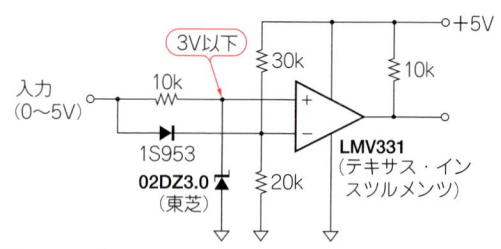

図8 コンパレータ1個で構成するウィンドウ・コンパレータ回路

7-7 回路が簡単で広帯域なアンプの実動作の確認に使える
両エッジの遷移が約3nsの方形波発生回路

三宅 和司

オシロスコープには，プローブ校正用の発振器が内蔵されています．これと同様に，高速のセンサ用やビデオ用アンプ基板の片隅に方形波信号源を組み込んでおけば，フィールドでの伝送線を含めた動作の確認や校正に重宝します．

● 方形波信号源の仕様

信号源のインピーダンスは，高速アンプに合わせて50Ωまたは75Ω，振幅は整合時に1V$_{P-P}$とします．出力される方形波のエッジを見れば，アンプの帯域や位相特性のあらましが分かりますので，方形波の周波数は帯域内の適当な1波で十分ですが，立ち上がり／立ち下がりが十分速く，きれいなエッジであることが

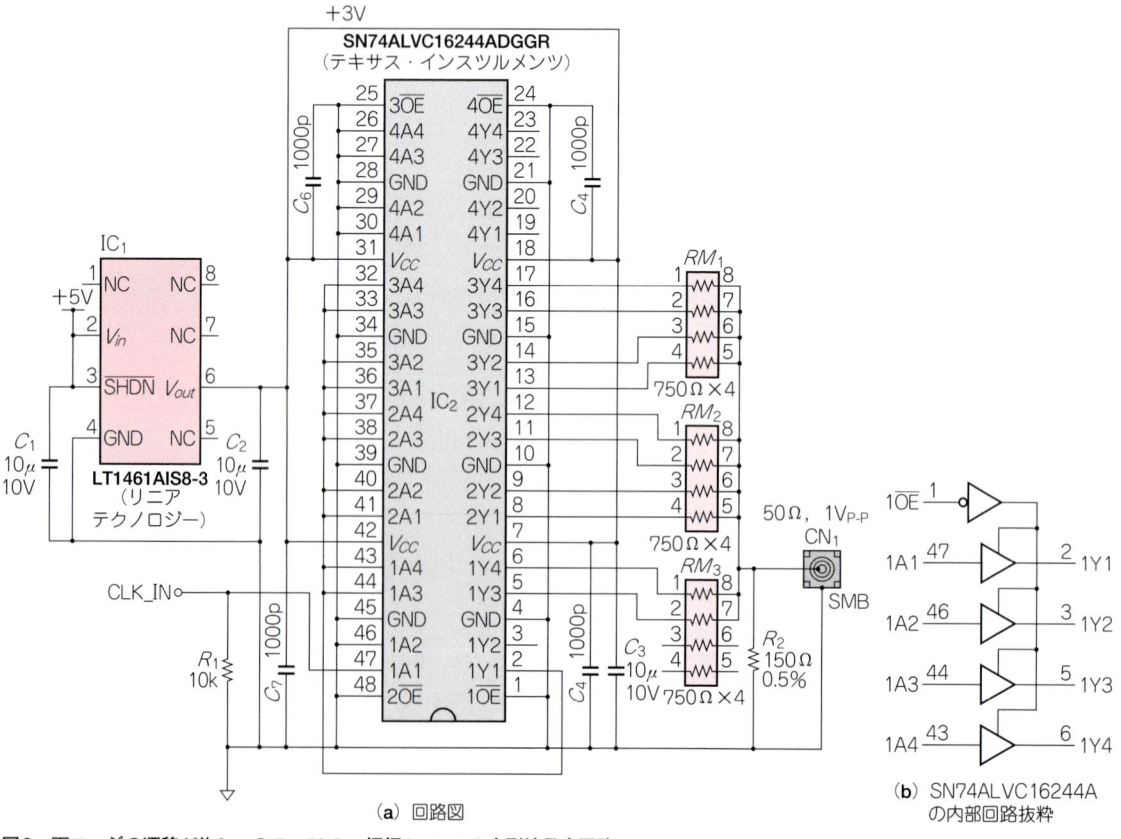

図9 両エッジの遷移が約3nsのZ＝50Ω，振幅0V/1Vの方形波発生回路

表2 IC₂に使用可能なICの例

16244に限らず16541なども使いやすい．Bi-CMOSなど"H"と"L"とで駆動能力が非対称のものは適さない．エッジ特性は明示されない場合が多いため参考までに伝達遅延を示したが，スルー・レート制限回路付きのものもあり単純な比例関係にはない．高速で大電流になるほどパターンやバイパス・コンデンサの影響が大きい．

品種	電源電圧 [V]	出力電流 [mA]	伝達遅延 [ns_{max}]	素子間スキュー [ns_{max}]	5V入力トレラント	コメント
74AC16244	3.0～5.5	24	7.9	1	−	最もパワフルだがリンギングに注意
74AHC16244	2.0～5.5	8	5.4	1	−	出力電流に注意
74LVC16244	2.0～3.6	24	5.2	1	○	図9で使用
74LCX/LPT16244	2.3～3.8	24	4.5	0.5	○	若干速い
74ALVC16244	1.65～3.6	24	3.6	0.5	×	高速低ノイズ
74VCX16244	1.2～3.6	24	2.5	0.5	×	

必要です．

● **簡単な方形波発生回路**

正弦波などとは異なり，方形波の場合は非常に高速で安価なディジタルICをアナログ的に使用し，思い切った簡略化が可能です．

図9に$Z = 50\,\Omega$，振幅0V/1Vの方形波信号源回路を示します．この構成で両エッジの遷移が約3nsでリンギングも小さな方形波が得られます．

CLK_IN端子には，他のディジタル回路から適当な基準信号を入力しますが，ない場合は2M～4MHzの水晶発振器出力をフリップフロップで1/2分周し，デューティ50%の信号を作ります．

● **動作原理**

図10は，この回路をシンプルに書き直したものです．スイッチSW_1とSW_2はディジタルICの出力部を表し，"H"のときはSW_1，"L"のときはSW_2だけがONになります．これにR_1とR_2を図のようにつなぐと，"H"のときの出力電圧は，

$$3.0 \times \frac{150}{75 + 150} = 2.0\,\text{V}$$

出力インピーダンスは，出力が"H"/"L"にかかわらず，

$$75 \times \frac{150}{75 + 150} = 50\,\Omega$$

です．この原理はさまざまな振幅とインピーダンスの回路に応用できます．

さて，図10の出力を50Ω入力のアンプにつなぐと振幅がちょうど1Vになりますが，"H"のときSW_1には約26.7mAの電流が流れます．これは普通のロジックICの1素子には重く，またスイッチの寄生抵抗分が邪魔をして特性が出ません．

そこで，図9ではスイッチと750Ωの抵抗を10セッ

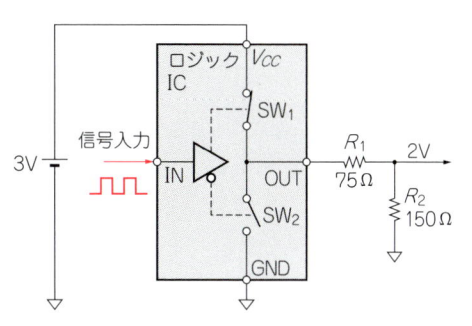

図10 簡略化した信号発生の原理

CMOSロジックの出力段はMOSFETで構成された二つのスイッチと見なせる．出力"H"のときはSW_1のみが，出力"L"ではSW_2のみがONとなり，その切り替わりは非常に速い．これをR_1とR_2で分割すると開放出力2V，インピーダンス50Ωの方形波信号源となる．実際のFETスイッチSW_1，SW_2には直列抵抗分があるので，10個のスイッチと，抵抗値10倍（750Ω）の抵抗とのセットを並列接続して，この影響を目立たなくする．

ト並列接続して負担を1/10にし，ほぼ図10の原理に近い特性を得ています．

● **部品の選択と実装上の注意**

図9の回路では3V電源用に74ALVC16244を使用しましたが，これに限らず表2のようなCMOS出力のICが使えます．ただし，V_{CC}とGND端子が対角に1個しかない旧パッケージは，リード・フレームのインダクタンス成分により，リンギングが大きくなるので使えません．

同様の理由で，なるべく小さなパッケージのICを使い，また比較的大電流を扱うので，ICから見たパスコンの位置を最短にします．

なお，校正用に振幅安定性を増すには，図9のIC_1のような高精度のポイント・レギュレータを使うと効果的です．

7-8 変位センサや金属探知，近接スイッチなどに使える 周波数300 kHz定振幅のLC発振回路

木島 久男

電圧ゲイン制御アンプAD8330を使った定振幅LC発振回路を紹介します．ゲイン制御電圧を増幅し，近接スイッチなどに応用できます．この回路ではリニア制御電圧を使っていますが，AD8330にはdB値で制御できる端子もあります．

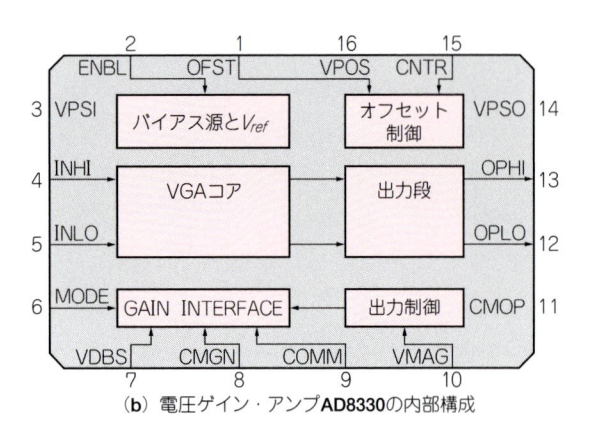

図11は回路図です．約300 kHzの発振回路を構成しています．センサ兼用のコイルには，市販の100 μHの円筒型のものを使い，同軸ケーブルを接続しました．

コイルを鉄などに近付けるとインダクタンスと損失が変化します．インダクタンスは周波数を変化させ，損失は定振幅で発振するための回路ゲインを変化させます．後者の変化はコイルの損失を示すもので，信号を増幅すればセンサやスイッチに使えます．

実験に使ったコイルでは，基板を保持しているバイスの鋳鉄部に接触したり，離したりしたところ，出力に約25 mVの変化が得られました．この変化を増幅すれば表題の目的に使えます．ただし，増幅する際はオフセットを除去する必要があります．

感度は被検体によって異なり，校正しなければなりません．コイル自体の損失には温度係数があるので，高精度なセンサとするには変位センサや近接スイッチ専用のものを使います．

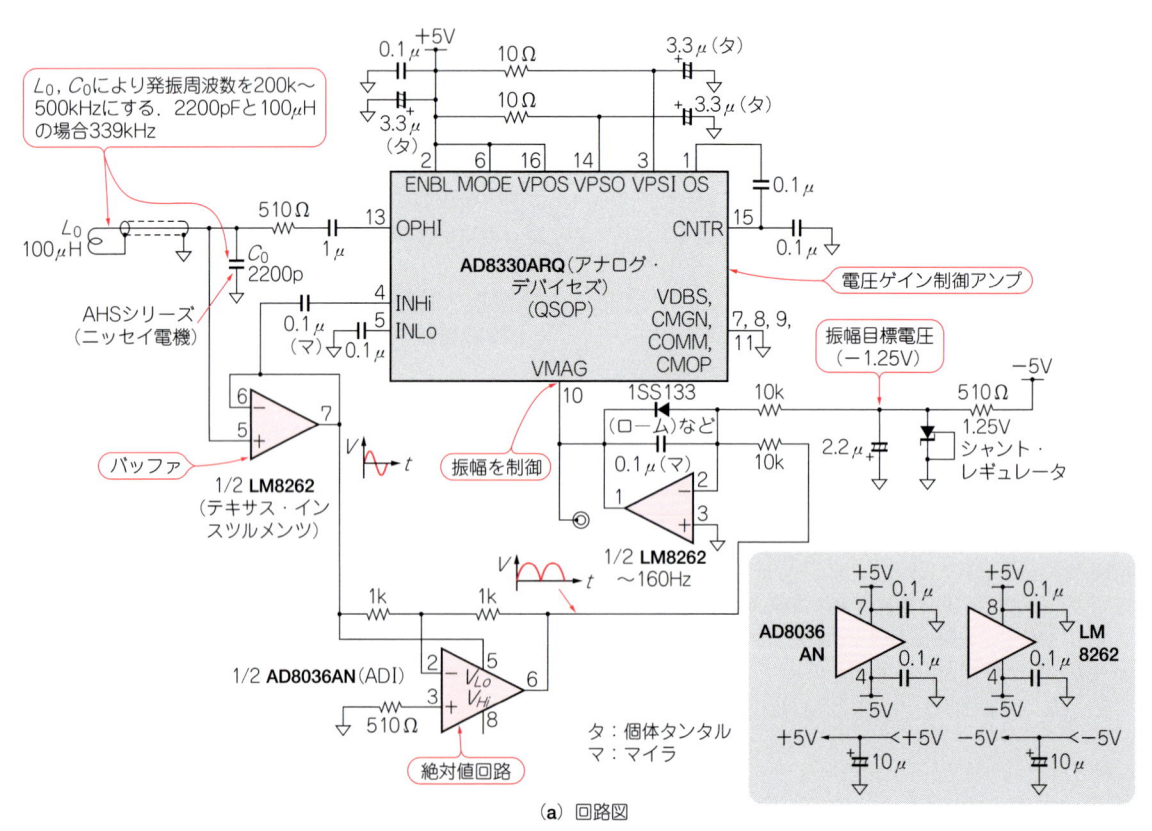

(b) 電圧ゲイン・アンプAD8330の内部構成

(a) 回路図

図11 電圧ゲイン制御アンプAD8330ARQを使った定振幅発振回路

7-9 回路が簡単でオーディオ機器の試験に使える
単電源動作の100 Hz～10 kHzブリッジT型発振回路

川田 章弘

● 回路の特徴と仕様

図12および写真1は，トランジスタによる中点電圧発生回路を採用した単電源動作のオーディオ周波数帯の正弦波発振回路です．

発振振幅の制御にLEDを使用したクリップ回路を使うことによって回路を簡略化しました．そのため，THD（Total Harmonic Distortion）特性は，図13に示すとおり1 kHz以下の周波数（Low‐Band）で0.3％以下，15 kHz以下では0.7％以下とそれほど低ひずみではありません．しかし，回路が簡単であることから，簡易的なオーディオ試験信号発生回路として使用できるでしょう．

発振周波数f_{OSC}は，$C_1 = C_2 = C_3 = C_4$，$C_5 = C_6 = C_7 = C_8$，$R_6 = R_7 = R$としたとき，

$$f_{OSC}\,[\mathrm{Hz}] = \frac{1}{2\pi(VR_3 + R)C}$$

という式で決まります．発振周波数の調整が必要な場合はRとCの値を変更します．

● キー・デバイスの特徴と仕様

発振回路と出力バッファ回路に，テキサス・インスツルメンツのOPA2134を使用しています．手持ちの関係でこのOPアンプを使用していますが，AD8620などのJFET入力OPアンプや，他の汎用OPアンプ（NJM4580など）も使用可能です．

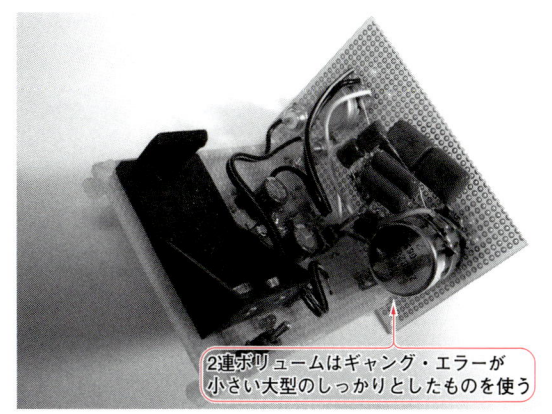

写真1 製作したオーディオ用ブリッジT型発振回路基板

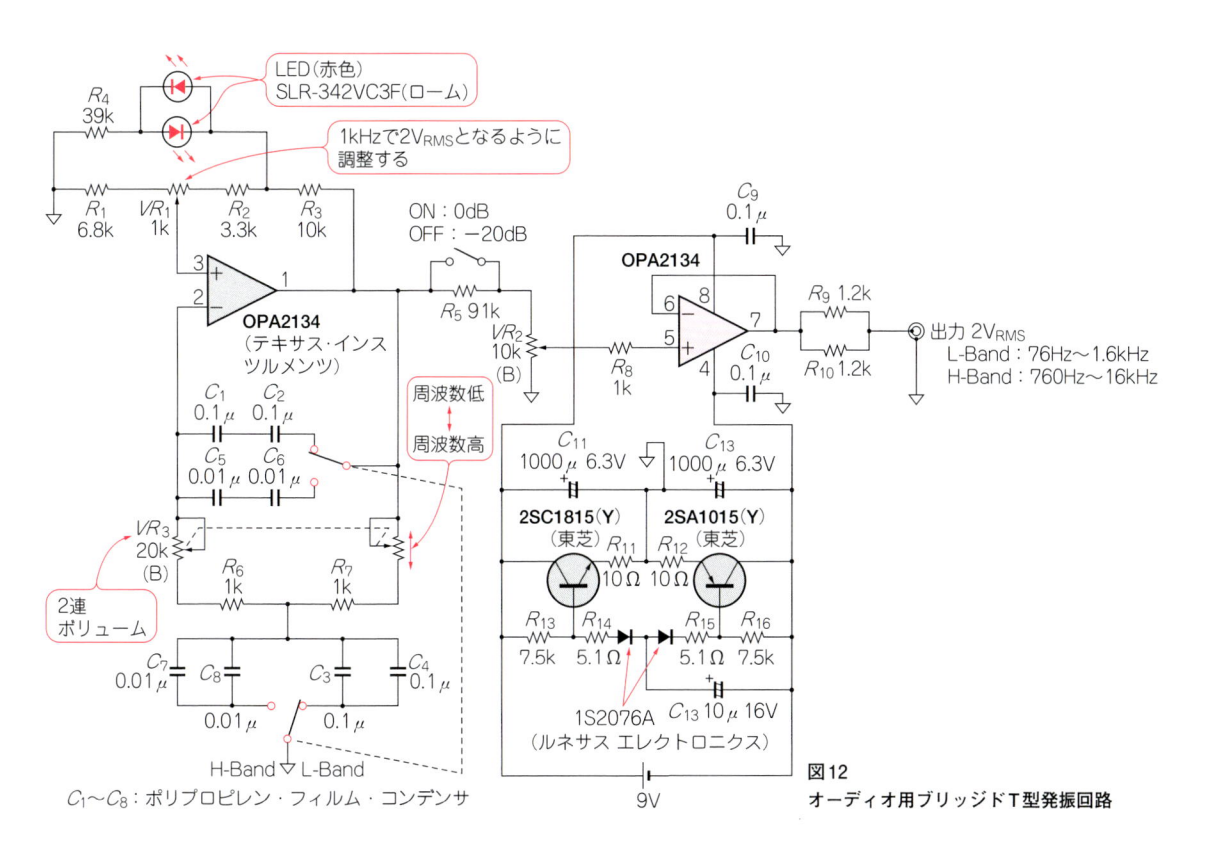

図12 オーディオ用ブリッジT型発振回路

LEDには，ロームのSLR-342VC3F（赤色）を使用しました．このLEDも，赤色LEDであれば他社の製品も使用可能です．トランジスタやダイオードなど，ほかのデバイスは汎用品で問題ありません．

　2連ボリュームは，写真1のような大型のしっかりしたものを使用することをお勧めします．安価な2連ボリュームでは，2連の可変抵抗器間の回転角-抵抗値変化の誤差に大きなものがあり，発振停止などに陥りやすくなります．

　今回は，東京コスモス電機のRV24YG-20SB203X2というボリュームを使いましたが，このほかにもアルプス電気のデテント・ボリュームなど，ギャング誤差の小さな2連ボリュームがあります．

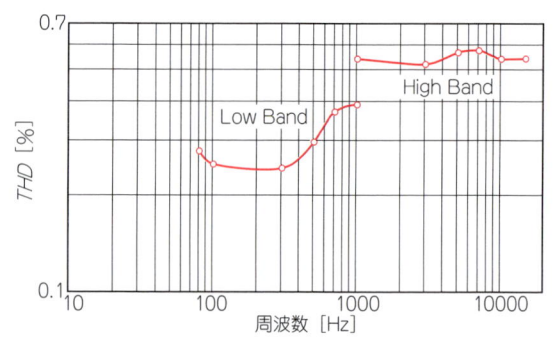

図13　図12の回路におけるTHD特性（実測）

7-10 汎用OPアンプで手軽にできる オーディオ周波数帯ウィーン・ブリッジ型発振回路

川田　章弘

● 回路の特徴と仕様

　図14は，汎用部品のみで構成したウィーン・ブリッジ型発振回路です．電源には±15Vの安定化されたものを使用します．回路のVR$_1$によって発振振幅が変わります．この半固定抵抗は，安定に発振し，かつTHD+Nが最も小さくなるように調整します．

　VR$_2$は，発振周波数の微調整用です．これによって発振周波数が2kHzとなるようにします．VR$_3$は，出力振幅の調整用です．

　この回路の発振周波数f_{OSC}は，$R_6 = R_5 + VR_2 = R$，$C_1 = C_2 = C$とすると，

$$f_{OSC}\,[\mathrm{Hz}] = \frac{1}{2\pi RC}$$

によって決まります．オーディオ周波数帯であればRとCの値を変更することによって発振周波数を変えることができます．

● キー・デバイスの特徴と仕様

　新日本無線のNJM4558を使用していますが，GB積が数MHz程度の汎用OPアンプであれば何でも使用できます．また，振幅制限に使用しているLEDも赤色であれば，他社のものも使用可能です．

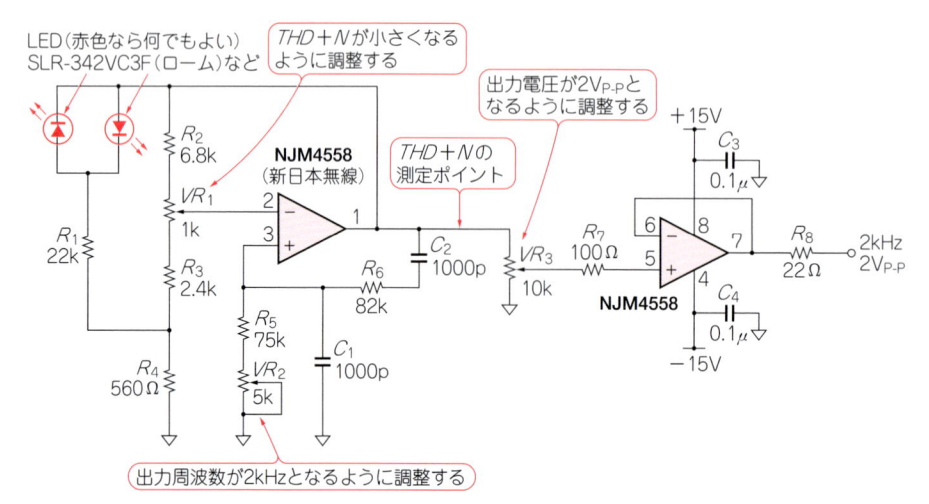

図14　発振周波数2kHzのウィーン・ブリッジ型発振回路

7-11 振幅を入力信号でコントロールできる三角波と矩形波を発生する回路

木島 久男

図15のように平衡型変復調IC AD630と積分回路で，振幅を入力信号に比例して変えられる三角波と矩形波を発生する回路を作ることができます．

周波数は，積分回路により $1/(4R_S C_S)$ で得られます．R_S をマルチプライングD-Aコンバータにしてディジタルで変化させたり，掛け算回路を応用して可変とすることができます．

AD630は，内部に精密な抵抗を内蔵しており，±1倍，±2倍などの回路が外付け部品なしで構成できます．電源は±15Vです．①では三角波，②では矩形波が得られます．

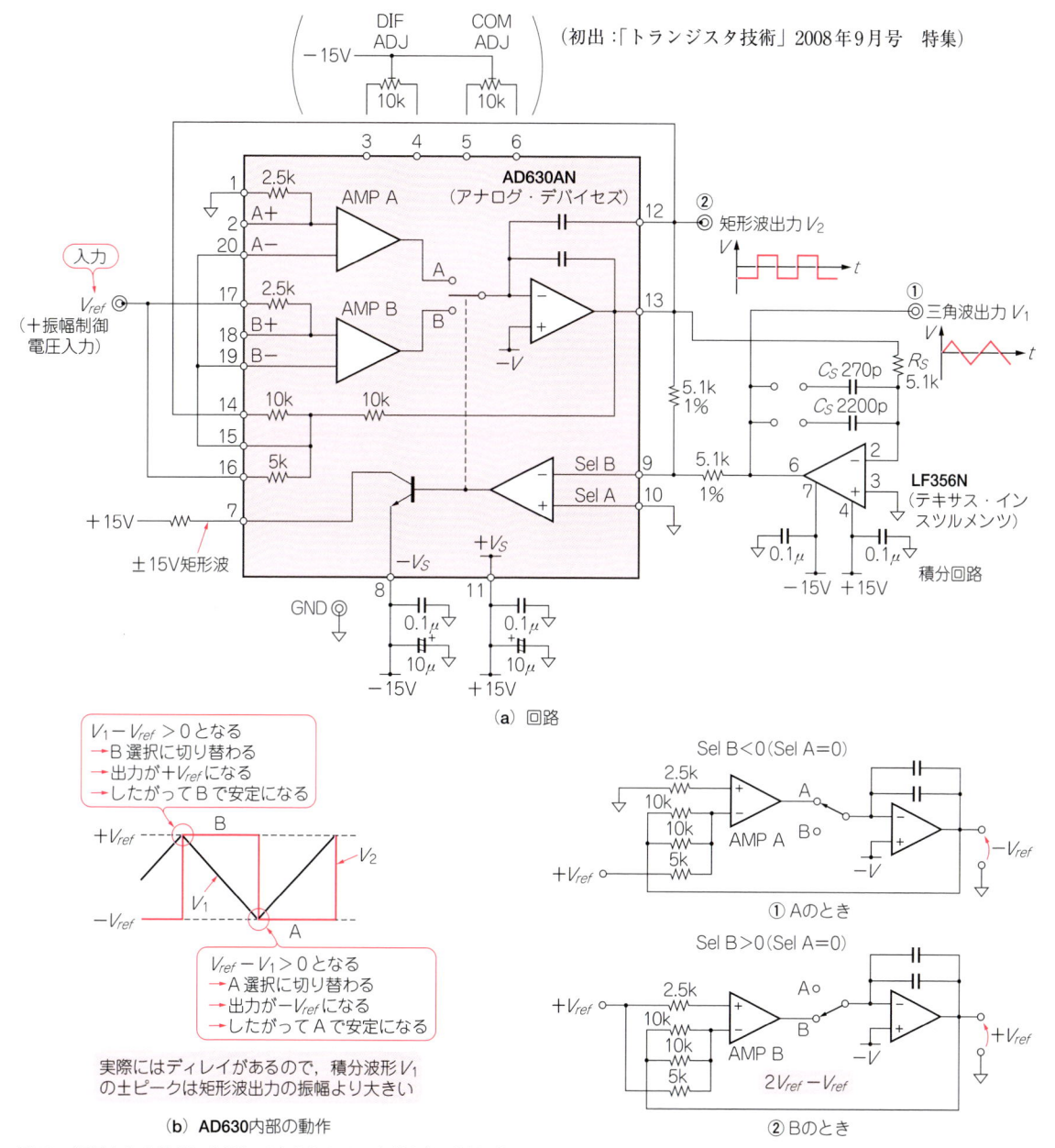

（初出：「トランジスタ技術」2008年9月号 特集）

図15 振幅を入力信号に比例して変えられる三角波と矩形波発生回路

(a) 回路

(b) AD630内部の動作

実際にはディレイがあるので，積分波形 V_1 の±ピークは矩形波出力の振幅より大きい

$V_1 - V_{ref} > 0$ となる
→ B選択に切り替わる
→ 出力が $+V_{ref}$ になる
→ したがってBで安定になる

$V_{ref} - V_1 > 0$ となる
→ A選択に切り替わる
→ 出力が $-V_{ref}$ になる
→ したがってAで安定になる

① Aのとき Sel B<0 (Sel A=0)
② Bのとき Sel B>0 (Sel A=0)

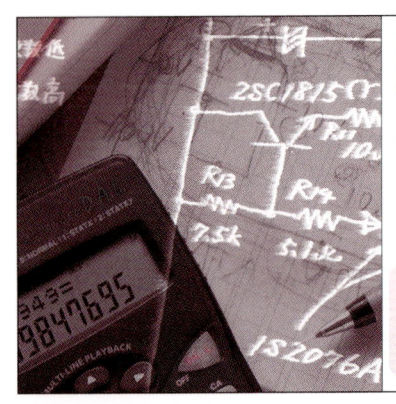

第8章 信号変換のための回路 実例集

計測に役立つ回路を集成～パルス変換，RMS-DC変換，高精度V-F変換など

本章では，前章に続き，計測関連の回路をとりあげる．8-1～8-10にアッテネータ，微小信号検出のためのパルス変換，RMS-DC変換，高精度V-F変換などの回路を集めました．〈編集部〉

8-1 PWM出力を精度良くアナログ信号に変換できる 論理信号から高精度な±3Vの信号を作り出す回路

木島 久男

PWM信号のアナログ変復調などでは，論理信号としてはパルス幅に意味がありますが，アナログ信号として扱う場合には，その"H"レベル電圧，"L"レベル電圧が精度に影響を与えます．

論理信号の1V，3Vをスレッショルドとして，出力電圧を正確に±3Vに変換する回路を図1(a)に示します．

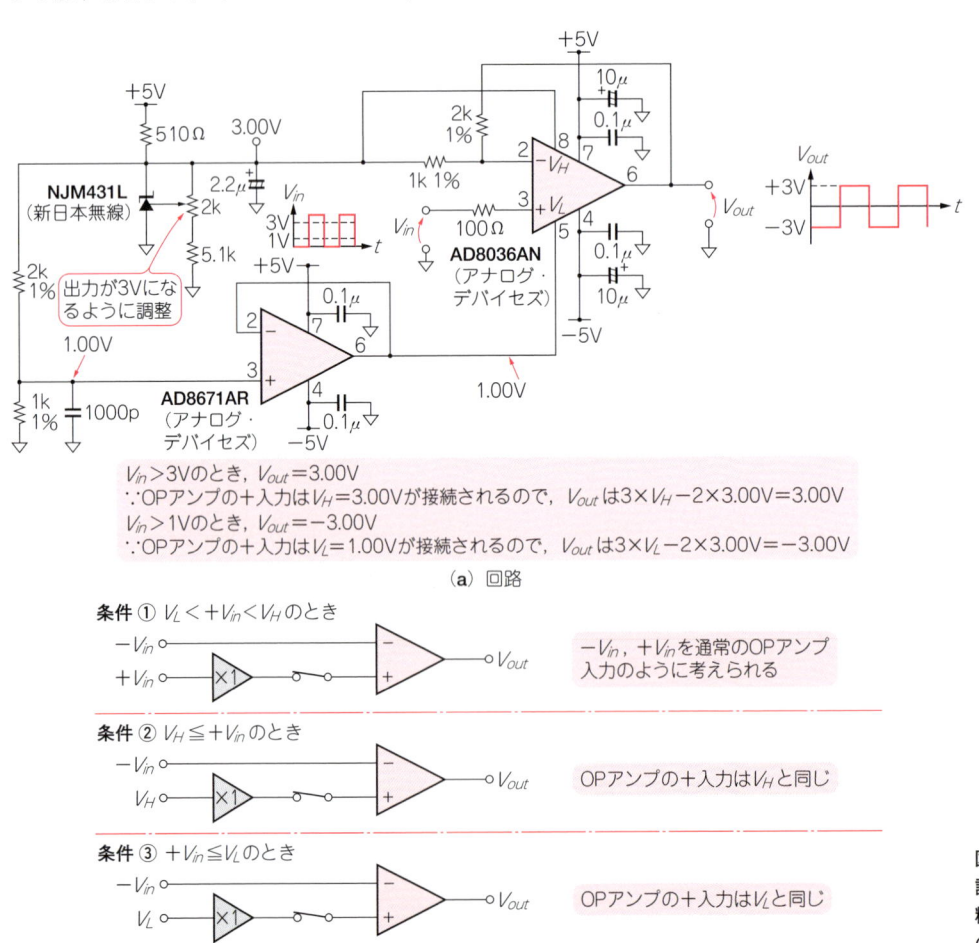

$V_{in}>3V$のとき，$V_{out}=3.00V$
∴OPアンプの+入力は$V_H=3.00V$が接続されるので，V_{out}は$3×V_H-2×3.00V=3.00V$
$V_{in}>1V$のとき，$V_{out}=-3.00V$
∴OPアンプの+入力は$V_L=1.00V$が接続されるので，V_{out}は$3×V_L-2×3.00V=-3.00V$

(a) 回路

条件① $V_L<+V_{in}<V_H$のとき
$-V_{in}$，$+V_{in}$を通常のOPアンプ入力のように考えられる

条件② $V_H≦+V_{in}$のとき
OPアンプの+入力はV_Hと同じ

条件③ $+V_{in}≦V_L$のとき
OPアンプの+入力はV_Lと同じ

(b) AD8036の条件別内部構成

図1 論理信号から振幅精度が高い±3Vの信号を作り出す回路

この回路では，入力電圧が$V_H = 3\,\text{V}$を超えると出力をその電圧にクランプし，$V_L = 1\,\text{V}$を下回ると$-3\,\text{V}$に出力を制御します．

各入力クランプ電圧と出力電圧はOPアンプ回路で制御され，各電圧に追従します．したがって，これらの電圧は正確でなければなりません．回路図ではシャント・レギュレータと分圧回路，OPアンプでこれらの電圧を作っています．抵抗の比率は正確でなければ誤差要因になります．

図1(b)に電圧帰還型クランプ・アンプAD8036の$+V_{in}$のV_H，V_Lとの比較条件による内部回路の構成を示します．

$V_L < +V_{in} < V_H$のときは通常のOPアンプと同じように動作します．$V_H \leq +V_{input}$のときはOPアンプの+入力にV_Hが，$+V_{in} \leq V_L$のときはV_Lが接続された場合と同じ動作になります．

8-2 振幅は一定，ある周波数帯域で90°位相を変える 位相差分波器に使えるオール・パス回路

庄野 和宏

● オール・パス回路とは

フィルタ回路は，ロー・パス・フィルタやバンド・パス・フィルタに代表されるように，通常はゲインに対して操作する機能を持ちますが，図2に示すオール・パス回路は，ゲインは一定で，位相だけを変える働きをもちます．これは位相差分波器(ある周波数帯域にわたって90°の位相差の信号を発生させる回路)のキー・パーツとなります．この回路の伝達特性は，

$$T(j\omega) = \frac{1 - j\omega CR}{1 + j\omega CR}$$

となります．これは，周波数に無関係にゲインが1倍となることを意味しています．位相特性は，$\theta = -2\tan^{-1}(\omega CR)$となります．このことから，この回路は，位相だけを変化させる回路であることが分かります．具体的に位相を計算してみると，直流($\omega = 0$)で$\theta = 0°$，$\omega = 1/CR$のとき，$\theta = -90°$，十分に高い周波数では$\theta = -180°$となります．位相差が90°となる周波数fは，$f = 1/2\pi CR$となります．

● 周波数特性

図3に周波数特性を，図4にリサージュ図形[注1]を示します．入力信号は$2\,\text{V}_{P-P}$の正弦波です．抵抗器に

注1：リサージュ図形
オシロスコープをX-Yモードにすると，リサージュ図形が現れる．図形から，信号の振幅比や位相差を，おおまかに知ることができる．特に信号の振幅が互いに等しく，位相差が±90°のときは真円となる．

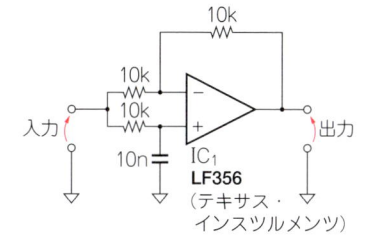

図2 オール・パス回路

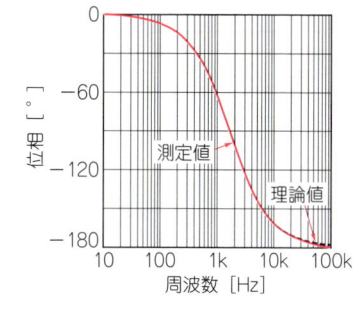

図3 周波数特性

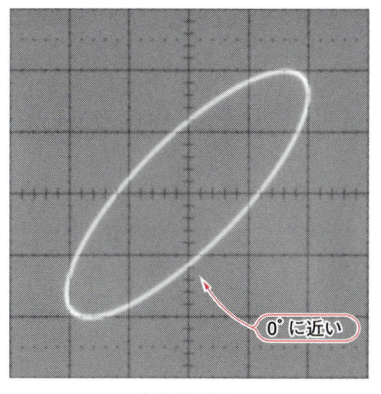

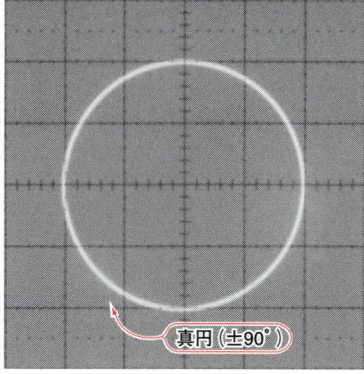

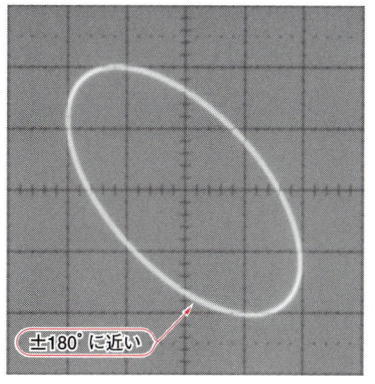

(a) 500 Hz — 0°に近い

(b) 1.59 kHz — 真円(±90°)

(c) 3 kHz — ±180°に近い

図4 リサージュ図形
x軸：入力電圧 0.5 V/div，y軸：出力電圧 0.5 V/div．

は誤差の小さい金属皮膜抵抗(1%)を使い，コンデンサには損失の少ないスチロール・コンデンサを使っています．素子は，LCRメータの測定値が所望値の±1%の範囲に入るものを選別して使いました．理論値と実測値がピッタリと一致していることが分かります．

$C = 0.01 \mu F$, $R = 10 k\Omega$としているので，$-90°$の位相差となる周波数は，1.59 kHzとなります．この周波数における位相は，実測で$-90.1°$でした．OPアンプは，LF356を用いています．ほかにAD844(アナログ・デバイセズ)などの，より高いGB積をもつ電流帰還型OPアンプも使うことができるので，この場合には比較的高い周波数領域でも使用できます．

8-3 A-Dコンバータにオシロスコープ用プローブで信号を取り込む 計測用アッテネータ&バッファ回路

毛利 忠晴

A-Dコンバータで信号を取り込むとき，直接オシロスコープ(以下，オシロ)用プローブから取り込みたいことがあります．その場合の回路例を図5に示します．帯域20 MHz以下程度であれば，このような簡単な回路で製作できます．

オシロの入力は1 MΩ//10～30 pFの入力インピーダンスで，プローブはこれに合わせて設計されています．この回路もそれに合わせています．

● 入力ダイナミック・レンジを増やすためにアッテネータを入れる

大きな電圧を見られるように，1 MΩ系のアッテネータ(ATT)：1/10，1/100を構成してカスケード接続してあります．ATTの抵抗値が適切なものがない場

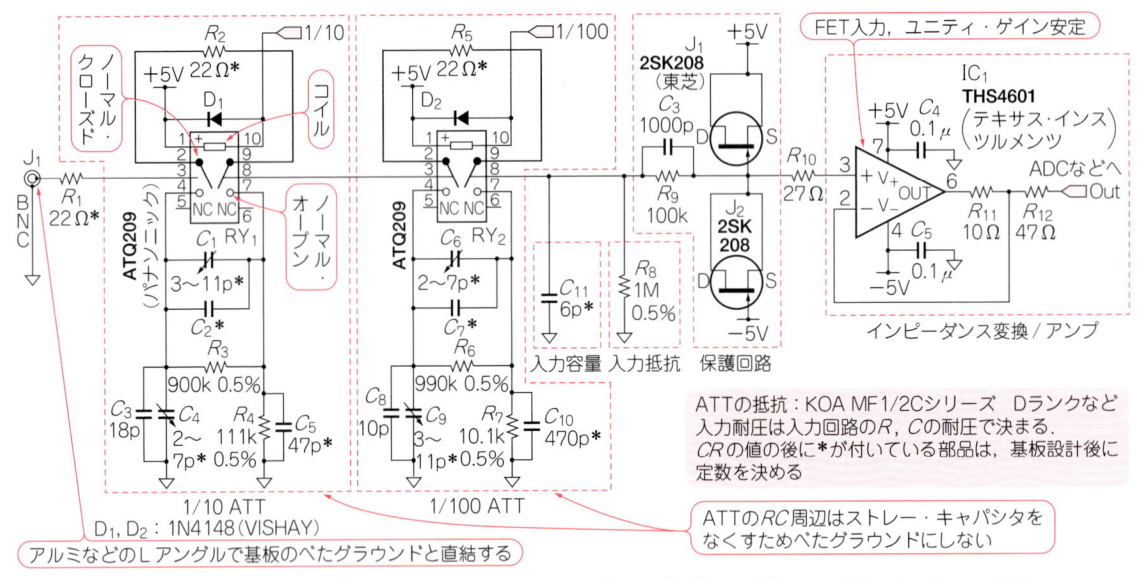

図5 ADCにオシロスコープ用プローブで直接信号を取り込むために入力インピーダンスを保つアッテネータ／バッファ回路

表1 THS4601の代替部品例

型 名	電源電圧 ($-V$～$+V$)	GB積 [Hz]	スルー・レート [V/μs]	安定ゲイン[倍]	入力バイアス電流 [A]	入力換算ノイズ [nV/$\sqrt{Hz}$]	パッケージ	メーカ
THS4601	33.0 V	180 M	100	1	100 p	5.4	SO8, MSOP	テキサス・インスツルメンツ
THS4631	33.0 V	210 M	900	1	100 p	7	SO8, MSOP	
OPA656	13.0 V	500 M	290	1	2 p	7	SO8, SOT-23	
OPA657	13.0 V	1600 M	700	7	2 p	4.8	SO8, SOT-23	
OPA354	7.5 V	250 M	290	1	3 p	6.5	SO8, SOT-23	
OPA355	7.5 V	450 M	360	1	3 p	5.8	SO8, SOT-23	
CLC425	14.0 V	1900 M	350	10	1.6 p	1.05	DIP, SO8, SOT-23	
AD8065	24.0 V	145 M	180	1	1 p	7	SO8, SOT-23	アナログ・デバイセズ

合には，抵抗を2個以上直列接続します．

各位相補正用のコンデンサは，基板ができた後に方形波を入力して，出力をオシロでモニタして波形調整を行って値を決定します．ATT周辺は1MΩの高インピーダンスなので，周囲から静電的にノイズが飛び込むことがあります．必ずシールド・ケースで覆ってください．

▶ 入力耐圧に注意

入力耐圧は使用するATTの抵抗とR_8，ATTのコンデンサ/可変容量コンデンサ，C_{11}の耐圧でほぼ決まってしまいます．最近は，高耐圧可変コンデンサの国内製品はなくなってしまったので，入力耐圧を上げるにはJohanson社などのエア・バリアブル・コンデンサを使うのも一考です．2SK208をダイオード接続して漏れ電流の少ない保護ダイオードとして用います．

● 入力のOPアンプは広帯域でバイアス電流の少ないものを使用する

入力のOPアンプは帯域を満たす，1倍で安定な広帯域でFET入力タイプのものを使用します．最初のアンプは1倍で使用して後段でゲインを可変させたほうが系全体としてのダイナミック・レンジを稼ぐことができます．入力インピーダンスは1MΩなので，これで問題にならない入力バイアス電流をもったOPアンプを用います．

● オシロスコープのように細かな入力レベルを設定するには

オシロスコープのような1-2-5ステップのレベル設定が必要な場合には，このアンプの後にAD603などの可変ゲイン・アンプやAD811などの電流帰還アンプを使って，入力〜GND間の抵抗を可変することでゲインを調整すると，ゲインによって周波数特性が変化することが少なくなるでしょう．

アッテネータの調整方法　　　　　　　　　　　　　　　　　　　　　　　　　Column

まず，図A(a)のように使用するオシロスコープ用10：1プローブを入力のBNCコネクタに取り付けます．

1/10，1/100のATTをOFFにして，プローブの先端に±1〜3V/1kHzの方形波を入力します．図A(b)のようにアンプの出力波形をオシロスコープでモニタしながら，取り付けたプローブの位相調整（トリマ・コンデンサ）を回し，方形波調整を行います．調整しきれない場合にはC_{11}を増減します．

入力の振幅を±10〜30Vにして次の調整を行います．

▶ 1/10ATTをOFF，1/100ATTをONにする

①入力周波数1kHzでC_8，C_9で同様に方形波調整を行います．②入力周波数10kHzで，C_6，C_7で方形波調整を行います．③①②を数回繰り返して方形波調整を行います．

▶ 1/10ATTをON，1/100ATTをOFFにする

①入力周波数1kHzでC_3，C_4で同様に方形波調整を行います．②入力周波数10kHzで，C_1，C_2で方形波調整を行います．③①②を数回繰り返します．

オシロスコープのタイミング・レンジは適宜変更します．

1/10ATT，1/100ATT両方ONの場合には減衰比は1/1000になりますが，現実問題として一般の測定器では波形調整は難しいと思われます．また，1/1000が必要な場合，逆算して数百V以上の入力電圧となり，入力各部の耐圧が小さいのでここでは1/1000の調整は省略します．

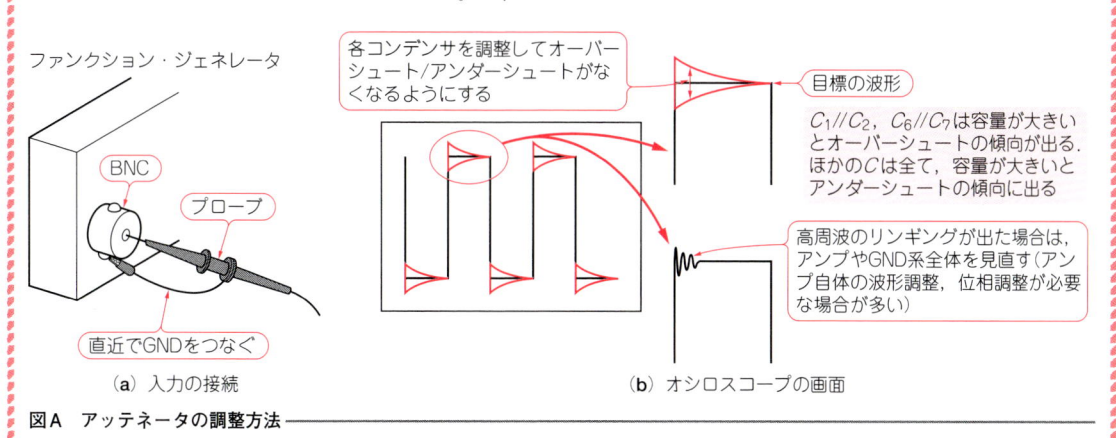

(a) 入力の接続　　(b) オシロスコープの画面

図A　アッテネータの調整方法

● プローブ以外もつながる

プローブをつながなくとも，図5の回路は通常の1MΩの入力をもったアンプとして使用できます．

必要に応じて，入力にカップリング・コンデンサを追加したり，オフセット機能などを加えてください．カップリング・コンデンサの選択には耐圧やリーク電流に注意してください．表1にTHS4601の代替品例を示します．

8-4 微小信号を検出しやすくする 350 mV/10 nsのパルスを 5 V/70 μsのパルスに変換する回路

本多 信三

図6は電圧350 mV，パルス幅10 nsの入力信号を5 V，70 μsの信号に変換する回路です．350 mVと低い電圧では直接ロジックICをドライブすることはできないので，コンパレータやOPアンプを使って電圧を高くして，ロジックICにつなぐようにします．

● キー・デバイスは入力に使用するコンパレータLMV7219

入力に何を使うかが，このような回路のポイントです．パルス幅が10 nsとかなり狭いので，最初はECL（Emitter-Coupled Logic）を使うことを考えましたが，電源が複雑になりレベル変換も必要になるので，LMV7219M7/NOPB（テキサス・インスツルメンツ）を選びました．

このコンパレータは，電源電圧5Vでの立ち上がり時間が1.3 nsとなっており，ECLではないタイプとしては最も高速なものの一つだと思います．

● 表面実装素子を2.54ピッチのユニバーサル基板で使う

この素子のパッケージは，SC-70-5という表面実装タイプです．表面実装からDIPへの変換アダプタが用意されているものもありますが，かなり高価ですし，スペースも必要なので，LMV7219をまず両面テープを使ってユニバーサル基板上に貼り付け，0.16 mmの電線（UL1007AWG22の素線）を使って配線しました．素子によってはひっくり返して貼り付けたほうが配線しやすいこともあります．他の部品はスルーホール・タイプを使って組み立てました．

● ワンショット・パルスの発生

コンパレータの出力を受けて70 μsのパルスを作るために74HC221を使いました．データシートでは74HC221の最小トリガ・パルス幅がV_{DD} = 4.5 Vのとき 10 ns_{typ}，30 ns_{max}でしたが，ちゃんと働いてくれました．電源をONにしたとき，確実にリセットをするためにリセット・ピンの立ち上がりを遅らせるようにしてあります．

● 閾値の設定

閾値を0〜500 mVで設定できます．閾値の電圧を作る回路に可変抵抗器が2個入っています．VR_2は15

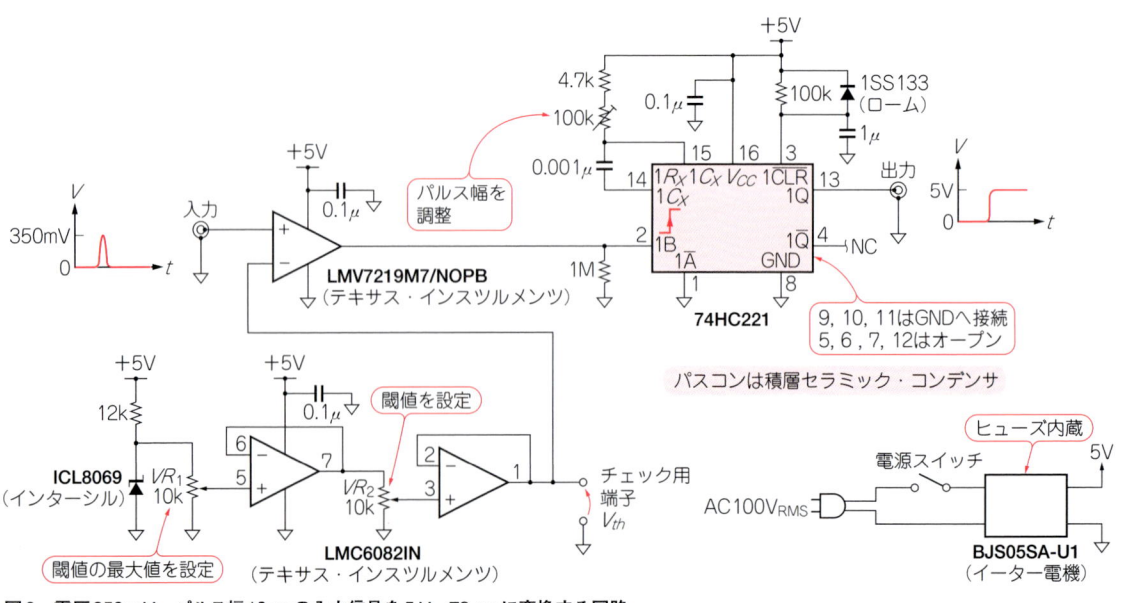

図6 電圧350 mV，パルス幅10 nsの入力信号を5 V，70 μsに変換する回路

8-5 任意波形信号の電圧の実効値を出力する 帯域2MHzのRMS-DC変換回路

漆谷 正義

最大値Vの交流電圧の実効値(RMS；Root Mean Square値)は，周期をTとすれば，次式で表されます．

$$V_{RMS} = \sqrt{\frac{1}{T}\int_0^T V^2 dt}$$

この式より，正弦波の実効値は，最大値Vの$1/\sqrt{2}$となります．しかし，正弦波以外の，任意の波形の実効値を上の式を使って計算することは容易ではありません．

図7に示す回路は，RMS-DC変換回路です．任意の波形について，瞬時に実効値を出力することができます．誤差が1%以下であり，電力計やノイズ・メータなどに応用できます．電源は+5V単一電源です．

正弦波と音声波形の入出力波形を図8に示します．出力の実効値電圧は，オシロスコープの自動測定結果とほぼ一致しています．

● キー・デバイスの特徴と仕様

AD536Aは，AC成分にDC成分が重畳していたり，あるいはひずみを含んでいたりする複雑な入力波形であっても，実効値を電圧出力します．パルス波形のような，クレスト・ファクタ(crest factor：波高率)が大きい波形でも，誤差1%の測定が可能です．帯域幅は300kHzで誤差3dBです．dB出力も可能なので，高価なログ・アンプを使うことなく，60dBの測定レンジが得られます．パッケージは14ピンのセラミックDIPです．

● パターン・レイアウトのポイント

電源端子(14ピン)のバイパス・コンデンサはIC端子の直近に配置します．COM端子(10ピン)は入力端子ですから，このピンにつながる抵抗とコンデンサは引き回さないようにします．

● 代替部品

同じような機能のICはいくつかあります．AD636～AD637は，帯域が広いのが特徴です．AD736～

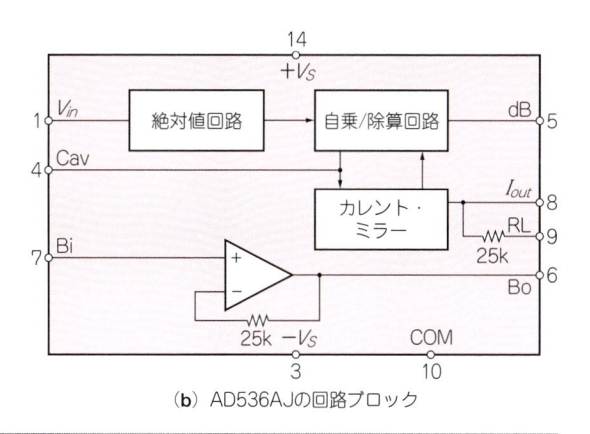

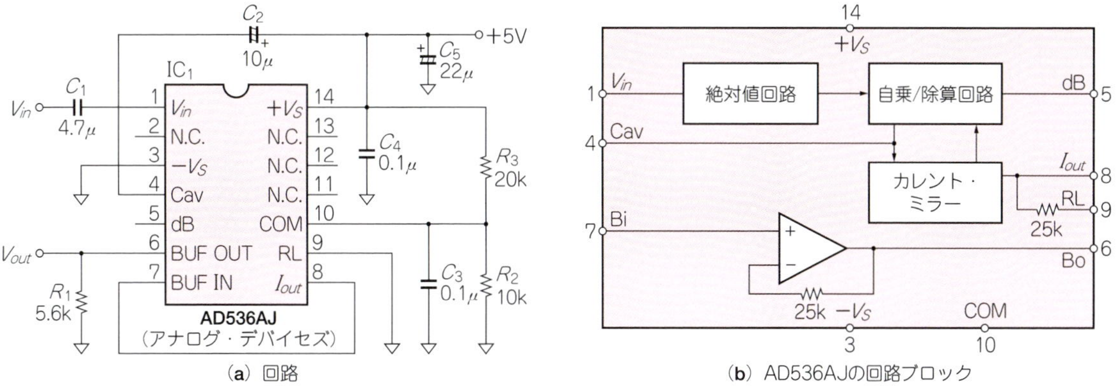

(a) 回路

(b) AD536AJの回路ブロック

図7 任意の波形について実効値を出力するRMS-DC変換回路

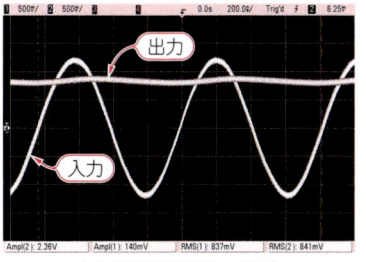

(a) 正弦波(200ns/div)

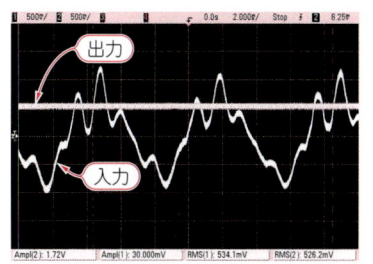

(b) 音声信号(2ms/div)

図8
図7の回路の入出力特性(500mV/div)

AD737は，帯域は33kHz＠100mVと狭いですが，より低い電源電圧で使えます．LTC1966～LTC1968は，AD536Aで使っているログ・アンチログ型ではなく，ΔΣ変調方式を採用しています．これにより，直線性が改善され，帯域幅の振幅依存性も優秀です．

8-6 最高1MHz出力，クロック同期で高精度 電圧-周波数変換回路

漆谷 正義

図9に示す電圧-周波数変換回路(以降，VFC)は，出力周波数が内部の水晶発振器または外部クロックに同期しています．したがって，周波数安定度(つまり変換精度)が高く，後段のロジック回路における信号処理が容易になります．

入力電圧範囲は0Vから電源電圧まで，出力周波数は，32k～1MHzです．

絶縁アンプ，簡易A-D変換，バッテリ監視，センサ回路などに応用できます．

VFCの変換特性(伝達関数)の実測結果を**図10**に示します．クロックは1MHzです．

● キー・デバイスの特徴と仕様

AD7740は，最低3Vで動作可能な同期型のVFCです．入力電圧の比較基準は，内部の2.5Vのリファレンス電圧です．このピンに外部から電圧を加えることで電源電圧まで入力電圧範囲を拡大することができます．

BUF端子(8ピン)が"H"のとき，入力バッファあり($Z_{in} = 100\,\text{M}\Omega$)，"L"のとき，なし($Z_{in} = 650\,\text{k}\Omega$)です．パッケージは8ピンTSSOPまたはSOT-23です．ピン配置はパッケージによって異なるので注意が必要です．

● パターンとレイアウトのポイント

アナログ回路とディジタル回路を分離し，電源ラインとGNDパターンのリターン電流の経路に共通部分がないように，十分な面積を取ります．アナログ・グラウンドとディジタル・グラウンドの接続点はAD7740の直近において1点で接続します．

ディジタル信号のパターンがAD7740チップ下部を通るとチップにノイズが入ることがあります．クロック・パターンはグラウンド・パターンで挟んでシール

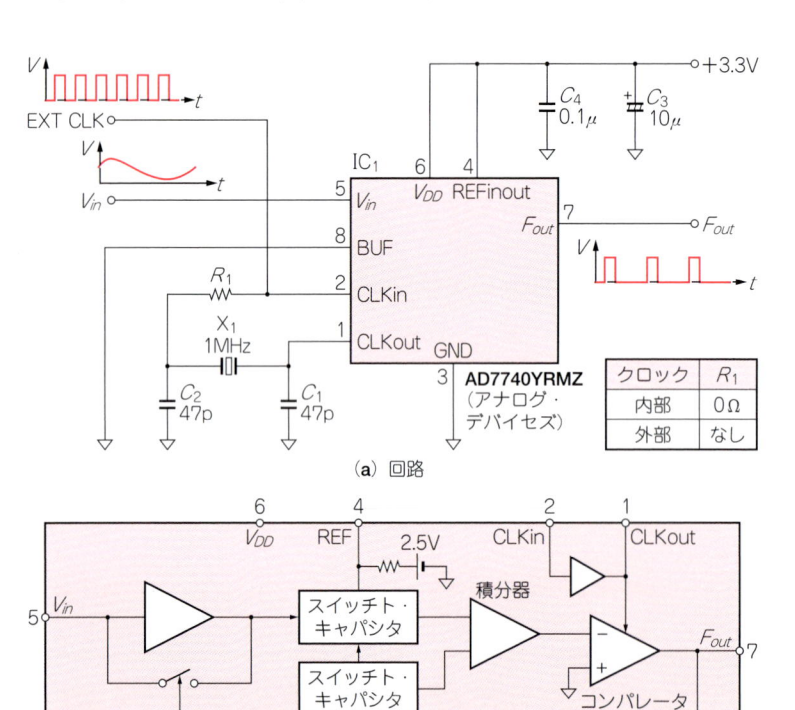

図9 同期型電圧-周波数変換回路
(a) 回路
(b) 同期型のV-FコンバータIC AD7740の回路ブロック

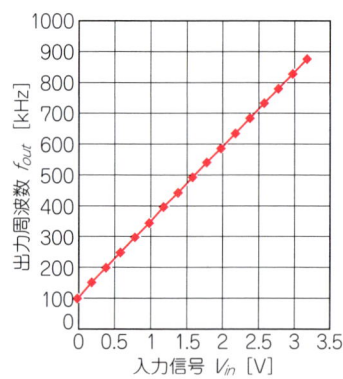

クロック	R_1
内部	0Ω
外部	なし

図10 電圧-周波数変換特性の実測結果(クロック1MHz)

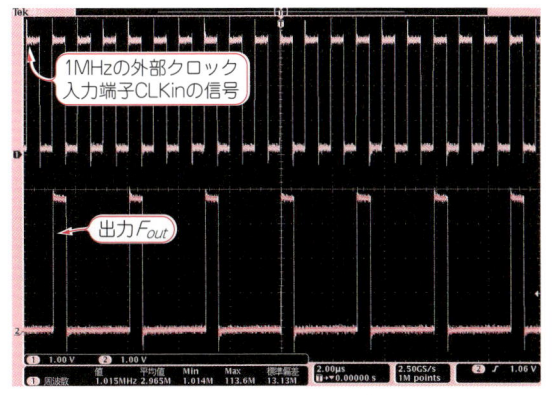

(a) 出力が外部クロックに同期していることが分かる．入力信号 V_{in} = 1V（1V/div，2 μs/div）

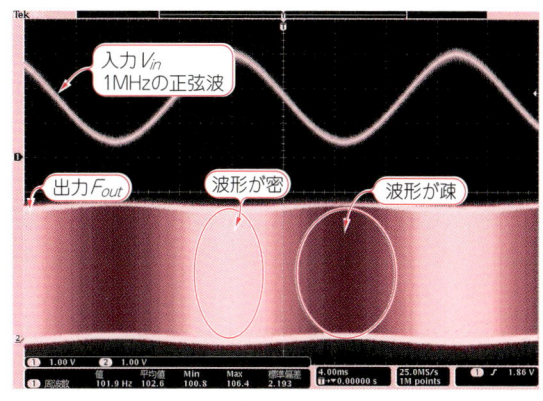

(b) FM変調をすることもできる（1V/div，4ms/div）

図11 図9の動作波形

ドして輻射を抑えます．また，V_{in}端子から離します．基板の表裏信号パターンは直交させます．

● 代表的な代替部品

やや割高になりますが，VFC320BP（テキサス・インスツルメンツ）は，最大1MHzで0.1％の精度が得られます．内部発振はRCオシレータで外部同期もできませんが，計測用途としては十分な性能を持っています．

TC9402（マイクロチップ・テクノロジー）も同様な製品です．ともにF-Vコンバータとしても使えます．

8-7 0.5k〜12kHzを0.25％の直線性で変換 周波数-電圧変換回路

漆谷 正義

図12(a)に示すのは，周波数に比例した電圧を発生する，周波数-電圧変換回路（FVC）です．使用するICであるTC9402の仕様により，DC〜100kHzにおいて，定数の選び方で帯域を変更することが可能です．

この回路の入力振幅は±0.4V以上で，電源電圧は±5Vです．PLL，回転計，FM復調などに使用できます．

● キー・デバイスの特徴と仕様

TC9402は，VFCとしてもFVCとしても使えることが特徴です．FVCの周波数範囲は，DC〜100kHzで，直線性は0.25％（DC〜10kHz）です．図12(b)に，ブロック図とピン配置を示します．

パッケージは14ピンSOIC，PDIPです．電源電圧は±4V〜±7.5Vですが，バイアス回路の追加で単電源動作も可能です．

● パターンとレイアウトのポイント

特に難しいところはありませんが，V_{DD}とV_{SS}ピンとGNDピンの直近に，0.1μFのセラミック・コンデンサ（C_6，C_7）を取り付けます．入出力ピン（11，12ピン）が隣接しているので，パターンは互いに逆方向に向か

わせます．

● 回路の動作

図12の回路において，R_3は入力周波数が0Hzの場合の，出力DC電圧を0Vに設定するオフセット調整用です．入力は，図のようなTTLレベルのパルスを想定しています．

±400mV以上の正負に振れる波形であれば，入力ピン（11ピン）のレベル・シフト回路（R_6，R_7，D_1，C_3）は不要です．$V_{out} = 5 \times C_2 \times R_5 \times f_{in}$の関係があります．

周波数-電圧変換特性の測定結果を図13に示します．400Hz〜12kHzの範囲でリニアな特性が得られます．このリニアな範囲は，C_2とR_5の値を変更することによりシフトさせることができます．

図14は，入出力波形です．出力波形は，DCレベルに鋸歯状波が重畳しています．積分コンデンサC_1の値を大きくすれば平坦になりますが，レスポンスが遅くなります．

● 代表的な代替部品例

より高精度なTC9400，TC9401は完全互換です．

(a) 回路

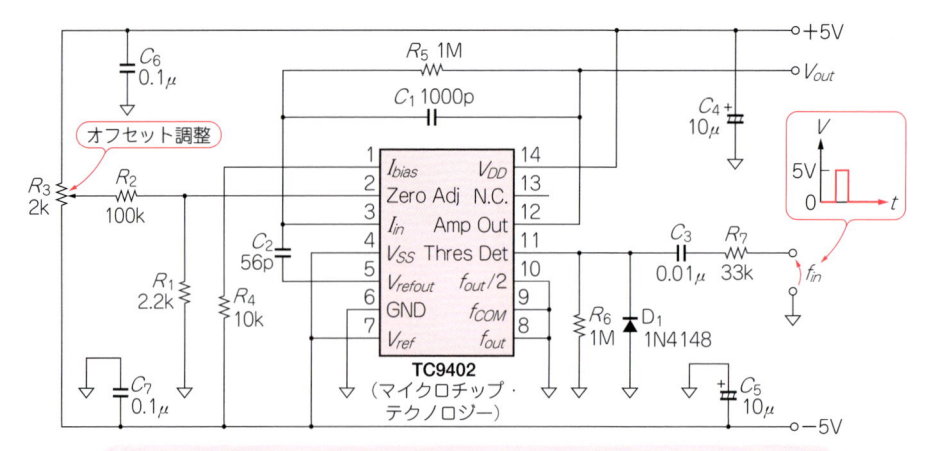

IC₁の代替品は **TC9400**，**TC9401**（マイクロチップ・テクノロジー）や **VFC320**，**LM2907**，**LM2917**（テキサス・インスツルメンツ）など

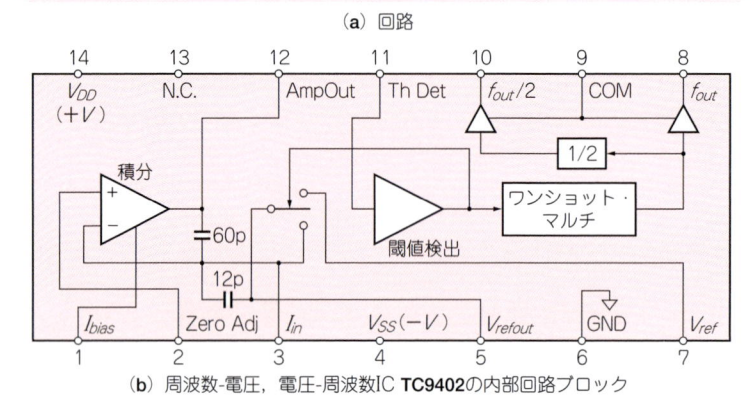

(b) 周波数-電圧，電圧-周波数IC **TC9402** の内部回路ブロック

図12 周波数に比例した電圧を発生する周波数-電圧変換回路

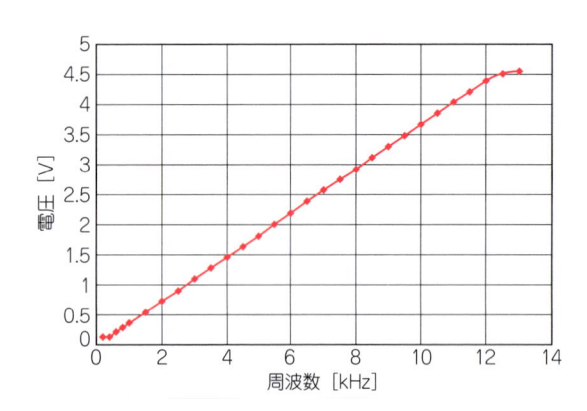

図13 周波数-電圧変換特性の実測結果

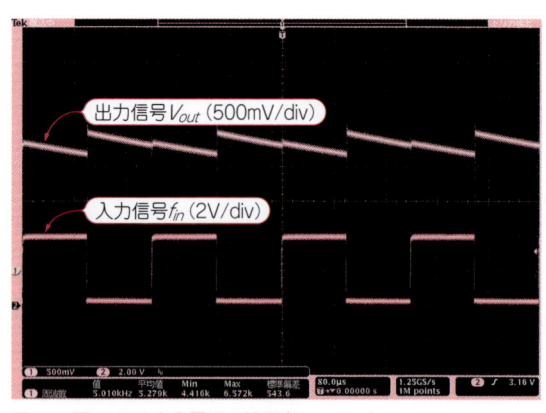

図14 図12の入出力電圧の波形（80 μs/div）

VFC320（テキサス・インスツルメンツ）は高価ですが，1 MHzで0.1%の精度が得られます．

LM2907/LM2917（テキサス・インスツルメンツ）は，周辺部品が少なく安価です．電源電圧が6 V以上必要ですが，単電源で，直線性0.3%$_{typ}$，入力電圧に負電圧を許容しているので，回転計を直結できます．

8-8 2線シリアルD-Aコンバータを使ったマイコン内部で処理中の信号をモニタするテクニック

慶間 仁

MAX518(マキシム)は，マイクロコントローラに手軽に接続できるD-AコンバータICです．インターフェースにはI^2Cが使われ，内蔵ペリフェラルやソフトウェアで制御できます．信号出力やオフセット出力としてはもちろんのこと，内部で信号処理した後の波形のモニタなど，応用範囲が広いICです．インターフェースは400 kbpsのデータ・レートをもち，10 kサイクル以上の出力が可能です．表2に2線シリアル8ビットD-Aコンバータのラインナップを示します．

● 内部信号を電圧として取り出す

図15は，PIC18F2320を使ったDCモータ定速駆動回路です．キャプチャ機能を使って回転パルスの周期を測定していますが，入力の状態を視覚的に見るためにMAX518を搭載しました．

図16は，ステップ応答をオシロスコープで観測しているところで，回転数はきちんと取り込まれているようです．2チャネルあるので偏差(設定値と現在値の差)信号も出力しています．

● ソフトウェアの追加は数行

記述言語は，PICではポピュラなCCS-Cです．CCS-Cに限らず，マイクロコントローラのコンパイラは標準的なモジュールをライブラリ化してあり，数行の記述で回路モジュールが使える場合が多く，今回のI^2C制御も8行の追加で2チャネルの電圧出力ができます．

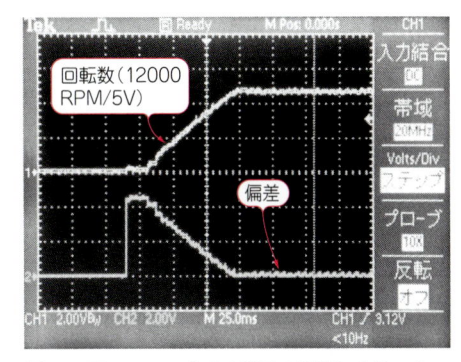

図16 図15のモニタ出力端子の電圧によりステップ応答時の回転数と偏差をモニタできる
(2 V/div，25 ms/div)

表2 2線シリアル8ビットD-AコンバータICのラインナップ

型名	チャネル数	リファレンス	パッケージ
MAX517	1	0 V～電源電圧の外部入力	8ピン DIP, SO
MAX518	2	内部で電源電圧に固定	8ピン DIP, SO
MAX519	2	0 V～電源電圧の外部入力	16ピン DIP, SO

図15 マイコンへの接続が簡単なD-AコンバータIC MAX518を使ったモニタリング回路例
回転パルスの周期を電圧でモニタしている．

リスト1 モニタのために追記するソース・コード

```
//プログラムの冒頭部分に追加する記述
#use i2c(MASTER,SDA=PIN_C3,SCL=PIN_C4,FAST)    // I2Cの宣言と初期設定

// 両チャンネルに電圧を出力させる部分
i2c_start();                // I2Cのスタート・コンディション
i2c_write(0x5e);            // MAX518コマンド(MAX518アドレスは"11"としています)
i2c_write(0x00);            // Channel0指定
i2c_write(uch1);            // 回転数(8bit変数)の書き込み
i2c_write(0x01);            // 続けてChannel1指定
i2c_write(uch2);            // 偏差値(8bit変数)の書き込み
i2c_stop();                 // ストップ・コンディション
```

追加したソフトウェアの該当部分をリスト1に示します．

● 電子ボリュームに応用できる

MAX517/519のリファレンス入力範囲は0V～電源電圧なので乗算器が構成でき，ここに信号を入力すると電子ボリュームが構成できます．

◆参考文献◆
(1) 2線シリアル8ビットDAC MAX517/MAX518/MAX519データシート，マキシム・ジャパン㈱．

8-9 高精度/高速化を実現する ダイオードを使わない3種類の絶対値回路

木島 久男

絶対値回路にダイオードを使うと，その順方向電圧や温度特性，正逆切り替え時間が課題となります．ダイオードを使わない三つの回路を紹介します（表3）．

実験では，入力信号はファンクション・ジェネレータの正弦波を50Ωで終端して接続し，周波数特性は回路の出力を図17のように100kΩと0.1μFで平均しLF356でバッファしてディジタル・マルチメータで電圧を測定して確認しています．

タイプ1：精度が高い絶対値回路

平衡型変復調IC AD630には，ゲインを設定する抵抗や回路構成を切り替えるスイッチ，切り替えを制御するコンパレータなどが内蔵されており，±15Vで動作します．

このICを使うことによって入力信号の極性によりゲインを1倍と-1倍に切り替えると，外付け部品の少ない高精度の絶対値回路を構成できます．図18は回路図です．IC内部ブロックは，回路中のIC内に示されています．

コンパレータ部にはヒステリシスをもたせています．
図19は周波数特性，図20は10V_{P-P}入力時の入出力波形です．極性切り替え時に短時間のひずみが見られます．

タイプ2：部品点数が少ない絶対値回路

単電源OPアンプAD823は単電源で動作し，出力は電源電圧に近い値まで動作します．また，+単電源動作時の負の入力電圧許容値は通常のOPアンプでは得られない大きな値です．この特徴により，容易に絶対値回路を構成できます．

表3 ダイオードを使わない三つの回路例

タイプ	1	2	3
使用IC	AD630	AD823	AD8036
電源[V]	±15	+3～+36	±5
回路部品数[個]	6	4	12
周波数特性（およそのコーナ周波数）[Hz]	200k	200k	200M以上
特徴	精度が良い	部品数が少ない，広い電源範囲	高周波応答

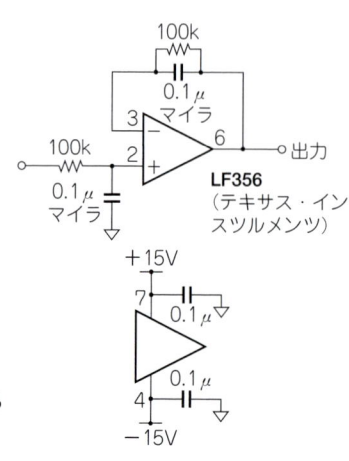

図17 周波数特性を測定するための平均回路

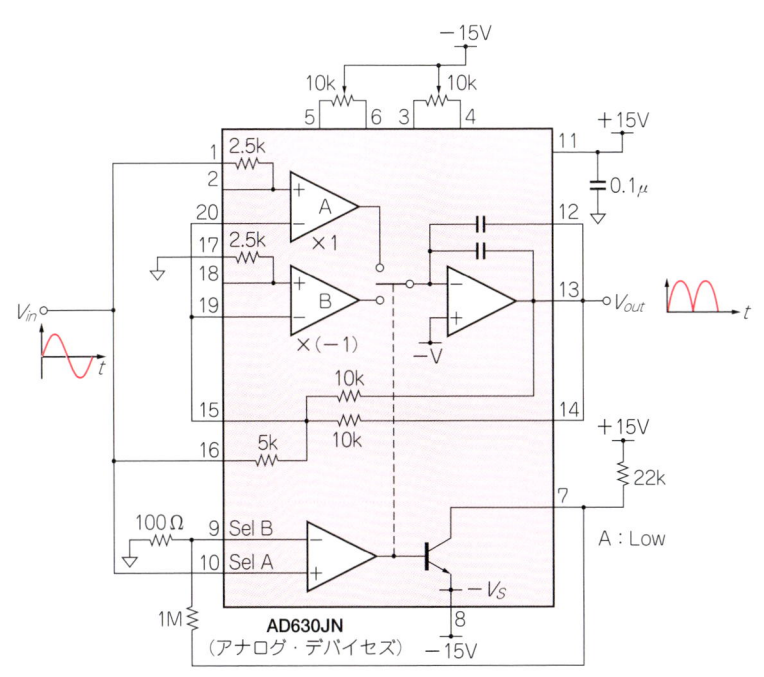

図18 タイプ1：精度が高い絶対値回路

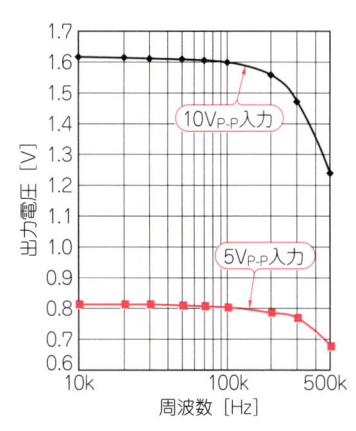

図19 タイプ1：精度が高い絶対値回路の周波数特性
入力周波数ごとに図17を使って平均化した電圧値を測定．

図21は回路図です．電源は+15Vですが36Vまで使用できます．最初のOPアンプは電圧フォロワですが，入力が負のとき，出力は+単電源なのでほとんど0Vです．後段のOPアンプは加減算回路で初段の出力に対しては2倍，回路の入力に対しては-1倍で動作します．したがって入力電圧が負のときは反転され，正のときは入力と同じ電圧が出力され絶対値となります．

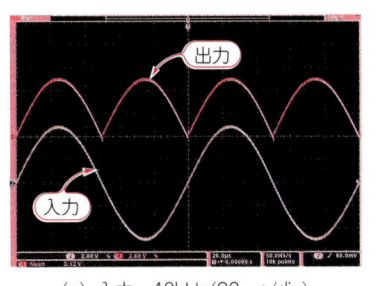

(a) 入力　10kHz(20μs/div)　　(b) 入力　50kHz(4μs/div)

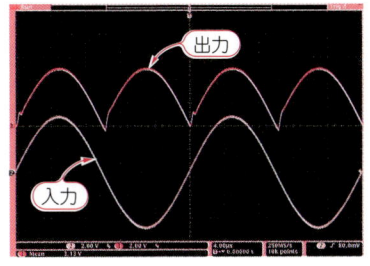

図20 タイプ1：精度が高い絶対値回路に10V_{P-P}の信号を入力したときの出力波形(2V/div)

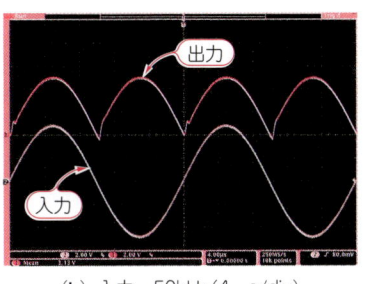

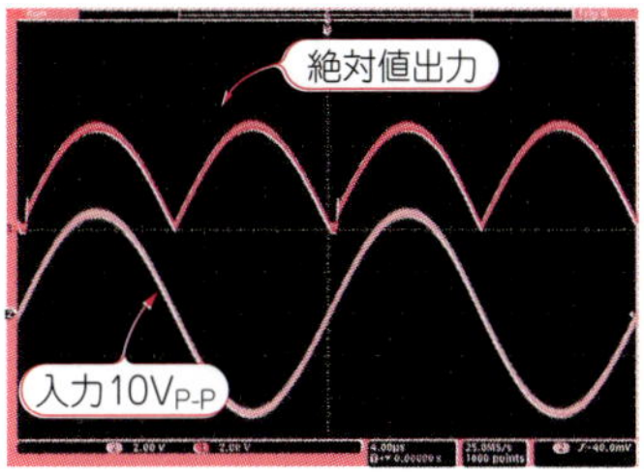

図23 タイプ2：部品点数が少ない絶対値回路の入出力特性
(2V/div, 4μs/div)
電源＋15V, 入力信号は50kHz, 10V_{P-P}．

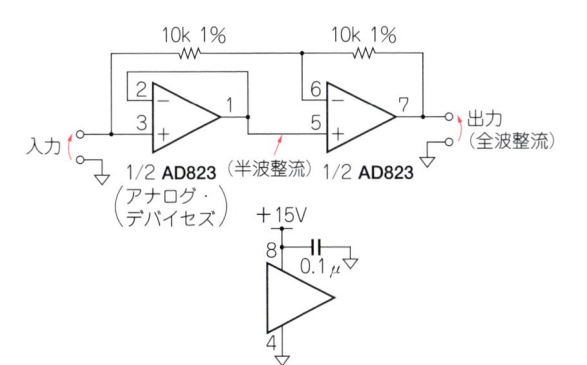

図21 タイプ2：部品点数が少ない絶対値回路

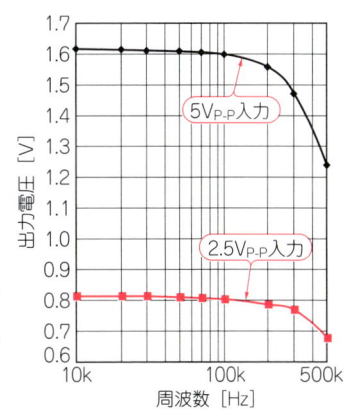

図22 タイプ2：部品点数が少ない絶対値回路の周波数特性
入力周波数ごとに図17を使って平均化した電圧値を測定．

8-9　ダイオードを使わない3種類の絶対値回路

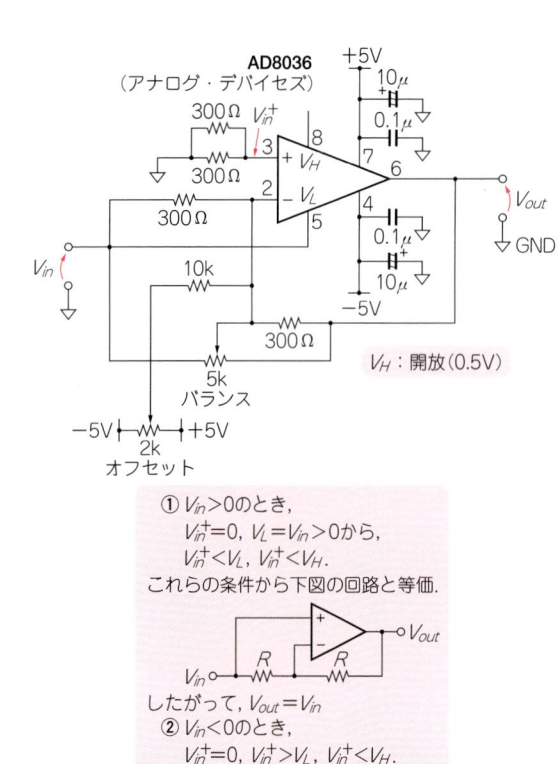

図24 タイプ3：高周波に対応した絶対値回路

① $V_{in} > 0$ のとき，
$V_{in}^+ = 0$, $V_L = V_{in} > 0$ から，
$V_{in}^+ < V_L$, $V_{in}^+ < V_H$.
これらの条件から下図の回路と等価．
したがって，$V_{out} = V_{in}$
② $V_{in} < 0$ のとき，
$V_{in}^+ = 0$, $V_{in}^+ > V_L$, $V_{in}^+ < V_H$.
これらの条件から下図の回路と等価．
したがって $V_{out} = -V_{in}$

V_H：開放(0.5V)

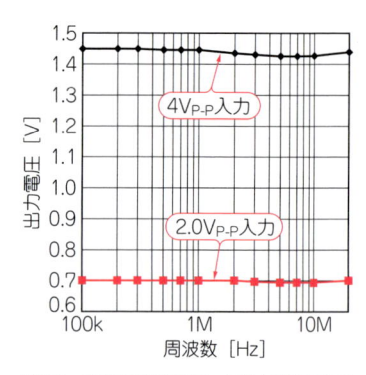

図25 高周波に対応した絶対値回路の周波数特性
入力周波数ごとに図1を使って平均化した電圧値を測定．

入力が負のときの初段の出力残留電圧は誤差の要因となるので注意します．

図22は周波数特性です．図23は50 kHz, 10 V_{P-P} 入力時の入出力波形です．

タイプ3：高周波に対応した絶対値回路

クランプ機能付きOPアンプAD8036は，外部入力による，ハイ／ロー・クランプ機能を備えた高速OPアンプICです．

ICクランプ機能は，ICの＋入力電圧とハイ／ロー・クランプ電圧を比較し，OPアンプの＋入力を切り替えます．

このICを使って絶対値回路を構成すると，20 MHzにも及ぶ周波数特性を得られます．

図24の回路の＋入力電圧 V_{in}^+ は，ゼロ／ハイ・クランプ電圧時は解放(＋0.5 V)，ロー・クランプ電圧時は入力になっています．この結果，入力電圧 V_{in} が正のときはOPアンプ回路としては，$V_{in} \times 2 - V_{in}$ として働き，負のときは $V_{in} \times (-1)$ として働きます．

回路にはオフセットを調整するトリマと入力極性に対して振幅のバランスをとるトリマが設けられています．これらの調整の結果，波形は整えられますが，ゲインは正確に1倍になるとは言えません．正確に1倍を望む場合は別途調整を必要とします．図25に周波数特性を示します．図26は5 V_{P-P} の信号を入力した際の入出力波形です．

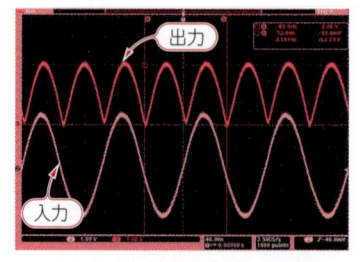

(a) 入力 10MHz(40ns/div)　　(b) 入力 1MHz(200ns/div)

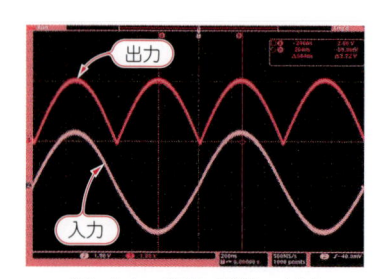

図26 タイプ3：高周波に対応した絶対値回路に5 V_{P-P} の信号を入力したときの出力波形(1 V/div)

8-10 ダイレクト・コンバージョン送受信機などに使える 5次，上限4 kHzの位相差分波器

庄野 和宏

音声信号などの，ある帯域幅をもった信号に対して，90°の位相差をもつ信号を作る回路があります．この回路はヒルベルト変換器や位相差分波器などと呼ばれており，周波数変換の際に生じるイメージ除去に必要な場合があります．

図27に位相差分波器を示します．オール・パス回路を縦続接続した回路を二つ用意し，信号を分岐させていますので，ゲインは周波数によらず1倍となり，位相だけが変化します．5次の伝達関数をもっていて，定められた帯域で90°の位相差をもつ信号を発生します．

設計方法と数値例が参考文献(1)に詳しく掲載されていますが，残念ながら現在は絶版になっています．

図27に示した回路の素子値は，次数 $n = 5$，帯域幅 $1/k = 30$ とし，90°の位相差が得られる帯域の上限を4 kHzとしたものです．133 Hz～4 kHzの周波数範囲で，$90°±1.32°$ の位相差をもつ信号が得られます．帯域幅を増やそうとすると，位相のリプルが大きくなるので，こういった場合は回路の次数を高くします．

● 周波数特性

図28に周波数特性を示します．$2 V_{P-P}$ の正弦波を加えてスイープし，出力端子1の信号を基準とし，出力端子2に現れる信号の位相を測定しています．抵抗器は1%の金属皮膜抵抗器を用い，コンデンサには損失が小さいスチロール・コンデンサを使っています．素子値は所望値に対して1%の誤差となるように合成しています．測定結果から，理論値とかなり一致していることが分かります．図29にリサージュ図形を示します．定められた周波数範囲では，オシロスコープで見る限り，円に見えます．OPアンプは，LF356などの汎用のほかに，AD844などの電流帰還型OPアンプも使えます．

◆参考文献◆
(1) 渡辺和；伝送回路網の理論と設計，第1版，p.351, pp.466-467，オーム社，1968年．

(初出：「トランジスタ技術」2008年9月号 特集)

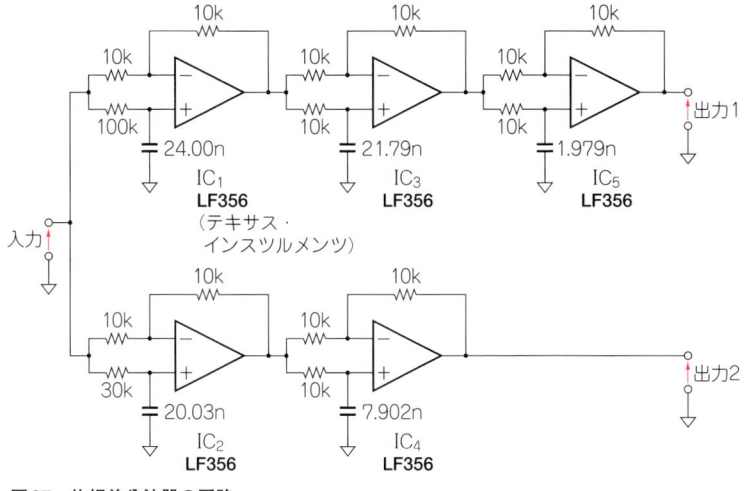

図27 位相差分波器の回路

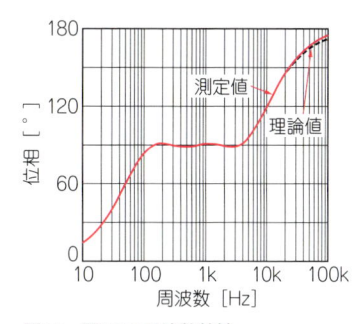

図28 図27の周波数特性

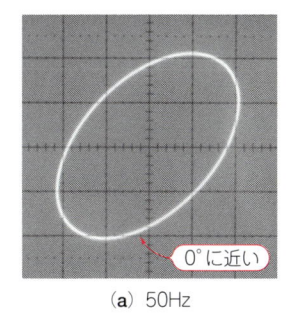

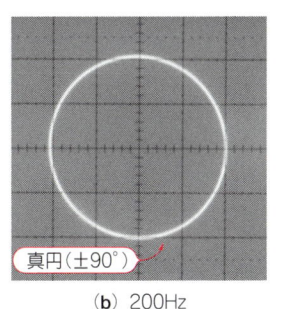

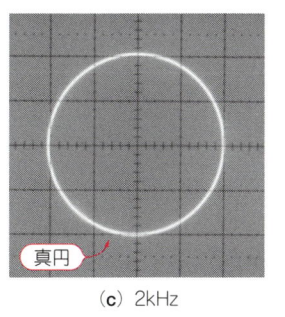

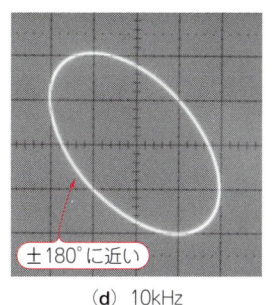

(a) 50Hz　0°に近い
(b) 200Hz　真円(±90°)
(c) 2kHz　真円
(d) 10kHz　±180°に近い

図29 リサージュ図形（x軸：出力1，0.5 V/div，y軸：出力2，0.5 V/div）

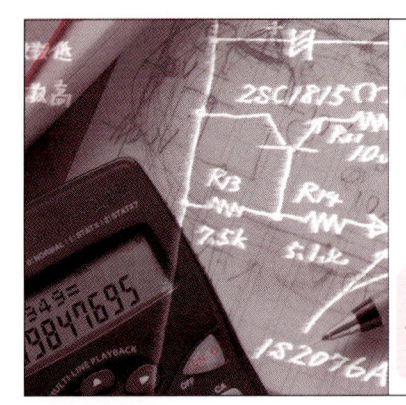

第9章 アンプ/バッファ/フィルタなどの回路集

信号処理回路 実例集

本章では，測定関連，オーディオ，ビデオ信号に関する信号処理回路をいろいろ集めました．広帯域アイソレーション・アンプ/差動入力バッファ/フィルタ/ゲイン切替機能付きアンプなどを紹介しています． 〈編集部〉

9-1 シングル/差動の両入力に対応し2次アンチエイリアシングLPFも兼ねる オーディオA-Dコンバータ用差動入力バッファ回路

毛利 忠晴

図1は，入力を比較的シンプルな差動回路にして，V_{ref}のオフセットをもたせる，2次のバターワースLPF機能を備えたバッファ・アンプです．

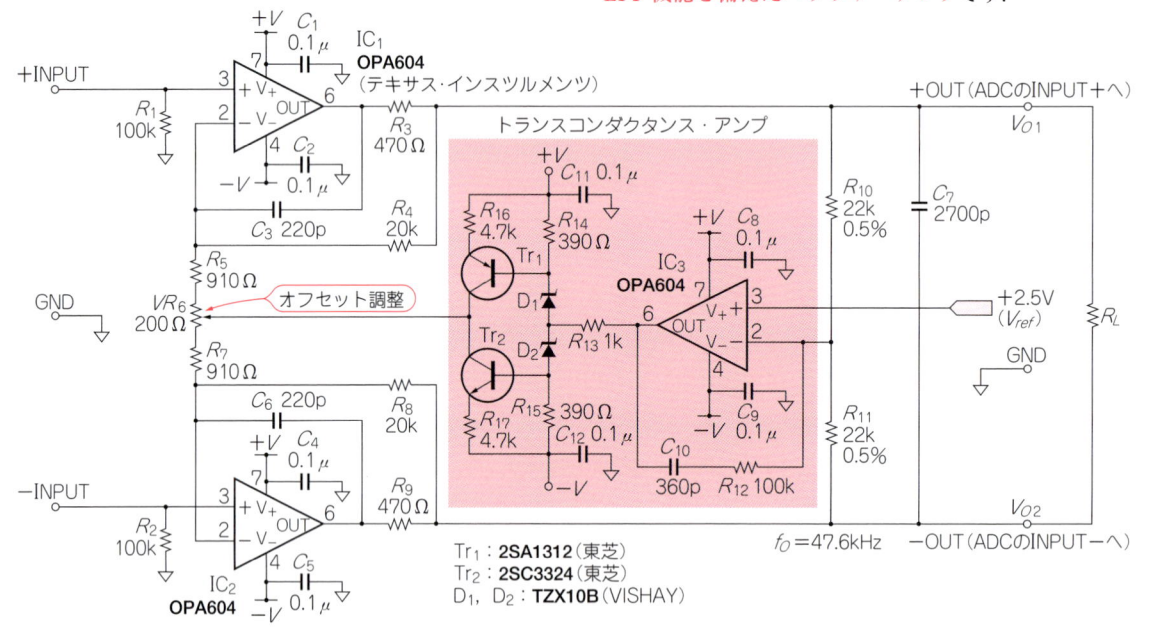

$R_3 = R_9$，$R_4 = R_8$，$C_3 = C_6$，C_7でフィルタ定数 (f_0) が決まる．
$R_4 = R_8$，R_5，R_7，VR_6でゲインが決まる．
±出力の対称性はR_{10}，R_{11}の精度で決まる．

$$V_{O(DIFF)} = V_{in(DIFF)} \times \frac{R_8\{(R_4+R_5+VR_6+R_7)(R_5+VR_6/2)+R_4(R_7+VR_6/2)\}}{(R_5+VR_6+R_7)\{R_4(R_7+VR_6/2)+R_8(R_5+VR_6/2)\}}$$

$$G_{(DIFF)} = \frac{R_8\{(R_4+R_5+VR_6+R_7)(R_5+VR_6/2)+R_4(R_7+VR_6/2)\}}{(R_5+VR_6+R_7)\{R_4(R_7+VR_6/2)+R_8(R_5+VR_6/2)\}}$$

$$Q = \frac{1}{R_3+R_4+R_3R_4/(R_L/2)} \times \frac{\sqrt{R_3R_4 2 C_7}}{C_3}$$

$$f_0 = \frac{1}{2\pi\sqrt{R_3 R_4 C_3 2 C_7}}$$

(a) 回路

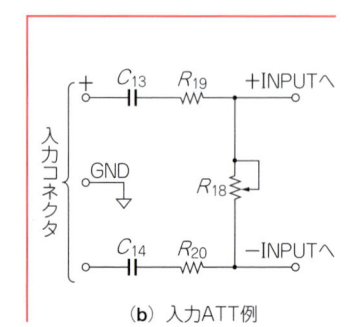

(b) 入力ATT例

図1 低ひずみOPアンプ三つで組むオーディオA-Dコンバータ用差動入力バッファ回路

表1 代表的な低ひずみOPアンプの例

	ひずみ [%]	ノイズ [nV/√Hz]	帯域 [Hz]	スルー・レート [V/μs]	電源 [V]	入力	パッケージ	アンプ個数 [個]	メーカ
NJM5532	0.00100	5.0	10 M	8	± 22	BP	DIP, SO‐8, SIP	2	新日本無線
OPA604	0.00030	10.0	20 M	25	± 24	FET	DIP, SO‐8	1または2	テキサス・インスツルメンツ
OPA627	0.00003	4.5	16 M	55	± 18	FET	DIP, SO‐8, TO‐99	1	
OPA134	0.00008	8.0	8 M	20	± 18	FET	DIP, SO‐8	1または2または4	
LM4562	0.00003	2.7	55 M	20	± 17	BP	DIP, SO‐8, TO‐99	2	
LME49710	0.00003	2.5	55 M	20	± 17	BP	DIP, SO‐8, TO‐99	1または2	

● 入力信号をハイ・インピーダンスで受けられる差動アンプ

低ひずみ差動アンプとしてOPA1632(テキサス・インスツルメンツ)，SSM2143(アナログ・デバイセズ)などがありますが，これらは入力が反転系であり，入力インピーダンスを高くできないので，入力にインピーダンス変換のバッファが必要になります．

図1(a)に示す回路は，ハイ・インピーダンスで入力信号を受けられるので，このまま入力にアッテネータやカップリング・コンデンサを付けて信号を入れることができます．OPA604を使っていますが，代替品となる低ひずみOPアンプを表1に示します．

さらに，＋，－どちらか一方へのシングル入力(逆側はGNDが望ましい)に対しても，出力はバランスの取れた差動出力が得られ，なんの切り替えもなく，シングル入力-差動出力アンプとしても動作します．

▶差動動作の原理

トランスコンダクタンス・アンプ(IC_3とV-I変換回路)を通して，$V_{O1} + V_{O2} = V_{ref}$になるようなフィードバックがかかっており，$R_{10}$と$R_{11}$が$V_{O1}$と$V_{O2}$の逆相同振幅の精度を決定します．$V_{ref}$に直流電圧を加えれば，±の出力電圧とも$V_{ref}$のDC電圧を中心に出力振幅が振れます．

このフィードバックのおかげで，入力が±どちらか一方だけでも，あるいは差動で両方の入力でも，$V_{O1} = -V_{O2}$の信号を出力する優れものです．

図1の回路のゲインは約21倍です．R_3, R_4, R_8, R_9とC_3, C_6, C_7でアンチエイリアシング用2次LPFを構成します．フィルタ定数とゲインの算式は図1中に示します．

▶実際に使用するには

この回路に，図1(b)で示すようなカップリング・コンデンサと半固定抵抗VR，ほかに保護回路，ミュート回路などを入れるだけで入力回路は完結します．

9-2 帯域が15 MHzで耐圧1000 V以上の広帯域アイソレーション・アンプ回路

毛利 忠晴

ビデオ帯域のフォト・カプラHCPL-4562(アバゴ・テクノロジー)を使うと，帯域がおよそ15 MHzのアイソレーション・アンプを作ることができます．

感度や帯域が若干異なりますが，さらに高耐圧のHCNW4562(同)もあります．

● 絶縁に使うフォト・カプラで問題となる直線性と温度ドリフト特性を差動にして補正

フォト・カプラは，LEDの駆動電流が入力電流になり，フォト・ダイオードの出力が出力電流になるという，電流入力-電流出力の素子です．入出力間の直線性があまり良くないので，図2のように2個ペアにしてLEDを差動ドライブし，出力を合成することにより，直線性やドリフトの改善，入出力間の電圧飛び込みの相殺などの効果があります．

ただし，フォト・カプラはばらつきが大きいので，選別が必要な場合もあります．

▶差動ドライブ回路，帰還ループでV_fの温度ドリフトを低減

フォト・カプラへの入力を差動にするために，差動動作のペアのOPアンプ回路を組み，帰還ループにフォト・カプラのLEDを入れると，LEDのV_Fの温度変化を吸収できるので，温度ドリフト特性を向上できます．

▶LEDバイアス電流の安定化

LEDを動作させるバイアス電流を流すために，LEDのカソードをOPアンプ(TL071)の帰還回路を使って固定します．

▶ダイナミック・レンジの設定

入力側のLEDのダイナミック・レンジは9 mA ±

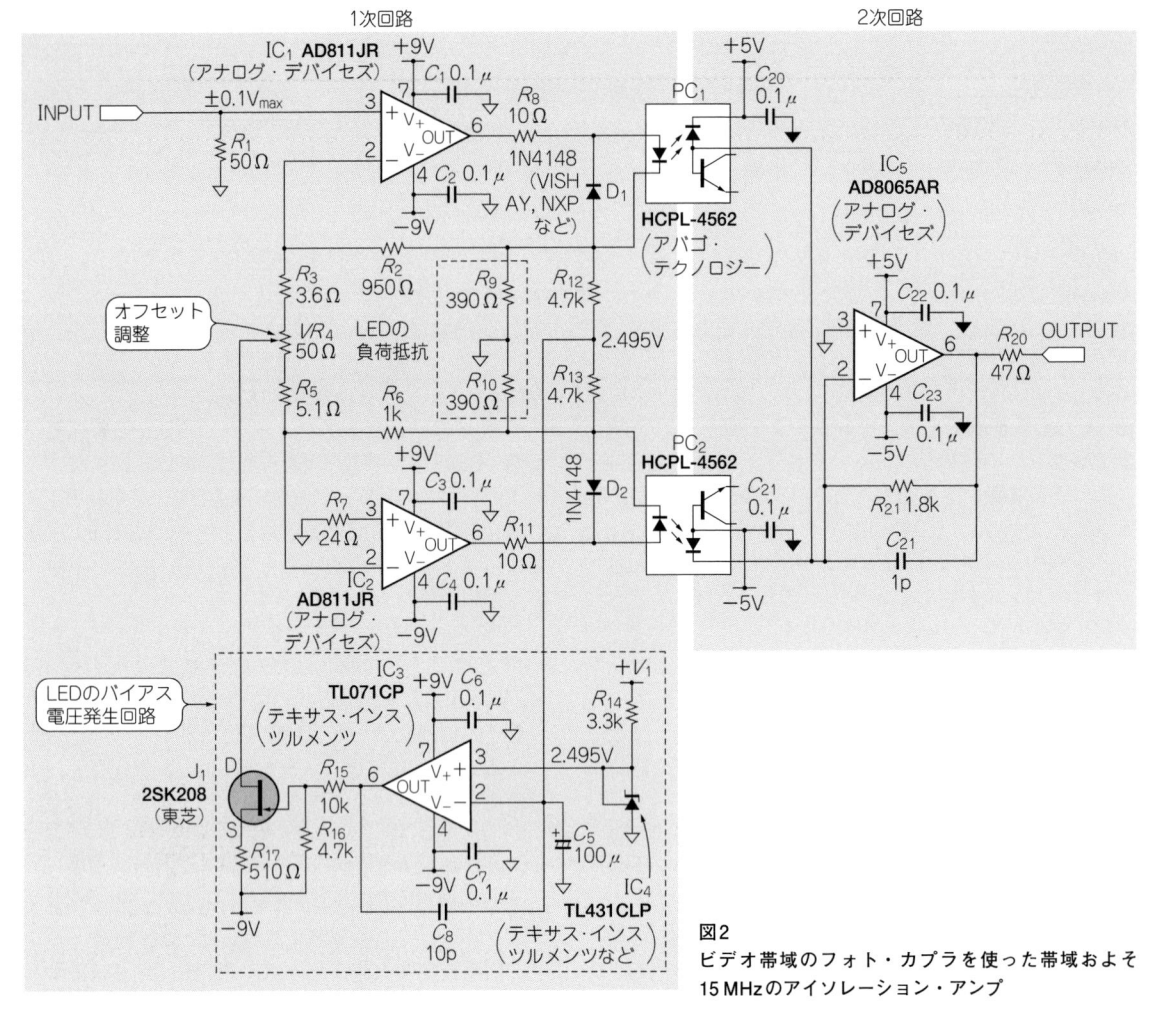

図2 ビデオ帯域のフォト・カプラを使った帯域およそ15MHzのアイソレーション・アンプ

9mAとします．LEDに信号を入力する前に，この範囲の電流に合うまで出来るだけ増幅しておくと，S/Nが良い信号で伝達できます．

▶直線性などの改善

出力側は，I-V変換回路により二つのフォト・ダイオードの出力電流を合成して出力します．

全体のゲインはフォト・カプラの感度によって変化するので，微調整が必要です．

▶基板と電源のシールド

図3のように，基板のパターンは入力側と出力側を

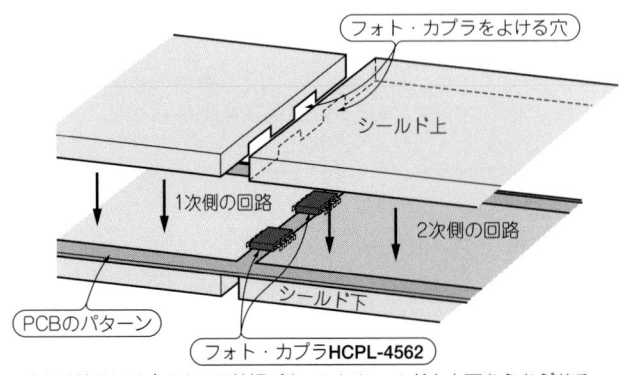

(a) 基板は1次と2次の両基板パターンにシールドを上下からかぶせる

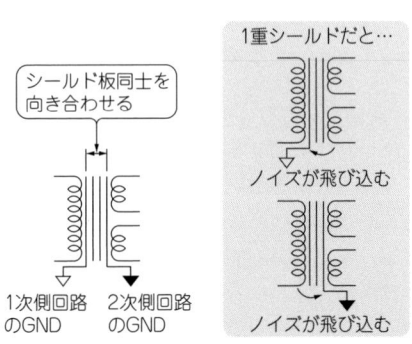

(b) 電源トランスも2重シールドにする

図3 基板もトランスも2重シールドが必要

それぞれシールドで囲う必要があります．

電源もアイソレーションする必要があります．シリーズ電源の場合，使用するトランスを2重シールドにします．そうしないとコモン・モード・ノイズがノーマル・モードに変換されて電源ラインに重なってしまいます．2重シールド・トランスは，特注を受け付けているトランス・メーカに依頼すればたいてい作ってもらえます．

9-3 アクイジション時間が850 nsで保持電圧の降下率が30 μV/μsのアナログ・スイッチによるサンプル&ホールド回路

漆谷 正義

図4は，CMOSアナログ・スイッチを使った高精度，高速サンプル&ホールド回路です．サンプルからホールド移行時のオフセット誤差，すなわちペデスタル誤差は5 mV/±10 V，アクイジション時間[注1]は850 nsです．また，ドループ・レート(droop rate：保持電圧降下率)は30 μV/μsと優秀です．

図5に動作波形を示します．トラック(追跡)モードのときは，S_3がONとなり，出力V_{out}は入力信号V_{in}そのものとなります．ホールド(保持)モードのときは，S_3がOFFとなり，信号はホールド・コンデンサC_5により保持されます．ホールド・コンデンサに低リークのポリスチレン，またはポリカーボネートを使用したときの保持特性は約30 μV/μsです．

S_4は，S_3と連動しており，ペデスタル誤差を低減します．IC_3に対してはS_3とS_4の寄生電荷が同様に流入するため，両者はキャンセルされます．

R_1とC_6の直列回路は，ペデスタル誤差の軽減と，グリッチを防止します．図5に入出力波形を示します．

● キー・デバイスの特徴と仕様

この回路のキー・デバイスは，SPST(単極単投)アナログ・スイッチIC ADG411です．アナログ信号の入力範囲は±15 Vと広く，オン抵抗は35 Ω以下です．スイッチ時間はt_{ON}<175 ns, t_{OFF}<145 nsです．スイッチからの電荷注入が微小であり，サンプル&ホールド回路に好適です．プロセスはCMOSで，電源電圧

注1：ペデスタル誤差とアクイジション時間
ペデスタル誤差の原因はスイッチOFF時にスイッチに寄生する電荷がホールド・コンデンサへ移行するため，ホールド・コンデンサの容量を増やせば低減できるが，アクイジション時間が長くなる．

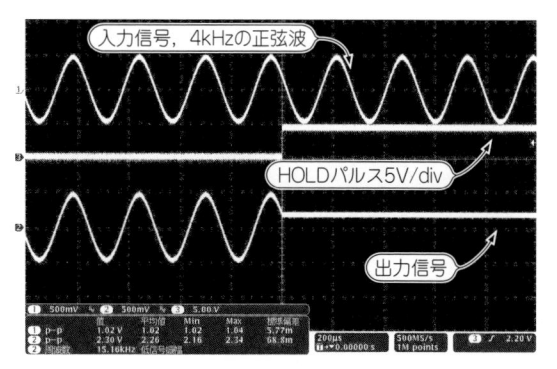

図5 サンプル&ホールド回路の入出力波形(500 mV/div, 200 μs/div)

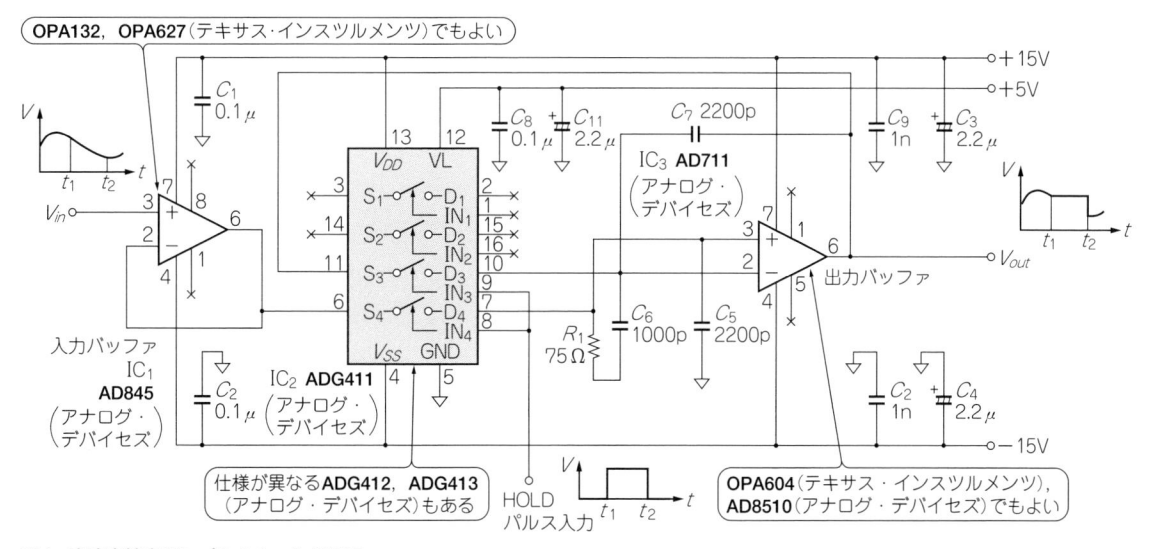

図4 高速高精度サンプル&ホールド回路

までの入力信号を両方向に通過させることができます．
　マルチプレクサとして使う場合は，ブレーク・ビフォア・メイク（接続前はOFF）となるので，チャネル間のショートを防止できます．パッケージは16ピンTSSOP，SOIC，PDIPなどです．

● パターン・レイアウトのポイント
　基板の電源供給点に近いところに，数μFの電解コンデンサを接続します．ホールド・コンデンサのホット側は最短配線とし，コールド側はリターン経路をべたグラウンド面とします．ホールド・パルスのパターンはアナログ信号経路から離し，グラウンド・パターンで挟みます．

9-4　切り替え時間が100 nsと速い　ゲイン切り替え機能付きアンプ回路

漆谷　正義

　図6は，OPアンプのゲインを決めるフィードバック抵抗の値をアナログ・スイッチで切り替える回路です．図(a)は±3.5 V両電源，図(b)は+5 V単電源の場合です．
　アナログ・スイッチのオン時間が100 nsと短いので，パルス制御であってもゲインの切り替えが高速で応答します．また，不要なスパイク電圧も小さいので，簡単にゲイン切り替え可能な増幅器を構成できます．電源電圧は±3.5 V（3.3 Vでも可），または+5 V単一電源です．

● キー・デバイスの特徴と仕様
　DG419（ビシェイ・シリコニクス）は，オン抵抗が20 Ωで，オン時間が100 nsという，低消費電力の高速CMOSアナログ・スイッチです．電源電圧は，±2.5〜±20 Vまたは+5〜+40 Vと広範囲です．
　SW端子の容量は，8 pF(OFF)〜35 pF(ON)程度です．しかし，300 kHz以上の高周波になるとこの容量が増幅率を制限する要因となり，スイッチを切り替えたときのゲインの差が小さくなるという現象が起こります．パッケージは，8ピンミニDIPおよびSOICです．
　NJM2107は，低電圧電源（±1〜±3.5 V）で動作する汎用OPアンプです．1回路入りで5ピンSC88Aパッケージと超小型です．

● パターン・レイアウトのポイント
　アナログ・スイッチの制御信号を信号系から離すこと，電源のデカップリングはICの根本で行うこと，OPアンプの入出力を近づけないこと，V_{cc}とGNDを面で確保することなどがポイントです．

● 回路の動作
　一般にCMOSタイプのアナログ・スイッチのオン

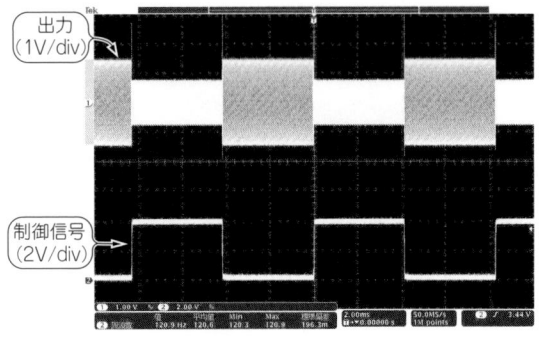

図7　図6のゲインを切り替える制御波形と出力波形（2 ms/div）

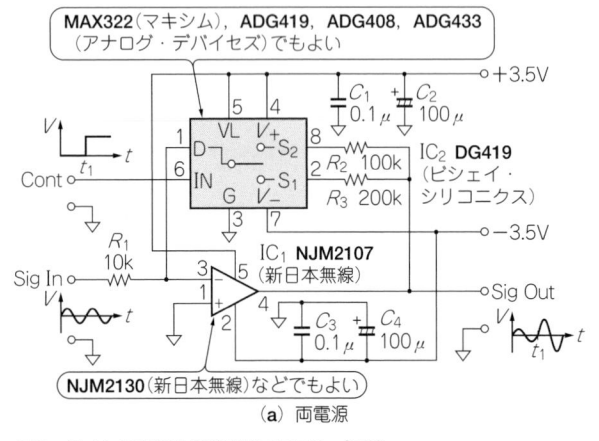

図6　ゲイン切り替え機能付きOPアンプ回路
(a) 両電源
(b) 単電源

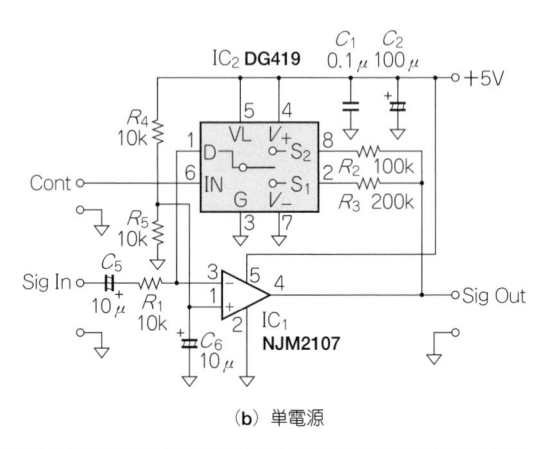

抵抗$r_{DS(ON)}$は，通過する信号の振幅によって変化します．しかし，図6の回路では，ゲインをOPアンプの仮想接地点で切り替えているので，この影響を小さくできます．

図7は動作波形です．スイッチ動作は，ブレーク・ビフォア・メイクであるため，ゲイン切り替え時に一瞬ゲインが無限大になります．しかし，T_{ON}が短いため入力周波数300kHzまでは目立つほどのスパイクにはなりません．

9-5 パルス幅変調回路に使える 高速にゲインを＋1倍／－1倍に切り替える回路

木島 久男

高速でゲインを1倍／－1倍に切り替える回路は，パルス幅変調回路などでよく使われます．

キー・デバイスとなるAD8013は，出力ディセーブル端子を備えた3回路のOPアンプICです．ディセーブル状態では，出力は論理ICのハイ・インピーダンスなどと同じように遮断されます．この機能を使って，アナログ信号を切り替えることにより，表題の回路を容易に構成できます．

ディセーブルにするには，マイナス電源電圧よりも1.6V高い電圧を端子に加えます．端子を開放するとイネーブルとなります．

図8が回路図です．入力が接続されている二つのOPアンプは＋1倍と－1倍の接続となっており，論理信号によってイネーブル選択された一方が後段に接続されます．

ディセーブル端子には，トランジスタによってレベル変換した信号を接続します．

図9に，入出力波形を示します．

出力波形の正負で電圧差があります．これは使用する抵抗の比率とOPアンプのマイナス端子に接続する抵抗の違いによるものと考えられ，改善する余地はあります．

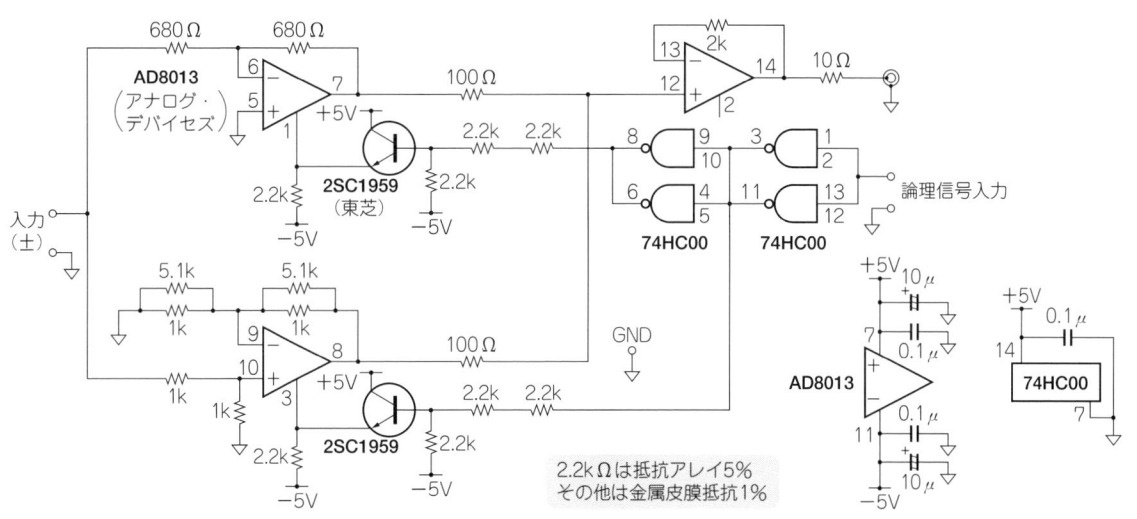

図8 ゲイン＋1倍／－1倍を高速で切り替える回路

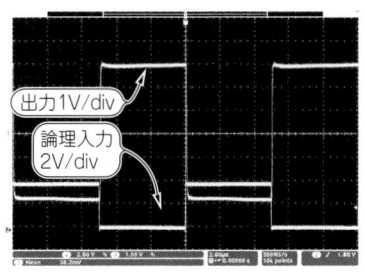

(a) 入力＋3V，切り替え周波数100kHz，時間軸2μs/div

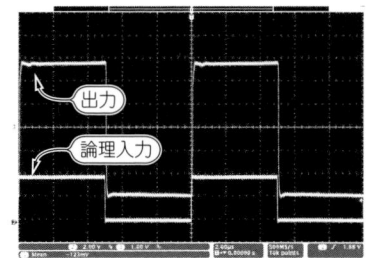

(b) 入力－3V，切り替え周波数100kHz，時間軸2μs/div

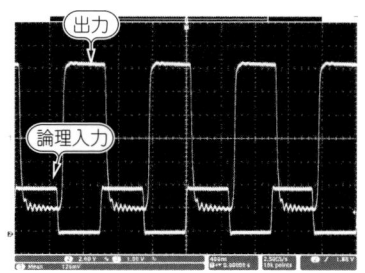

(c) 入力＋3V，切り替え周波数1MHz，時間軸400ns/div

図9 図8の回路の入出力信号

9-6 直流入力抵抗が2MΩ,入力インピーダンスが1GΩでセンサのバッファとして使えるブートストラップ回路

庄野 和宏

直流成分に対する内部抵抗は無限大で,高インピーダンスの入力信号を増幅したいという要求がまれにあります.例えば,バッファ回路を内蔵していないセンサで,出力が数pFといった微小なコンデンサでACカップリングされている場合などがそれに当たります.

このような場合,アンプの入力信号の直流電位を安定させるために高抵抗で接地したくなりますが,そうすると信号分が減衰してしまうなどの厄介な問題に悩まされることがあります.

こういった場合に役立つのが,図10に示すブートストラップ回路です.

● 入力インピーダンスの算出

直流で見たときは,入力抵抗はR_1+R_2となることが分かります.もう少し詳しく動作を解析する際には,図11に示すようにスター・デルタ変換を使うと便利です.このとき,インピーダンスZ_{12}は,

$$Z_{12} = \frac{Z_1 Z_2}{Z_3} + Z_1 + Z_2$$
$$= j\omega CR_1 R_2 + R_1 + R_2 \cdots\cdots\cdots (1)$$

となります.

LF356で構成した電圧フォロワが理想的だった場合,Z_{13}は電圧フォロワの入力端子-出力端子間に接続されているので,両端の電位が等しくなり,Z_{13}は回路の動作に全く影響を与えません.

また同様に,Z_{23}は,電圧フォロワの出力端子,すなわち電圧源-グラウンド間に接続されているので,入力インピーダンスを考えるうえでは,回路の動作に影響を与えることはありません.

以上から,式(1)で与えられるZ_{12}が,ブートストラップ回路の入力インピーダンスとなります.

この式は,CR_1R_2の素子値をもつインダクタと,R_1+R_2の素子値をもつ抵抗器の直列接続を意味しています.

実際に,入力インピーダンスを計算してみましょう.$R_1=R_2=1\,\mathrm{M\Omega}$,$C=0.1\,\mu\mathrm{F}$として,センサから出力される信号の周波数$f$を1.59 kHzとすると,直流($f=0$)のときは,2MΩの入力抵抗をもち,信号分($f=1.59\,\mathrm{kHz}$)に対しては,

$$2\pi f C R_1 R_2 \fallingdotseq 1\,\mathrm{G\Omega}$$

にも及ぶ超高インピーダンスをもつことが分かります.

● キー・デバイス

この回路のキー・デバイスはOPアンプです.入力インピーダンスが高いFET入力タイプがお勧めで,使用する周波数帯域において電圧フォロワとして十分に機能するGB積をもつものを選びます.

例えば,LF356は入力抵抗が$10^{12}\,\Omega$と高いのでこの用途に適しており,GB積も5MHzとなっています.したがって,2〜3kHzまでは十分に使えます.

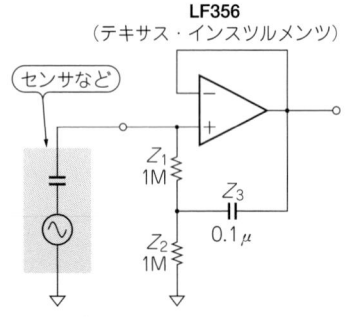

図10 直流入力抵抗が2MΩで,入力インピーダンスが1GΩと高い入力ブートストラップ回路

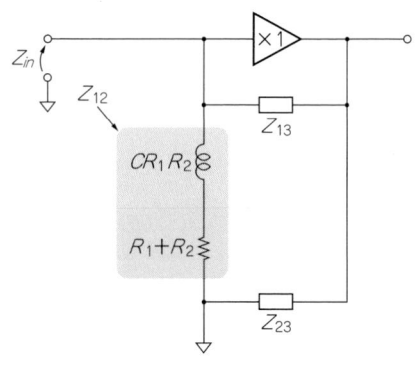

図11 図10をスター・デルタ変換した等価回路

9-7 減衰特性が12 dB/octで簡易アンチエイリアシング・フィルタに使える2次ロー・パス・フィルタ回路

庄野 和宏

2次ロー・パス・フィルタとして，図12に示すサレン・キー回路があります．この回路は非常に古く，真空管の時代に考えられたものですが，現在でも多用されています．

OPアンプが1個で，2次のロー・パス特性を得られることがその利点です．

伝達関数 $T(s)$ は，

$$T(s) = \frac{1 + \frac{R_b}{R_a}}{s^2 C_1 C_2 R_1 R_2 + s\left\{C_2(R_1+R_2) - C_1 R_1 \frac{R_b}{R_a}\right\} + 1} \quad \cdots (2)$$

となります．

素子値を決定する方法としては，いろいろな方法がありますが，アンチエイリアシング・フィルタへの応用を考えた場合は，通過域ゲインが1倍，すなわち直流ゲイン $T(0)$ が1倍となるようにすると使いやすいと思います．

そのために，$R_a = \infty$，$R_b = 0$，つまりOPアンプを電圧フォロワとして使うことになります．このとき，式(1)は次のように簡単になります．

$$T(s) = \frac{1}{s^2 C_1 C_2 R_1 R_2 + s C_2(R_1 + R_2) + 1} \quad \cdots (3)$$

● 素子値の決定

ここではバターワース特性にすることにして，素子の値を決めることにします．$R_1 = R_2 = R$ とすれば，

$$C_1 = 2QC, \quad C_2 = \frac{C}{2Q}, \quad \omega_0 = \frac{1}{CR}$$

となります．ここで，2次のバターワース特性をもたせる場合には，Q を $\frac{\sqrt{2}}{2} \fallingdotseq 0.707$ とすればよく，その結果，

$$C_1 = \sqrt{2}\,C \fallingdotseq 1.41C, \quad C_2 = \frac{C}{\sqrt{2}} \fallingdotseq 0.707C$$

が得られます．

簡単にするために，$C = R = 1$ とすれば，$C_1 = 1.41$，$C_2 = 0.707$ が得られます．希望する遮断周波数を f_c [Hz] とすれば，実際の回路の素子値は，

$$R_{new} = K, \quad C_{new} = \frac{C}{2\pi f_C K}$$

で与えられます．

図12の素子値は，$K = 10\,\mathrm{k\Omega}$，$f_C = 1\,\mathrm{kHz}$ とした場合のものです．

● 周波数特性の測定結果

図13に，周波数特性を示します．抵抗とコンデンサは，LCRメータを使い，希望する値に対して±1%の範囲に入るように合成しています．コンデンサは，損失の少ないスチロール・コンデンサを使っています．実測値を実線，理論値を破線で示していますが，完全に重なっていることが分かります．

アナログ・フィルタでは，このように素子値を精度よく合わせると理論値に近い特性が得られますが，現実的には，5%精度の部品を使うことが多いと思います．

2次のバターワース・フィルタ程度であれば，この回路の素子感度（素子値の変動に対する特性の変動の度合い）はそれほど高くならないので，5%程度の素子値の誤差があっても，理論値にかなり近い特性が得られるはずです．

図12 サレン・キー回路

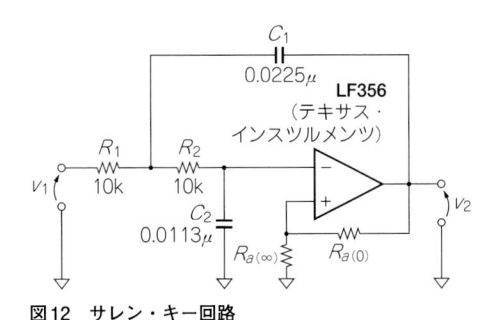

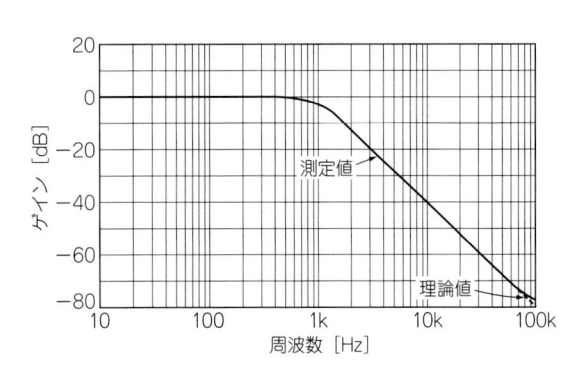

図13 図12の回路の周波数特性

9-8 FMステレオ・トランスミッタの高域雑音除去に使える 7次ロー・パス・フィルタ回路

庄野 和宏

FMステレオ・トランスミッタの入力信号の帯域制限に使えるロー・パス・フィルタを製作しました．BA1404(ローム)のようなステレオ・マルチプレクスICは，FMステレオ・トランスミッタを製作するときによく使われます．

FMステレオ伝送では，パイロット信号が19 kHzにあるため，伝送できる音声信号の周波数の上限は，それよりも低くならざるを得ず，実際には16 kHz程度になっているようです．

CDプレーヤなどの音声信号は，約22 kHzまでの信号成分が含まれるため，これをそのままBA1404に入力すると，高域の信号が19 kHzで折り返され，ラジオで受信した際に高音域で雑音が聞こえてしまいます．

そこで，図14のような回路を使うと，16 kHz以上の信号を減衰できるので，高音域での雑音を低減できます．

● 仕様の決定

図14は，GIC(一般化インピーダンス・コンバータ)を使って構成したロー・パス・フィルタです．

なるべく高域までの信号を伝送するため，7次の有極チェビシェフ・ロー・パス・フィルタで，通過帯域0.28 dB，遮断周波数を16 kHzとしました．18.8 kHzで約53 dBの減衰が得られます．

OPアンプの電源は，±15 Vとかなり高くしています．GIC型のフィルタは，入力電圧に比較して各OPアンプの出力電圧が，かなり大きくなることがあります．

シミュレーションにより確認してみると，最大になるもので，約10 dBのゲインがありました．これは，1 Vの振幅を持つ正弦波の入力に対して，約3.2 Vの振幅の正弦波を出力するOPアンプがある，ということを意味しています．

● 周波数特性の測定結果

図15に，周波数特性を示します．理論値と実測値が，ほぼ一致していることが分かります．

抵抗器には1%の金属皮膜抵抗器を使い，コンデンサにはスチロール・コンデンサを使いました．LCRメータを使って，希望する値に対して0.1%程度の素子値となるように合成しています．

OPアンプの電源電圧は，±15 Vとしています．入

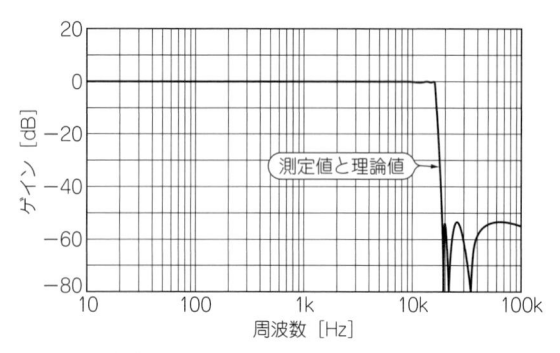

図15 周波数特性

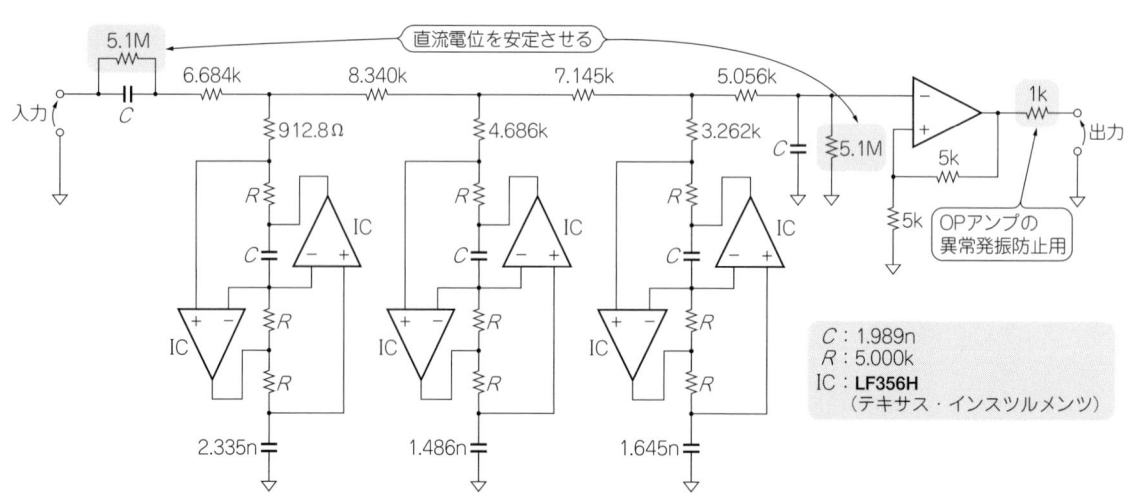

図14 カットオフ周波数16 kHzの7次ロー・パス・フィルタ回路
ステレオにするためには同一の回路を二つ用意する．

出力端子付近に使用する抵抗器5.1 MΩの精度はあまり必要ありませんが，回路の直流電位を安定化させるために必要ですので，必ず挿入してください．

最終段の2倍の正相増幅器は，負荷による周波数特性の乱れを防ぐという目的のほかに，回路の直流ゲインを1倍とするために挿入してあります．

出力端子についている1 kΩは，負荷による異常発振を防ぐために必要です．万一，高域が落ちる場合には，もう少し抵抗値を下げてもOKです．

ステレオにするために，この回路を二つ用意します．本回路に使用するOPアンプとしては，LF356のように，入力インピーダンスの高いものを選びます．

9-9 カットオフ周波数が10 MHz 5次ロー・パス・フィルタ回路

広瀬 れい

図16に示すのは，広帯域な電流帰還型OPアンプを利用した，カットオフ周波数が10 MHzの5次バターワースLPF(サレン・キー型)です．浮遊容量に敏感な反転入力がシリコン内にあるので，高周波回路ながら実装しやすいというメリットがあります．

● **キー・デバイスの特徴と仕様**

HFA1412(ハリス社を経てインターシル社)は4回路入りの電流帰還OPアンプです．標準的なピン配置のSOP14パッケージで，正負電源は4ピンと11ピンに接続されます．

最適な帰還抵抗を内蔵しており，外付け抵抗なしで，+1/-1/+2倍のゲインが得られます．平衡/不平衡ケーブル・ドライバやレシーバなどに適したICです．

主な仕様は，次のとおりです．

- クローズド・ループ・ゲイン：+1/-1/+2倍からプログラマブル
- 周波数帯域幅：350 MHz
- 動作電流：6 mA/ユニット
- 動作電流：±5 V(最大電圧差11 V)
- 出力電流：55 mA(max)

ここでは，各OPアンプの二つの入力をショートして，ゲイン1倍で使います．帰還抵抗が内部にあるので，フィルタの各CR素子のレイアウトもやりやすくなります．

今回はブレッドボードで組みましたが，プリント基板にする場合は入出力が接近するのを避け，また浮遊容量が少なくなるようにICのピンやフィルタのCR素子の直下や周囲からグラウンドやパワー・プレーンを抜くようにします．

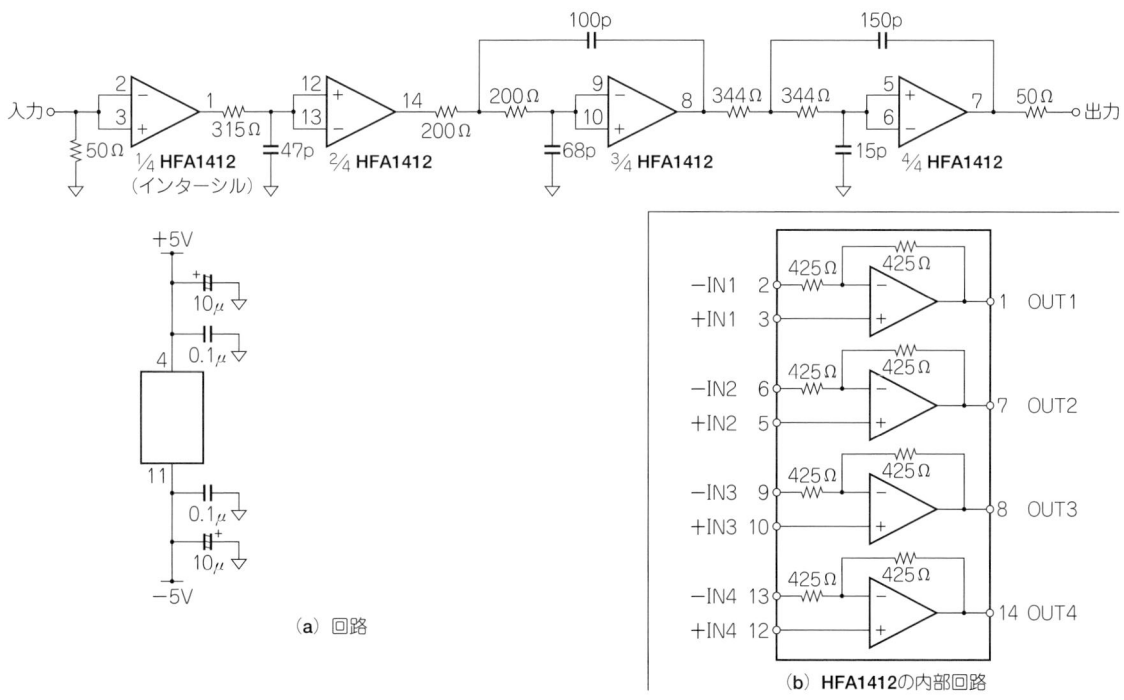

図16 カットオフ周波数が10 MHzの5次バターワース型ロー・パス・フィルタ回路

(a) 5次LPF (b) 4次LPF

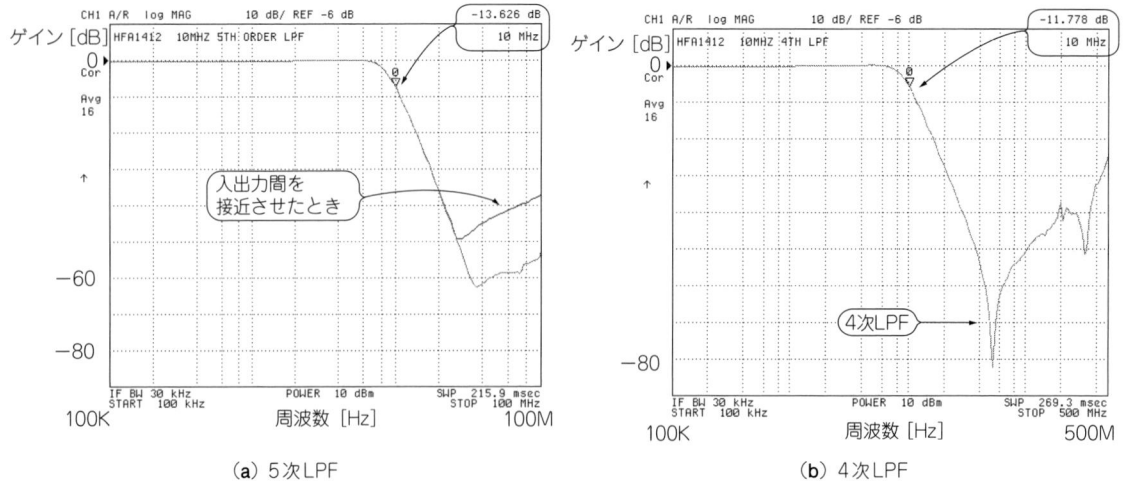

図17 フィルタの次数やパターンによる入出力特性の違い

● 周波数特性の測定結果

図17(a)に，入出力特性を示します．入出力を意図的に近づけた場合，60 dB程度はあった最大減衰量が悪化しています．

図17(b)は，比較用に測定した，4個中の1個のOPアンプを未使用にして構成した4次LPFの特性です．類似の部品配置にもかかわらず，IC出力のインダクタンス分によると思われる非常に深いノッチ（約－80 dB）が現れているので，5次LPFの特性には結合による通り抜けが見えているようです．

基板のスペースに余裕があるなら，デュアル・パッケージ品（表2参照）などで組んだほうが信号の流れも直線的かつ配線も最短になり，より良い結果が得られそうです．

表2に，HFA1412の主な代替部品を示します．

表2 広帯域な電流帰還型OPアンプHFA1412の代替部品の代表例

型　名	内蔵OPアンプ[個]	メーカ	パッケージ
MAX4022	4	マキシム	SOP14, QSOP16
MAX4017	2		SOP8, μMAX8
MAX4222	4		SOP14, QSOP16
MAX4217	2		SOP8, μMAX8
OPA2832	2	テキサス・インスツルメンツ	SOP8, MSOP8
OPA2682	2		SOP8, MSOP8

（初出：「トランジスタ技術」2008年9月号　特集）

Appendix C アナログ・ビデオ信号回路集

9-10 AGC, クランプ, フィルタ, 信号検出を一体化した ビデオ信号自動ゲイン調整回路

漆谷 正義

カメラなどから出力されるビデオ信号をA-D変換するときは，AGC（自動ゲイン制御回路），映像信号の黒レベルを固定するクランプ回路，帯域制限フィルタ，出力バッファ，同期消失（LOS）検出回路などが必要になりますが，これらをまとめた回路を紹介します．

部品点数は数点なので，A-D変換以外にも，監視カメラの切り換えビデオ信号スイッチャなどに好適です．

● 回路図

ビデオ信号自動ゲイン調整回路を，**図1**に示します．仕様は，入出力インピーダンスが75Ω，最大入力2 V_{P-P}，AGCイネーブル，バッファ・ゲイン+6 dB，帯域10 MHzです．

● キー・デバイスの特徴と仕様

使用したMAX7451（マキシム）は，シンク（同期）AGCおよびバックポーチ・クランプ付きのビデオ信号コンディショナ（波形調整回路）です．バックポーチ（水平同期信号の後部）をGNDレベルに固定し，±6 dBのAGCにより振幅を一定にします．

同期信号検出回路により，ビデオ信号の有無を15ライン以下で判断できます．フィルタによる電源リプル（50または60 Hz）除去比は60 dBです．電源電圧は，±5 V（7450），±3.3 V（7451），5 V単一電源（7452）の3種類があります．

図2に，MAX7451のブロック図とピン配置を示します．パッケージは8ピンのSOICです．

● 注意事項と代替品

ICに付いている放熱パッド（Exposed Pad, EP）をGNDに落とさないように注意してください．EPはV_{SS}に接続します．また，バイパス・コンデンサをICピンの直近に配置することと，入出力パターンを引き回さないことがポイントです．

ビデオ信号のAGCには，同期振幅を検出するシンクAGCと信号のピーク値を検出するピークAGCがあります．このICは前者だけを採用しているため，同

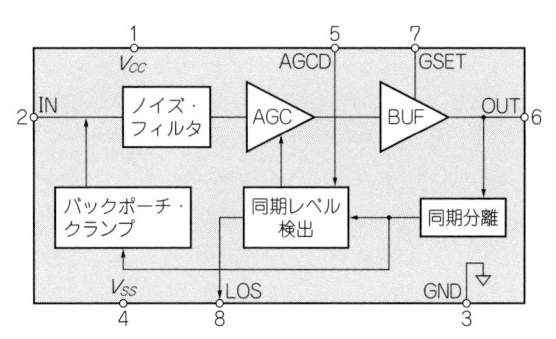

図2 MAX7451のブロック図とピン配置

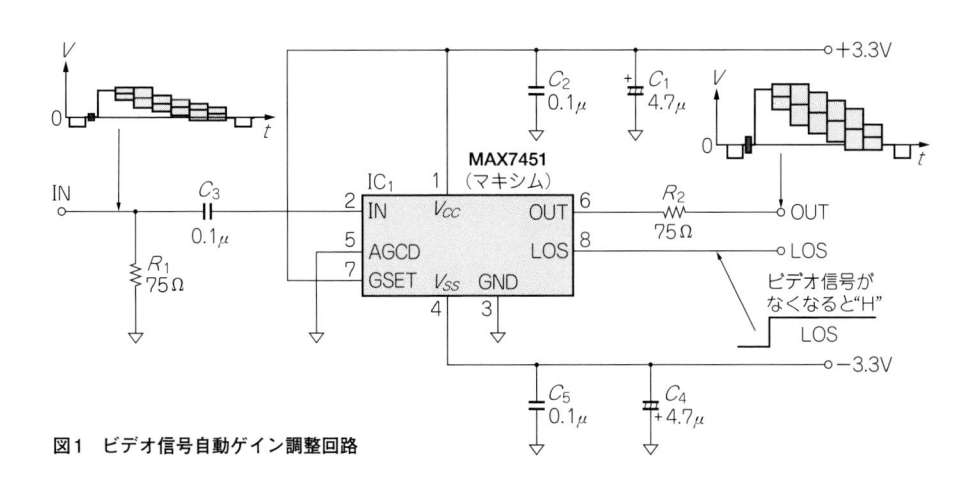

図1 ビデオ信号自動ゲイン調整回路

期比率が正しくない信号に対しては正常に動作しません．同期信号レベルが小さい場合は，出力振幅が規定値より大きくなり，逆に同期信号レベルが大きい場合は，出力振幅が小さくなります．

代替品としては，MAX7450(±5 V)，MAX7452(+5 V単一電源)があります．

9-11 1本の外付け抵抗で多彩な同期信号を取り出せる ビデオ信号同期分離回路

漆谷 正義

正極性の0.5～2 V_{P-P}の映像信号(コンポジット・ビデオ信号)から，複合同期信号(コンポジット・シンク：水平同期と垂直同期の合成信号)，垂直同期信号，バースト・ゲート・パルス，偶奇(O/E)判定信号を取り出せる回路です．

● 回路図

図3に，ビデオ信号同期分離回路を示します．入力のエミッタ・フォロワは，信号源のインピーダンスが高い場合を考慮したもので，信号源が75 Ωの場合は不要です．また，R_5はサグを改善するために挿入していますが必須ではありません．

電源電圧は+5 V，消費電流はIC単体で1.7 mA，回路全体で8.2 mAです．

● キー・デバイスの特徴と仕様

EL4581(インターシル)は，50％スライス，LPF内蔵のビデオ信号同期分離用ICです．アナログCMOSプロセスで製造されており，業界標準であるLM1881(テキサス・インスツルメンツ，以下TI)に比べると高性能かつ低消費電力です．

入力信号はNTSC，PAL，SECAMおよびその他の非標準ビデオ信号に対応します．R_{set}の設定により，45 kHzの水平周波数にも対応可能です．

● パターンとレイアウトのポイント

ビデオ信号はDC～数MHzの帯域があるので，電源のインピーダンスを低くして電源からのリプルやノイズを低減します．入力のエミッタ・フォロワは，数100 MHzの発振を発生しやすく，コレクタ直近にバイパス・コンデンサが必要になることがあります．

● 入出力波形

図4に，入出力波形を示します．入力は1 V_{P-P}のNTSCスプリット・カラー・バー信号です．表示は，奇数フィールド開始ブランキング部分です．

● 代替部品

業界標準のLM1881(TI)はピン互換です．BA7046(ローム)は，Cシンク(水平AFC付き)とVシンクの分離のみですが，NJM2229(新日本無線，以下NJR)には同期検出機能があり，NJM2257(NJR)はフィールド判別機能をもっています．

また，NJW1303(NJR)には，バースト・ゲート・パルス出力があります．LMH1980，LMH1981(TI)は高価ですが，アナログHD信号にも対応しており，今後の標準品になりそうです．

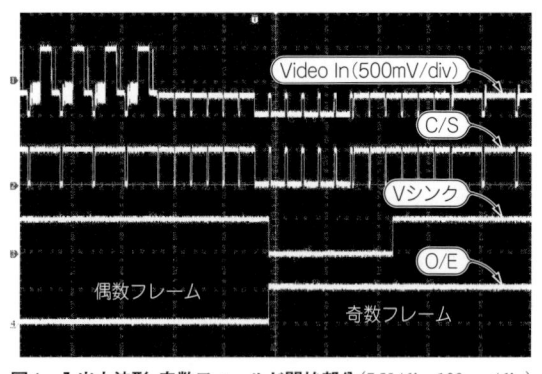

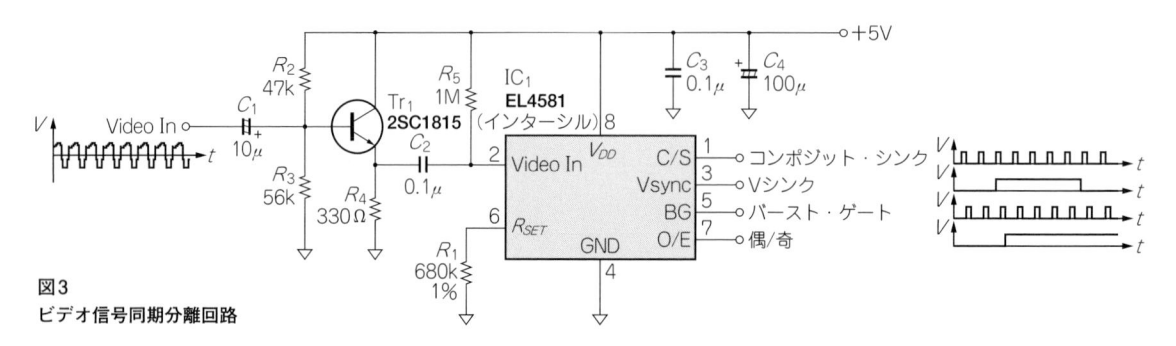

図4 入出力波形，奇数フィールド開始部分 (5 V/div, 100 μs/div)
同期信号のレベルが小さくなるとO/E出力が誤動作しやすいので，入力振幅が小さいときは注意．

図3 ビデオ信号同期分離回路

9-12 ビデオ同期信号検出回路
ワイヤードOR接続で多数の信号源にも対応可能

漆谷 正義

ここで紹介するのは,ビデオ・スイッチや監視カメラ・システムなどに使えるSDTVビデオ信号の有無を検出する回路です.

コンポジット・ビデオ信号や輝度信号(Y信号)のほか,同期信号を有する信号に適用できます.電源電圧は5V±10%,ビデオ入力振幅は0.5～2.4 V_{P-P}です.

● 回路図

図5は,ビデオ同期信号検出回路です.入力ビデオ信号は初段でクランプされるため,C_1を介するAC結合にする必要があります.

● キー・デバイスの特徴と仕様

MAX7461は,5ピンのSOT23パッケージで,外付けに必要な部品は3個という回路構成ですが,ノイズやひずみの多いビデオ信号であっても,その有無を正しく判別します.内部ブロック図を図6に示します.検出時間は図7のように定義されており,各々 t_{DT} = 3.4 ms_{typ},t_{RT} = 2.2 ms_{typ} です.

出力の$\overline{LOS}$端子は,信号欠落のとき"L",信号ありのとき,ハイ・インピーダンスとなるオープン・ドレイン出力です.従って,MAX7461を多数並列にして複数の信号源のワイヤードORを取ることができます.

● パターンとレイアウトのポイント

V_{CC}端子の直近に0.1μFのバイパス・コンデンサを配置します.チップはGND面の上に配置し,チップの直下にディジタル信号パターンを通さないように,また入出力信号は接近しないようにします.

● 入出力波形

図8は,ビデオ信号を間欠的に入力した場合の,$\overline{LOS}$端子の出力波形です.レスポンスの実測値は,t_{RT} = 2.6 ms,t_{DT} = 3.28 ms です.

● 代替部品

MAX7450,MAX7451は,LOS端子をもっています.NJM2229(新日本無線)は同期分離ICですが,同期検出機能も備えています.BA7078(ローム)は,高精細ディスプレイ用の同期分離ICですが,同期検出機能を備えています.

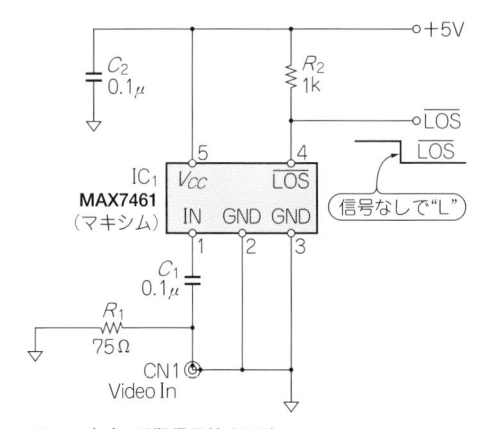

図5 ビデオ同期信号検出回路

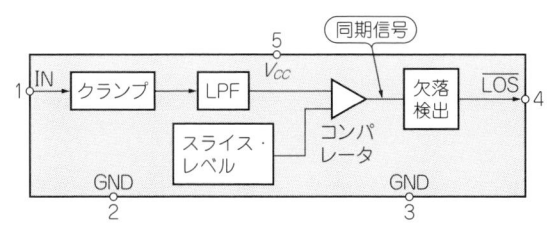

図6 MAX7461の内部ブロック図

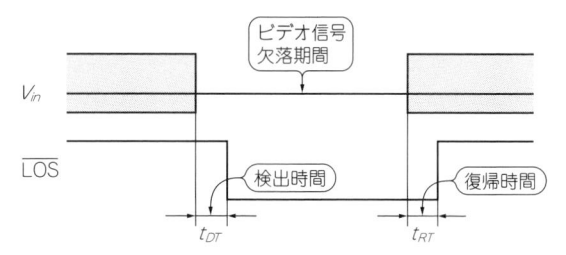

図7 欠落信号のレスポンス

図8 入出力波形(上:200 mV/div,下:2 V/div,2 ms/div)

9-13 ビデオ入力や負荷がないとき省電力モードになる
Y/Cミキサ回路付きビデオ・フィルタ・アンプ

漆谷 正義

DVDやセットトップ・ボックスなどでコンポジット・ビデオ信号が必要になるとき，簡単に作成できる回路です．D-Aコンバータと組み合わせるときは，部品点数が数点で済みます．

● 回路図

図9は，MAX9512を使ったビデオ・フィルタ・アンプです．これは，輝度信号(Y)と，色差信号(C)を信号発生器(出力インピーダンス75Ω)から得る場合の接続例です．なお，D-Aコンバータを接続する場合はR，C，ダイオードは不要です．入力電圧は0～1.05V，出力電圧は2.1V_{P-P}(typ)です．75Ωの終端により，標準値1.05V_{P-P}となります．

● キー・デバイスの特徴と仕様

MAX9512は，Y信号とC信号を混合して，コンポジット・ビデオ信号を出力するデバイスです．6.75MHzのLPFを内蔵しているので，D-Aコンバータからの出力を直接接続することができます．

このデバイスの特徴は，
- 入力信号と出力の負荷の状態を検出し，入力信号や負荷がないときには省電力モードに入る
- 帯域6.75MHzのLPFをY，Cチャネルにそれぞれ装備している
- Y，C信号を混合してコンポジット・ビデオ信号を作成できる
- Y，C信号を作成することができる
- 電源電圧2.7～3.6Vの単一電源で動作する

図10に，MAX9512のブロック図とピン配置を示します．パッケージは16ピンのTQFNです．

● パターンとレイアウトのポイント

電源端子V_{DD}に入れるバイパス・コンデンサは，各V_{DD}ピンの直近に配置します．すべての外付け部品は，デバイスにできる限り近接して配置します．また，放熱パッド(Exposed Pad)は，グラウンドに接続します．グラウンドおよびV_{DD}は，面接続にするのがよいでしょう．

● 代替部品

NJM2567(新日本無線)は，MAX9512とほぼ同一の機能をもっています．電源電圧も2.8～5.5Vと低電圧に対応しています．さらに，パワー・セーブ回路も内蔵しています．

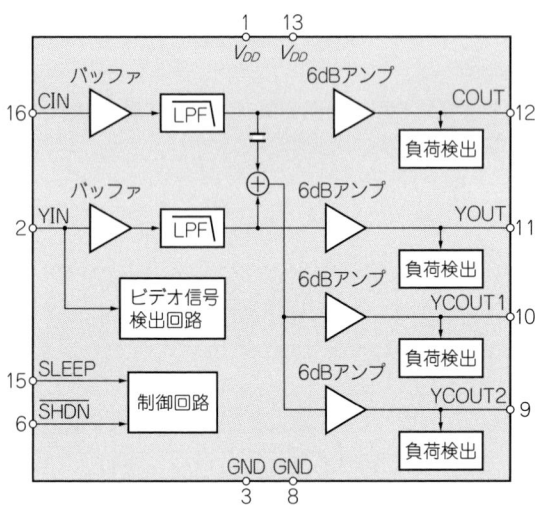

図10 MAX9521のブロック図とピン配置

(初出:「トランジスタ技術」2008年9月号　特集)

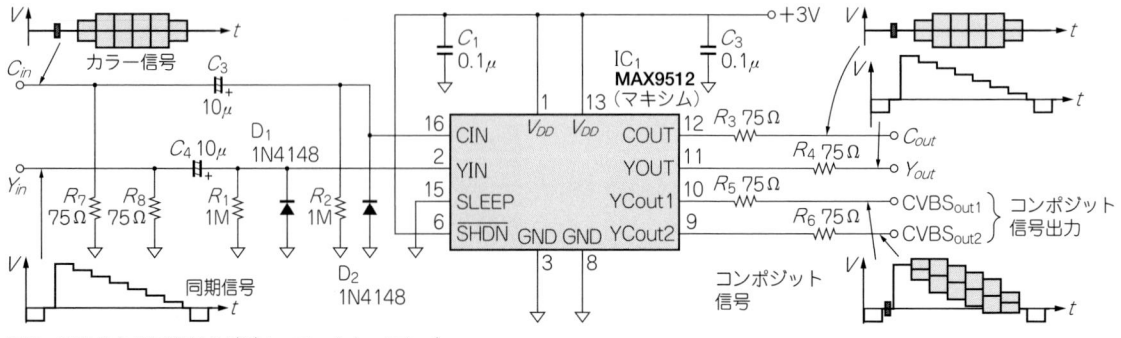

図9 Y/Cミキサ回路付きビデオ・フィルタ・アンプ

Appendix D

機能IC応用回路集

D-1 DC〜2GHzの広帯域で使える 5V単電源で動作するアナログ乗算器

石島 誠一郎

　直線性の良いアナログ乗算回路をディスクリート部品で組むのは手間がかかります．また，乗算器ICを使う場合でも負電源を必要とするものが多く，使い勝手がよいとは言えません．

　ADL5391（アナログ・デバイセズ）は，5V単電源で動作する差動入出力のアナログ乗算器です．

　X，Y，Zの三つの差動入力とWの差動出力，ゲインαの調整端子を備えています．出力電圧V_W [V] は，次式で求めることができます．

$$V_W = \alpha(V_X \times V_Y)/1\text{V} + V_Z$$

　ただし，V_X，V_Y，V_Zは，それぞれX，Y，Zの差動入力電圧，1Vは単位調整

　差動入力端子の入力抵抗は250Ωとなっており，内部のコモン電圧2.5Vにバイアスされています．

　入力電圧は+2V〜-2Vの範囲で差動入力が可能ですが，ADL5391の内部で信号が飽和しないように，途中の演算結果が+2V〜-2Vの範囲に入る必要があります．

　X，Y，Zをシングル・エンド入力として利用する場合，図1のⒶ〜Ⓒに示した回路を追加します．

　Ⓐのように，+入力だけを利用すれば2.5Vを中心に+3.5V〜+1.5Vの入力が可能です．

　ACのみを入力する場合，Ⓑのようにカップリング・コンデンサを入れれば，$2V_{P-P}$の信号を入力できます．なお，Ⓐ，Ⓑともに，値としては+1〜-1が入力可能になります．

　Ⓒの回路は，差動出力アンプ（AD8132など）を利用して入力を差動信号に変換します．+2〜-2の値を

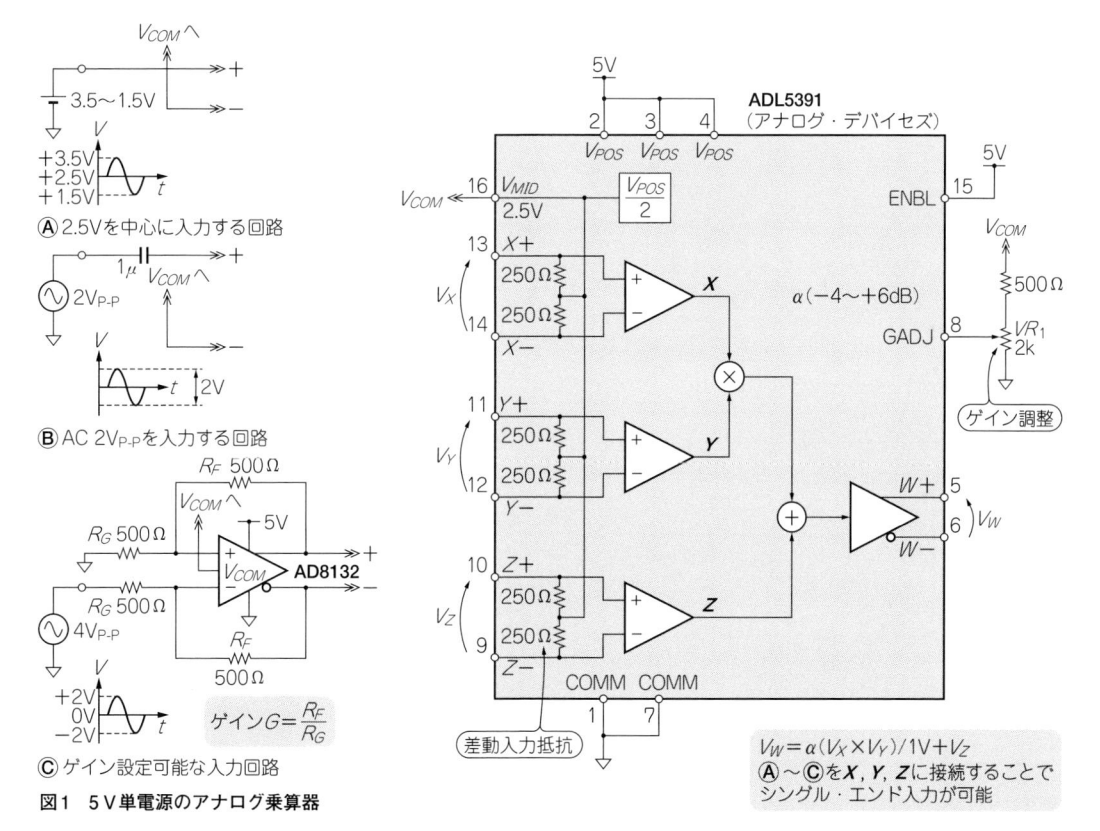

図1　5V単電源のアナログ乗算器

入力可能です．ゲイン調整を行わない場合は，VR_1を接続する必要はありません．

D-2 磁気結合式アイソレータICをレベル・シフタに使った数百kbpsの通信用ケーブル・ドライバ回路

広瀬 れい

損失の多い長距離のケーブルを使ってベース・バンド信号を送る場合，出力の振幅を大きくするためにドライバの電源電圧を上げます．信号は通常ロジック・レベルなので，このようなドライバを駆動するにはなんらかの回路によるレベル・シフトを行います．レベル・シフトの方法はいろいろありますが，フォト・カプラのように1次側と2次側のグラウンドの電位を自由に決められるアイソレータICを利用できます．

図2に示したのは，アナログ・デバイセズの電磁結合式アイソレータ ADuM1100をレベル・シフタに使ったケーブル・ドライバ回路です．これは，数百kbps程度のベース・バンド信号を伝送する用途に使用できます．入力には標準ロジック信号を直結して，フォト・カプラを使ったときと同様に直流から伝送することができます．また，半二重通信用に送信停止/フローティング状態への切り替え信号を設けています．

● ADuM1100の特徴と仕様

このICは従来はディスクリートで構成されていた

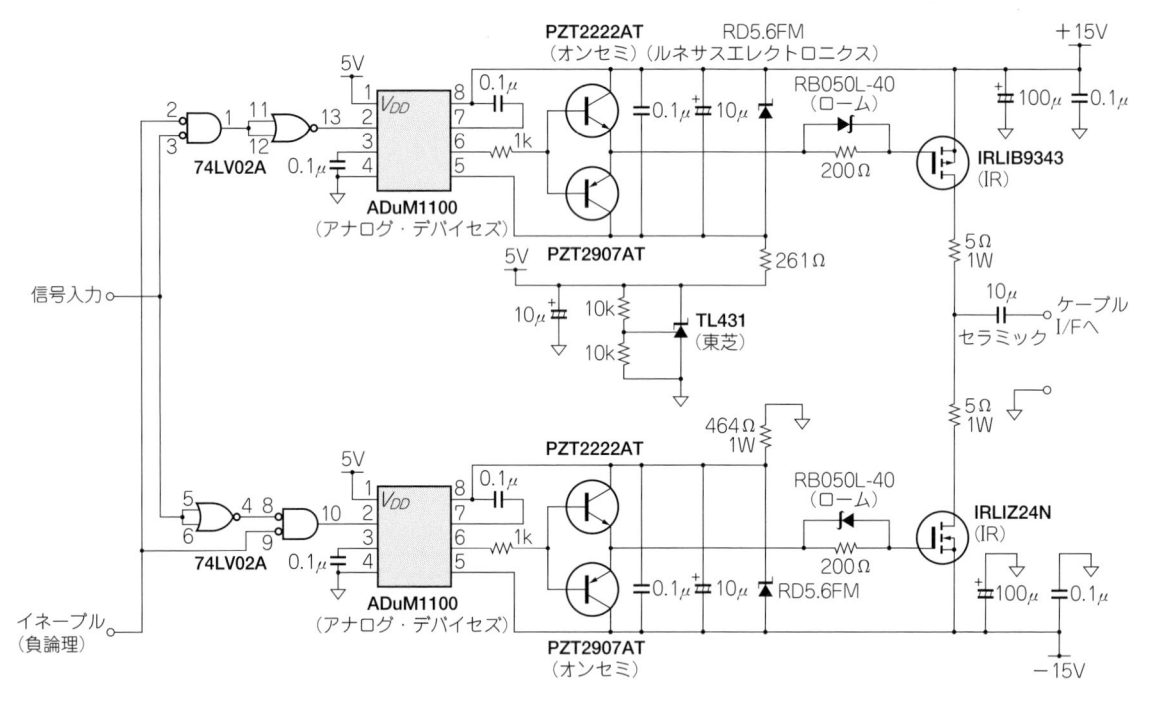

(a) 回路
オンセミ：オン・セミコンダクター
IR：インターナショナル・レクティファイアー

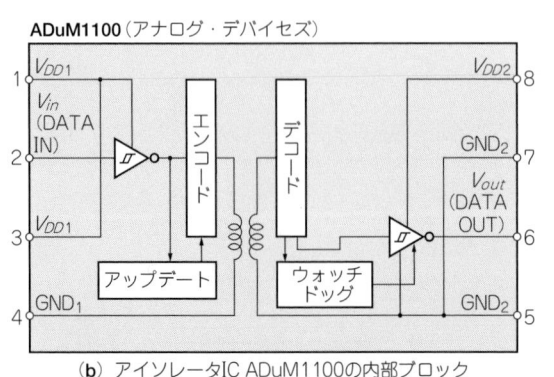

(b) アイソレータIC ADuM1100の内部ブロック

図2 アイソレータICを利用したケーブル・ドライバ回路

表1 代表的なアイソレータIC例

型　名	方　式	メーカ	パッケージ
ISO721M	容量結合	テキサス・インスツルメンツ	SOP8
HCPL-9000	GMR	アバゴ・テクノロジー	DIP8
HCPL-0900	GMR		SOP8
IL710	GMR	NVE	DIP8, SOP8, MSOP8

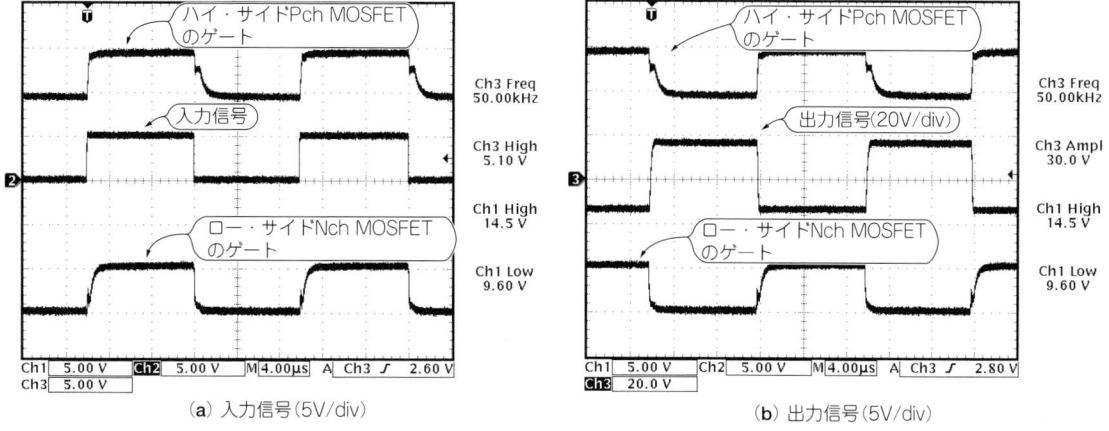

図3 図2の回路の動作波形

(a) 入力信号(5V/div)

(b) 出力信号(5V/div)

電磁結合式ロジック・アイソレータをIC化したもので，極小の空芯トランスと周辺回路を集積しています．入力側の信号変化を動的に検知し，交流信号として絶縁トランスを介して伝送し，出力側に入力側の状態を再生します．フォト・カプラと比較すると，光電素子のような経年変化の心配がなく，速度や電力的にも有利なようです．特に，比較的低速度の信号に使う場合には，低消費電力が見込まれます．動作電圧は3.0～5.5Vです．

図2のようなドライブ回路では，ハイ・サイドとロー・サイドのFETが同時にONになる瞬間が発生すると，電源とグラウンド間に貫通電流(クロス・コンダクションあるいは，シュート・スルー・カレントとも言う)が流れてしまうので，FETのゲートにダイオードと並列に入れた抵抗値を調整してデッド・タイムを確保します．また，FETには4～4.5Vドライブが可能なものを使用して，OFFが遅れないようにゲート・バイアス振幅を必要最小限にしています．

図3にドライバ回路の動作波形を示します．図(a)はロジック入力に対する，ハイ／ロー両サイドの各ADuM1100の出力に接続したバッファの出力，つまりFETのゲート・バイアスを見たものです．各FETのソースが±15Vの電源ラインに接続されているので，ハイ・サイドのPch FETは波形の立ち下がり部でONになり，ロー・サイドのNch FETは立ち上がり部でONになります．また，図(b)は各FETのゲート・バイアスに対して，軽負荷ダミー・ロードでのドライバの出力波形を見たものです．

なお，表1に示すように，ADuM1100以外にも性能が拮抗する微小容量結合あるいは，巨大磁気抵抗素子(GMR)を使用した新世代アイソレータが各社から登場しています．

(初出:「トランジスタ技術」2008年9月号 特集 Appendix)

ADuM1100の元となったAD260/261というアイソレータIC　Column

　AD260/261は，アナログ・デバイセズの歴史のある5chロジック・アイソレータIC(モジュール)です．ADuM1100(iCouplerシリーズ)は，使われる分野は違いますがブロック図や動作原理がAD260/261のそれとほぼ同一と思われることから，MEMS技術と半導体技術の進歩によって，AD260/261をリエンジニアリングして誕生した画期的なICと言えそうです．表Aに比較を示します．

　フローティング電源構成用の小型トランスを内蔵しているADuM5240などのMEMSコイルによるフローティング電源内蔵タイプのアイソレータICも登場しています． 〈広瀬 れい〉

表A 仕様の比較(詳細は個別データシート参照のこと)

項目＼型名	AD260/261	ADuM1100
絶縁試験電圧	1.75 k/3.5 kV$_{RMS}$	データシート参照
データ・レート [bps]	40 M	25 M/100 M
波形エッジひずみ [s]	± 1 n	± 0.5 n
伝播遅延 [s]	14 n	10.5 n
トランジェント・イミュニティ [V/μs]	> 10 k	> 25 k
パッケージ [mm]	38.1 × 13.97 × 11.18	SOP8
沿面距離 [mm]	12.2	4.01

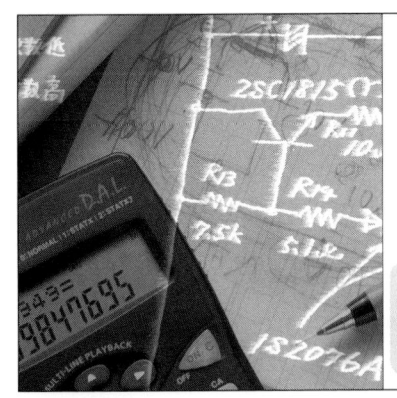

第10章 電池動作で使えるコンパクトで高効率なモバイル機器用電源など

電源回路実例集

ここでは，電源回路のなかでもモバイル機器用電源(10-1～10-6)と他書ではまとめて読むことの難しいような特殊な電源回路(10-7～10-9)，加えてブラシレスDCモータのレゾルバ用励磁回路を一つ紹介します．〈編集部〉

10-1 同期整流で電池動作に適した小型で高効率な降圧型コンバータ回路

馬場 清太郎

図1に，LTC3561（リニアテクノロジー）を使用した，小型で高効率の降圧型コンバータを示します．LTC3561はスイッチ素子を内蔵し，最大4MHzのスイッチング動作が可能で高効率なので，携帯機器や電池動作の機器に最適です．図1に示した回路のスイッチング周波数は約1MHzで，効率は約90%です．

LTC3561の入力電圧範囲は2.63～5.5V，出力電圧は0.8V～5Vの範囲で調整可能です．

電池動作を考慮し，メイン・スイッチにPchパワーMOSFET（オン抵抗0.11Ω）を採用し，同期整流器としてNchパワーMOSFET（オン抵抗0.11Ω）を使用しています．ピーク電流定格は，両者とも$1.4 A_{peak}$です．PchパワーMOSFETは入力電圧低下時に連続的にONできます（100%デューティ比可能）．無負荷時の消費電流はわずか$240\mu A$で，シャットダウン時の消費電流は$1\mu A$以下です．

LTC3561は，3×3mmの8ピンDFN（裏面放熱パッド付き）パッケージに収められ，図1の回路において，部品の実装部分は10×13mmと小さくなっています．

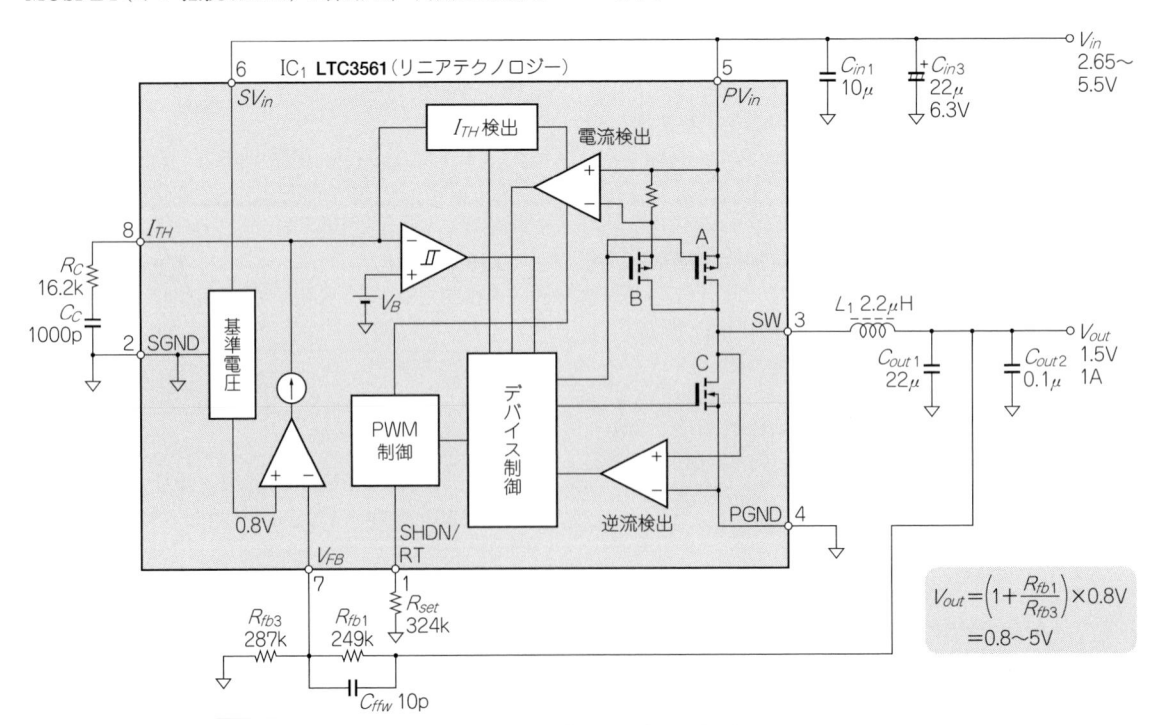

図1[(1)] スイッチング周波数約1MHz，効率約90%の小型で高効率な降圧型コンバータ

$$V_{out} = \left(1 + \frac{R_{fb1}}{R_{fb3}}\right) \times 0.8V = 0.8\sim 5V$$

外付けに必要な部品は，出力電圧を設定する抵抗および降圧型コンバータ用のインダクタとセラミック・コンデンサだけです．

LTC3561には他社の同等品はありませんが，使用条件を一部変更すれば，機能的に代替可能なICが各社からたくさん販売されていて選択に困るほどです．

例えば，TPS62291(テキサス・インスツルメンツ)はピーク電流定格はLTC3561と同じですが，内蔵パワーMOSFETのオン抵抗が大きくなっているため，実用的な最大出力電流は制約されます．また，内蔵パワーMOSFETはメイン・スイッチ，同期整流器ともNchパワーMOSFETのため，真に100%デューティ比可能ではありません．しかし，形状が2×2mmSONパッケージとさらに小さくなっています．

◆引用文献◆
(1) LTC3561データシート，2006年，リニアテクノロジー㈱

10-2 リチウム・イオン電池から5Vが得られる 入力電圧が出力電圧を上回っても出力が安定な昇圧型コンバータ回路

森田 一

リチウム・イオン電池はエネルギー密度が高いため最近よく使われるようになってきました．ところが，電池電圧が3.3～4.2V程度なので，青色あるいは白色LEDを使用していたり，過去の設計資産の5V系のワンチップ・マイコンを流用するような場合など，もう少し高い電圧が欲しい場合があります．

このような場合，昇圧型コンバータにより5Vを生成するのが手軽です．

図2(p.132)に，入力電圧が出力電圧を上回っても出力が安定化されるTPS61027(テキサス・インスツルメンツ)を使った回路を示します．

● 簡単に5Vが得られるTPS61027の使い方

▶TPS61027の特徴
- 入力電圧範囲：0.9V～6.5V
- 1.5 A_{max} 出力の同期型昇圧コンバータを内蔵
- 0.9V動作では出力電流は200mA，5V動作では500mA
- 10ピンのQFN
- パワー・セーブ・モードをもつ
- ロー・バッテリを検出するコンパレータを内蔵
  電池が消耗した場合にはCPUに割り込みを掛けてスタンバイ・モードに落とすこともできます．
- シリーズ品
  ・TPS61020：出力可変
  ・TPS61024：出力3.0V
  ・TPS61025：出力3.3V

▶実装上の注意点

図2の太線で示したラインには大きなスイッチング電流が流れるので，図3のように太く短くアートワークする必要があります．また，出力電圧のフィードバックや基準GNDは，ノイズを軽減させるためにスイッチング電流の流れるラインと分離することも重要です．

▶コンデンサの選択

コンデンサには，極力ESRやESLの低いものを選択します．積層セラミック・コンデンサの場合は印加されるDCバイアスによって容量が大きく低下するもの(特にF特性のもの)があるので，注意が必要です．

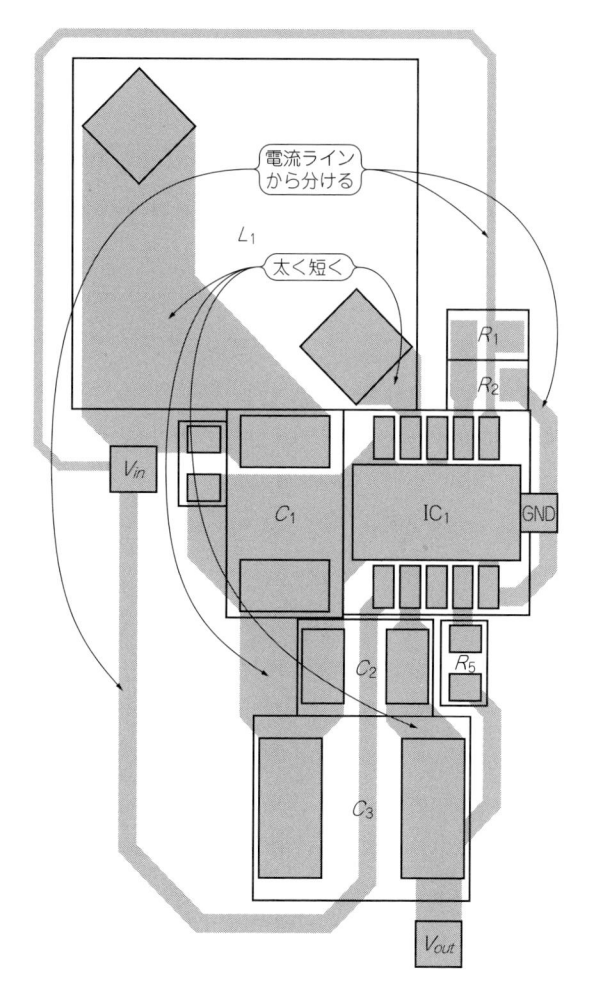

図3 図2のパターン・レイアウトの例

(a) 回路

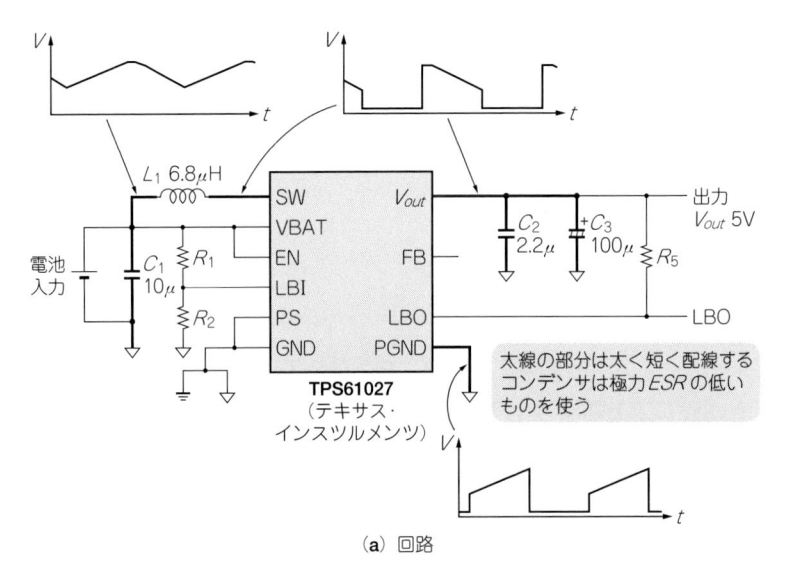

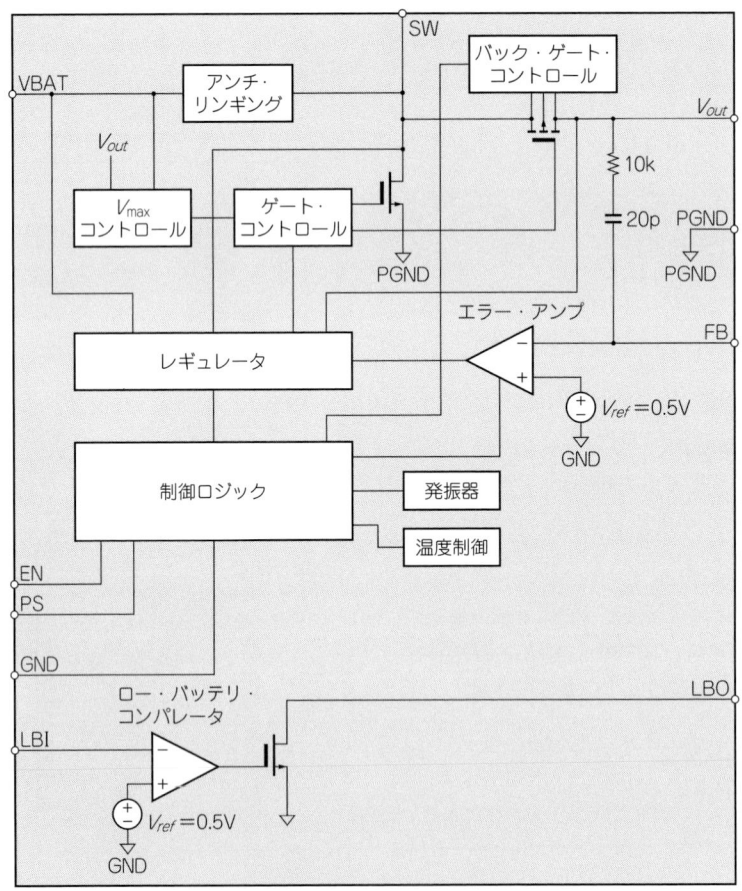

(b) TPS61020の内部回路ブロック

図2(1) リチウム・イオン電池から簡単に5Vが得られる昇圧型コンバータ回路

回路図には記載していませんが，高域のノイズが取り切れないときのための保険として入力側にC_4を置けるようにしてあります．

◆**参考文献**◆
(1) TPS61020データシート，テキサス・インスツルメンツ㈱．

10-3 0.3Vの低入力電圧でも動作し燃料電池/太陽電池にも使える電池動作機器用の昇圧型コンバータ回路

馬場 清太郎

図4に，TPS61200(テキサス・インスツルメンツ)を使用した，電池動作機器用の昇圧型コンバータを示します．

入力電源として想定しているのは，1～3セルのアルカリ電池，ニカド電池，ニッケル水素電池，1セルのリチウム電池などです．

また，最低入力電圧が0.3Vでも動作するので，低入力電圧での処理能力が重要となる燃料電池および太陽電池で駆動される機器でも使用できます．

出力可能な電流は入力と出力の電圧比に依存しますが，1セルのリチウム・イオン電池，リチウム・ポリマ電池を使用したときには，電池電圧が2.5Vに低下するまで，5V/600mAの出力を負荷に供給することができます．図4に示した条件で，入力電圧が2.5Vのときの効率は約92%です．

TPS61200は，3×3mmQFN-10パッケージに収められています．メイン・スイッチとしてNchパワーMOSFET(オン抵抗0.15Ω)，同期整流器としてNchパワーMOSFET(オン抵抗0.18Ω)を内蔵しています．

動作周波数は1.4MHz固定ですが，低電力出力時のパワー・セーブ(PS)・モードでは間欠動作により高効率を維持します．

外付け部品は，出力電圧を設定する抵抗，小型で安価なインダクタとセラミック・チップ・コンデンサだけで，超小型/高性能な電源が簡単に製作できます．

また，図4から分かるように同期整流器CにスイッチBが直列に入っていて，従来の昇圧型コンバータでは不可能な異常時における入出力の遮断が行えます．さらに，スイッチBは入力電圧が出力電圧よりも高いときには，リニア・レギュレータの直列制御トランジスタとして動作します(ただし，損失に注意)．

◆参考・引用*文献◆

(1)* TPS6120xEVM-179ユーザーズ・ガイド，2007年4月，テキサス・インスツルメンツ㈱

(2) TPS61200データシート，2007年，テキサス・インスツルメンツ㈱

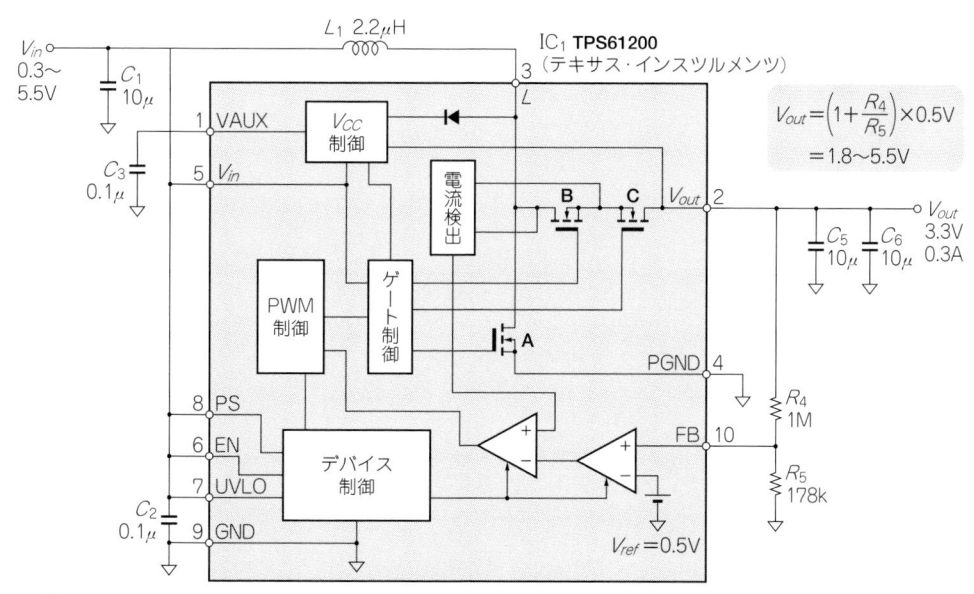

図4[(1)] 0.3Vの超低入力電圧でも動作する電池動作機器用の昇圧型コンバータ回路

$$V_{out} = \left(1 + \frac{R_4}{R_5}\right) \times 0.5V = 1.8 \sim 5.5V$$

10-4 CMOSロジックの駆動やLEDの点灯に使える 電池1本から5V/30mAを取り出す回路

畔津 明仁

電池1本でちょっとした回路を動作させたいことがあります．このような場合に使える回路を図5に示します．MAX1678（またはMAX1642）は，5V/30mA（150mW）程度の出力も可能ですが，得意とするのは，50mW以下の小電流負荷です．図中のL_1（インダクタ）が効率を左右します．効率が問題になる用途では，まず直流抵抗の低いものを選ぶのがよいと思います．

図6は，この回路に接続できるLED点滅回路です．

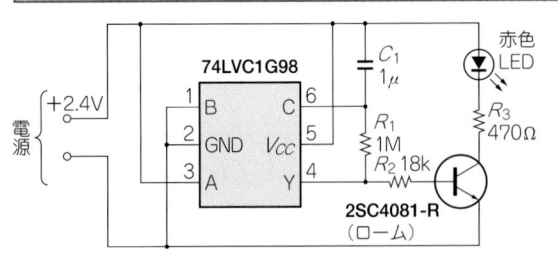

図6 ワンゲート・ロジック使ったLED点滅回路
ワンゲート・ロジックは形状が小さいことに加えて，ヒステリシス入力のものが多いので，発振回路が簡単に組める．

◆参考文献◆
(1) MAX1678データシート，Rev0，マキシム・ジャパン㈱

$$V_{out} = \left(\frac{R_3 + R_4}{R_4}\right) \times 1.23V$$

C_1，C_2…電解コンデンサまたはF特性セラミック・コンデンサ

(a) 回路

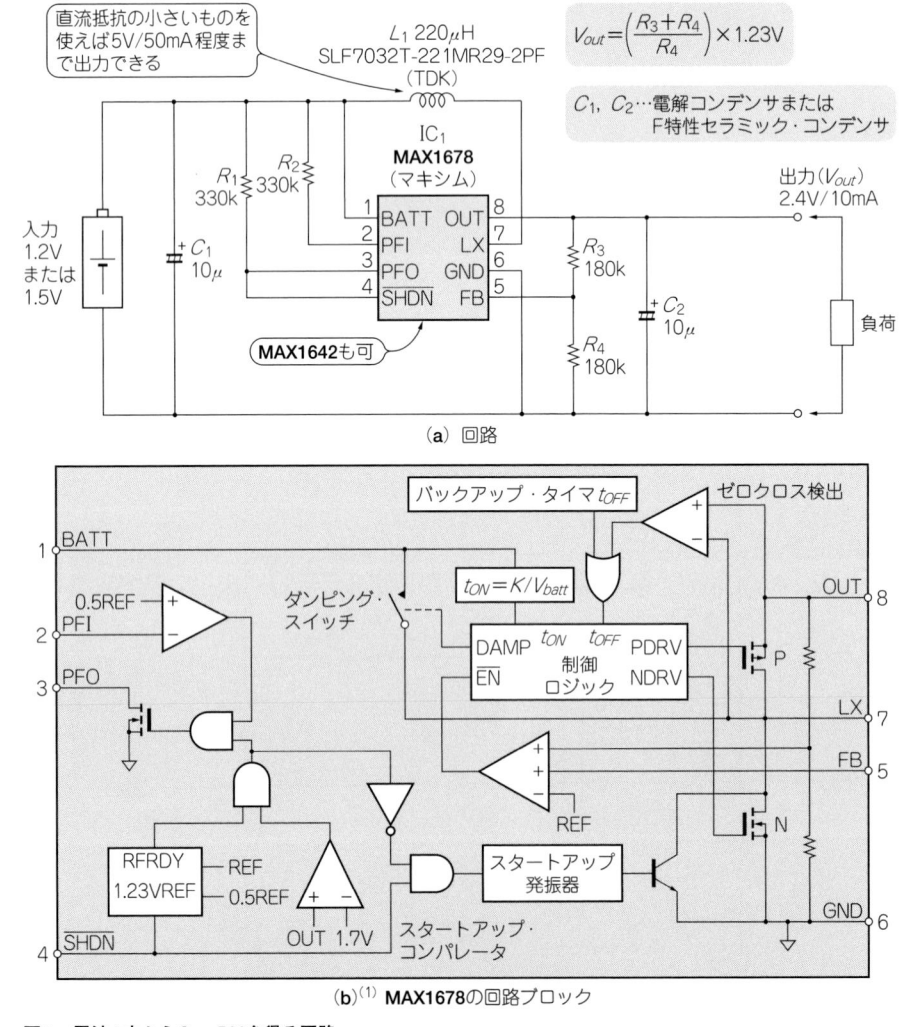

(b)[1] MAX1678の回路ブロック

図5 電池1本から2～5Vを得る回路

10-5 昇圧と降圧を自動切り替え！効率が約92％と高い 電池動作機器用の昇降圧型コンバータ回路

馬場 清太郎

図7に，TPS63000（テキサス・インスツルメンツ）を使用した，電池動作機器用昇降圧型コンバータを示します．入力電源として想定しているのは，1～3セルのアルカリ電池，ニカド電池，ニッケル水素電池，1セルのリチウム電池などです．

入力電圧が3.6Vで出力が3.3V/1A得られ効率は約92％です．出力可能な電流は入力電圧により変動し，最低入力電圧の1.8Vでは約500mAとなります．動作周波数は1.5MHz固定です．

図7では使用していませんが，ENピン(6)をグラウンドに接続すれば動作を停止し，消費電流は50μA以下になります．PS/SYNCピン(7)をグラウンドに接続すれば，低電力出力時のパワー・セーブ（PS）・モードになり間欠動作により高効率を維持します．このピンにクロック信号を与えれば外部同期（SYNC）動作に移行します．

TPS63000は，3×3mmQFN-10パッケージに収められています．外付け部品は，出力電圧設定の抵抗，小型で安価なインダクタとセラミック・チップ・コンデンサだけで，超小型/高性能な電源が簡単に製作できます．

基板実装例を写真1に示します．評価基板のために評価用の部品が多く大きくなっていますが，部品実装面積は，10mm×11mmと非常に小さくなっています．

TPS63000の他社同等品はありませんが，機能的に代替可能なICとして，出力電流が2Aと大きいLTC3533（リニアテクノロジー）があります．

◆参考・引用＊文献◆
(1)＊TPS63000データシート，2007年，日本テキサス・インスツルメンツ㈱
(2) TPS63000EVM-148ユーザーズ・ガイド，2006年3月，テキサス・インスツルメンツ㈱

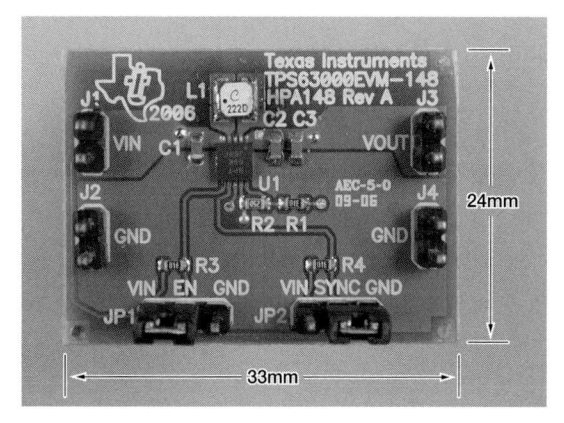

写真1 TPS63000評価基板の外観（TPS63000EVM-148，テキサス・インスツルメンツ）

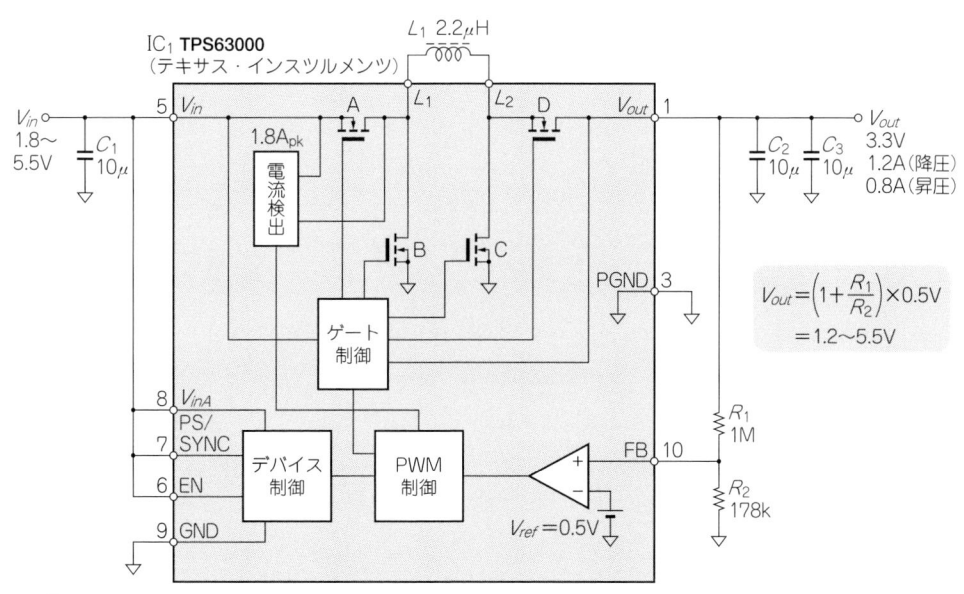

$$V_{out} = \left(1 + \frac{R_1}{R_2}\right) \times 0.5\mathrm{V} = 1.2 \sim 5.5\mathrm{V}$$

図7[(1)] パワー・スイッチを内蔵し，効率が高く電池動作に適した昇降圧型コンバータ回路

10-6 多出力の電圧バッファを使った液晶駆動用のバイアス電圧発生回路

畔津 明仁

　液晶(LCD)パネルの時分割駆動には多系統の電圧が必要です．この回路を内蔵したパネルも多いのですが，駆動回路を実験または自作する場合，多種の電圧を作ることが必要です．

　以前は，このような場合に多数のOPアンプを並べたりしましたが，現在では多出力の電圧バッファを使えば済みます．

　図8に示すのはその一例で，入力側の抵抗分圧電圧を，液晶駆動電圧として出力することができます．

　使用した18チャネル入りバッファIC LM8207MTの28および29番ピンには低い電圧を出力することになりますが，図中のR_aを入れないと期待した電圧が得られないことがあります．注意してください．

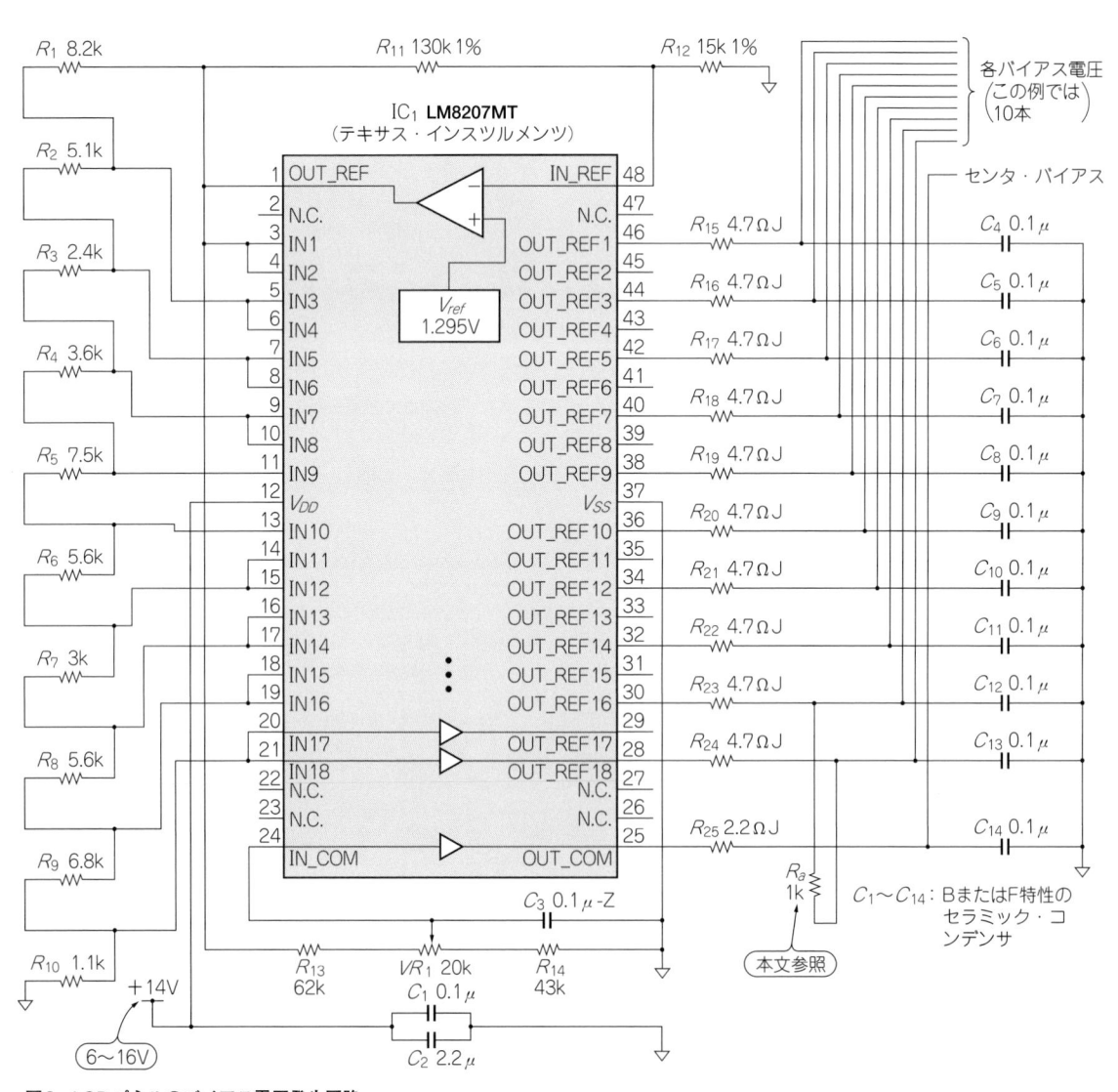

図8 LCDパネルのバイアス電圧発生回路

10-7 高周波アンプのバイアス電源に使える 簡易シーケンス機能付き電源回路

川田 章弘

GaAsFETなどの化合物半導体を使用した高周波アンプのバイアスは，負のゲート電圧を加えてから正のドレイン電圧を加える必要があります．

また，電源を切るときは，逆に，ゲート電圧が加わっている状態でドレイン電圧を切らなくてはいけません．

このような電源シーケンスを設けておかないと，過大なドレイン電流が流れ，デバイスの寿命を縮めたり，最悪，デバイスを破損させてしまう恐れがあります．

図9の回路は，そのような電源シーケンスの必要な高周波アンプのバイアス電源に使用できる簡易シーケンス機能付きの電源回路です．

この回路の正電圧の値V_Pは，R_4とR_5の抵抗値から次式によって決まっています．

$$V_P [\mathrm{V}] = 1.275 \times \frac{R_4 + R_5}{R_5} = 1.275 \times 8.5 \fallingdotseq 10.8$$

また，負電圧の値V_MもR_6とR_7から次式によって決まっています．

$$V_M [\mathrm{V}] = -1.22 \times \frac{R_6 + R_7}{R_6} = -1.22 \times 1.62 \fallingdotseq -1.98$$

もし，図9の回路と異なる電圧が必要な場合は，抵抗値を再計算するとよいでしょう．

● キー・デバイスの特徴と仕様

LM2941は，汎用のロー・ドロップ・アウト・レギュレータICです．ON/OFFピンを1.3 V以下の電圧にすることによって出力が有効になります．また，ON/OFFピンが1.3 Vよりも高い電圧であれば出力はOFFになります．この機能を使うことによって電源シーケンスを実現しています．

LT1964-BYPは，低雑音の負電圧ロー・ドロップ・アウト・レギュレータICです．低雑音の負電圧リニア・レギュレータICは品種が限られているので，この製品は貴重な存在です．

このICは，BYP端子とOUT端子間に0.01 μFのコンデンサを接続することによって低雑音を実現しています．もし，ゲート電圧に加わる雑音を気にする必要がないのであれば，汎用の負電圧レギュレータICを使用してもよいでしょう．

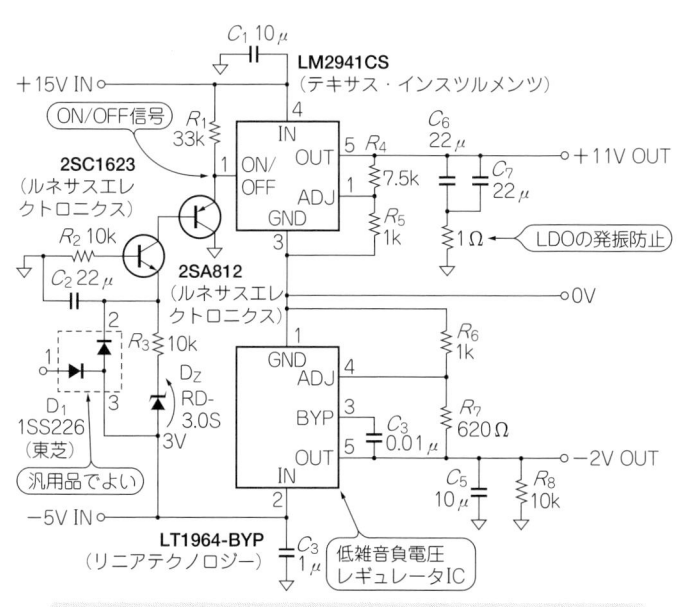

図9 簡易シーケンス機能付き高周波アンプ用バイアス電源

10-8 コンパクトで電池のように使える 小電力用フローティング電源回路

広瀬 れい

グラウンド・ループの切断，レベル・シフト，アイソレーション，安全性などの必要性から，メイン電源から絶縁した補助電源が必要になる場合があります．

図10に示すのは，蛍光灯インバータ用IC IR21531を利用した他励式の小電力フローティング電源です．高電圧電源の電流測定用回路やA-Dコンバータなどを動作させることを想定しています．回路の仕様は次のとおりです．

- 入力電圧（V_{CC}）：約14 V
  （コンバータへは約15 VからLDO経由で供給）
- 出力電圧（V_{out}）：±5 V（入力電圧に比例）
- 出力電力：0.3 W程度
- 周波数：30 k～60 kHzから選択
  （ノイズが多い場合には外部と同期）

製作例では，コンバータへの供給電圧14 Vのとき，出力電圧±5.2 V（100 Ω負荷時，約0.5 W），効率73％，スパイク40 m～50 mV$_{P-P}$ [**図11(b)**] が得られました．0.3 W負荷に比べると効率は数パーセント下がりました．

● キー・デバイスの特徴と仕様

▶ハーフ・ブリッジ・ドライバIC IR21531

IR21531（インターナショナル・レクティファイアー）は，タイマIC 555に似た発振回路を内蔵したハーフ・ブリッジ・ドライバICです．DIP8とSOP8の両パッケージがあります（ブートストラップ・ダイオード内蔵はDIPのみ）．ICの主な仕様は次のとおりです．

- ハイ・サイド・ドライバ耐圧：600 V
  （今回は無関係）
- コントローラ部動作電圧：15.6 Vツェナーによる内部クランプ（今回は無関係）
- デューティ：約50％固定
- デッド・タイム：0.6 µs固定

図11(a) はIC単体の動作波形で，ハイ・サイドとロー・サイドのドライブ出力HOとLOを測定したものです．ただし，ハイ・サイド側のドライバの電源ピンV_BをV_{CC}と，V_SをCOMとそれぞれ接続してあるので，ハイ・サイドもグラウンド基準で出力されています．**図11(b)** は実際のコンバータの約0.5 W負荷で

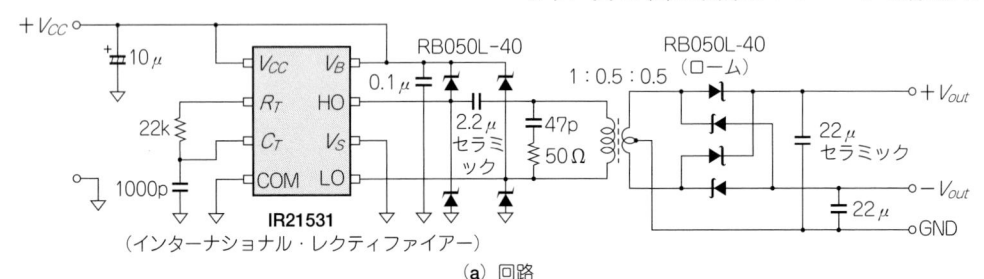

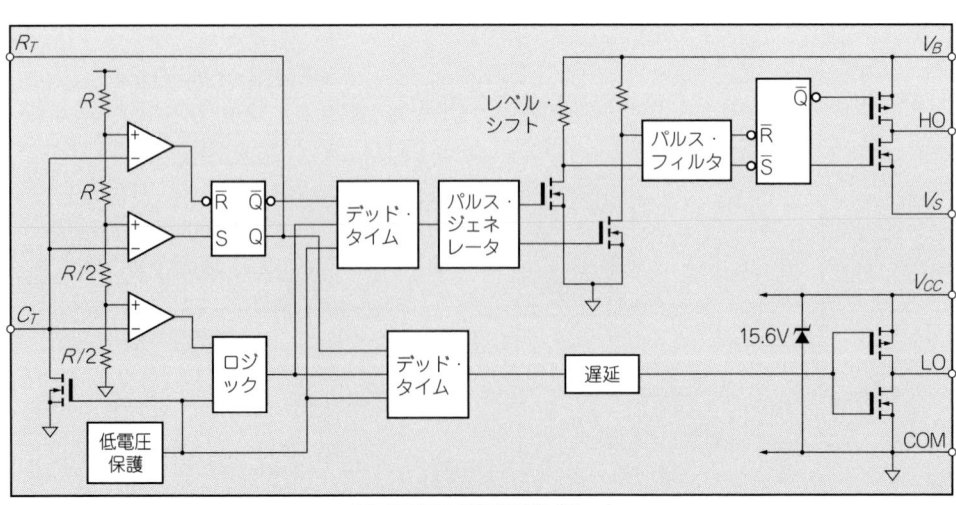

(a) 回路

(b) IR21531の内部回路ブロック

図10 小電力フローティング電源回路

表1 発振器を内蔵したハーフ・ブリッジ・ドライバIC IR21531の代替部品例

型名	デッド・タイム [μs]	メーカ	パッケージ
IRS21531	0.6	インターナショナル・レクティファイアー	DIP8, SOP8
L6569/L6569A	1.25	ST マイクロエレクトロニクス	DIP8, SOP8

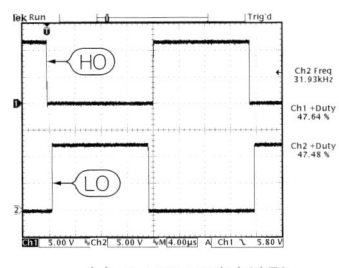

図11
図10の動作波形　　　(a) IR21531の出力波形　　　(b) 電源回路の動作波形

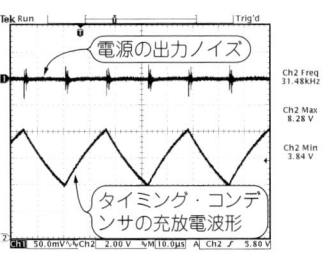

の動作時の出力ノイズを測定したもので，発振回路のタイミング・コンデンサの波形と同期してスイッチングしているのが分かります．定格負荷の0.3 W程度にするとスパイク電圧は40 mV$_{P-P}$弱に収まりました．

代替品例を表1に示します．このうちL6569を簡単に試しましたが，あまり良い結果が得られていません．また，直接の代替品ではありませんが，入力電圧5V，スイッチング周波数プリセット，プッシュプル・トランス直結用に作られたMAX253やMAX845（いずれもマキシム）という小電力電源用ICがあります．

▶トランス

図11の回路では外付けFETを使用せず，IC内のゲート・ドライバで巻き数比1：0.5：0.5の小型パルス・トランスを直接ドライブしています．ロジックとドライバの電源が共通になります．

したがって，動作範囲は，低電圧ロックアウト電圧以上かつツェナー・クランプ電圧の最小値以下である，約10〜14 Vになります．

動作電圧を決めて，2次側整流ダイオードによる電圧降下と，デッド・タイムを含んだデューティ比，その他の損失を見込んだうえで，出力電圧に合う巻き数比を決めます．トランス1次巻き線を流れる励磁電流が少なくなるよう，最小必要ターン数より多めに巻いてインダクタンスを増やしました．

Column　トランスを使わない絶縁電源「フォトニック・パワー・コンバータ」

2006年にトランジスタ技術誌に掲載されたバリー・ギルバート氏の自伝中に，超高圧透過型電子顕微鏡の−70万V（！）が印加されたカソード電極に流れる電流をシャント抵抗器で測定するくだりがありました．超高電圧につながるアンプや$F-V$コンバータに電力を供給する，どんな電源が作られたのだろう，と思わなくもないのですが，"−70万Vに帯電した全面シールド部屋"の中には，おそらく何の変哲もない蓄電池が置いてあったのでしょう（$F-V$コンバータの出力は光ファイバ経由で信号として取り出された）．

この時代から数十年たった現在なら，PPC（photonic power converter）も電源として考慮対象になるかもしれません．PPCの原理自体は古くまた単純ですが，本格的な実用化には時間がかかりました．送り側は比較的パワーの大きい長波長半導体レーザで強い光を発生し，それを集光してマルチモード・ファイバに送り込み，受け側で光電変換素子で電力に戻すというしくみです．太陽光発電と似ていますが，発光側（一般にレーザ・ダイオードのドライバも含む）も受光側もかなりコンパクトで数Wクラスの直流電力が発生できるものが入手可能です．電力伝送と一緒に通信も行えます．ただ，大出力レーザ光を扱うので，厳格な安全管理が求められるようです．

電気系エンジニアとしては，両者を小型容器に封止した電-光-電のロー・ノイズ高絶縁電力伝達モジュールができないかと思うのですが？

あるいは，ネットワークを構成する機器のPoE（Power over Ethernet）化の先には，光ファイバ系でのPPCモジュールが一般化する時代が遠からず来るのかもしれません．

〈広瀬 れい〉

10-9 電力線搬送通信用ライン・ドライバICを使ったブラシレスDCモータのレゾルバ用励磁回路

高橋 久

最近の自動車には50～100個以上のモータが使われています．一部ではブラシレスDCモータが使用され，ロータ位置を検出するためにレゾルバが搭載されています．レゾルバは，**図12**に示すように，1個の励磁巻き線，90°位相が異なる2個の検出巻き線，およびロータから構成されています．励磁信号は5～20kHz，8～25V_{P-P}程度の正弦波信号が使われます．励磁電流は100～200mA_{P-P}程度が一般的です．使用するレゾルバの定格の励磁電流より少ないとノイズに弱くなることがあります．

例えば，多摩川精機のVRレゾルバでは，励磁電圧を7V_{RMS}(20V_{P-P})で励磁するようになっています．このときの励磁電流はおおよそ60mA(170mA_{P-P})です．

RD変換器から出力される励磁信号を電力増幅する専用ICも作られていますが，高価で入手性に難があるので，多くの場合はトランジスタを使って増幅回路を構成します．ここでは，電力線通信用に開発された送信用ワンチップ・ライン・ドライバACPL-0820(アバゴ・テクノロジー)を使った励磁回路を紹介します．

ACPL-0820は，**図13**の内部構造に示すように，2個のアンプを内蔵しています．**写真2**に外観を示します．8ピンのSO-8で，パッケージの裏面中央に放熱のための金属があります．これをプリント基板の銅面にはんだ付けすることで放熱を行います．

5V単一電源で動作し，電流出力容量が1.5A_{P-P}と大きい上に周波数帯域が広く，低ひずみという特徴があります．

図14に示すように，この素子を使えば，抵抗5個だけでレゾルバ用励磁回路を作ることができ，制御回路を小型化できます．

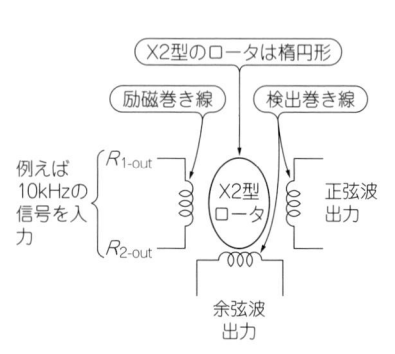

図12 レゾルバの基本構成

写真2 ワンチップ・ライン・ドライバIC ACPL-0820は裏面の金属を基板にはんだ付けして放熱する

(a) 表面　(b) 裏面

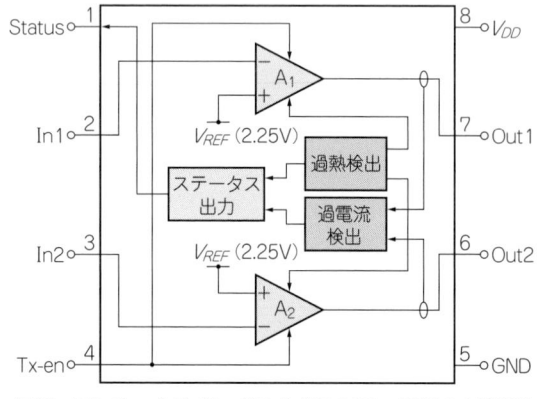

図13 ワンチップ・ライン・ドライバIC ACPL-0820の内部構造

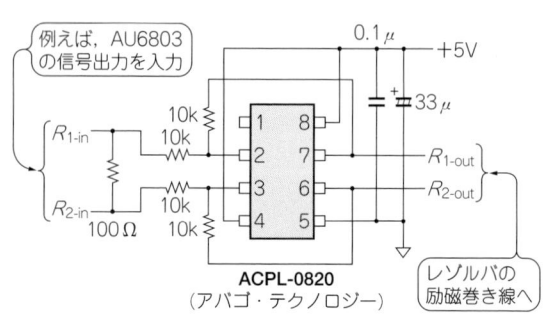

図14 ACPL-0820を使うと少ない外付け部品でレゾルバ励磁回路を構成できる

Supplement 数個の外付けコンデンサでマイコンからMOSFETを駆動できる
ハイ・サイド用ゲート・ドライブ回路

石島 誠一郎

　NチャネルMOSFETをハイ・サイド・スイッチとして使用する場合，FETのゲートを駆動するために，負荷の電源電圧よりも高い電源を用意する必要があります．

　また，マイコンなどのロジック・レベルでFETをON/OFFさせるには，レベル・シフト回路が必要です．

　さらに，FETをONからOFFに素早く遷移させるには，ゲートにたまった電荷を引き抜く必要があり，回路は大がかりになりがちです．

● NチャネルMOSFET用のゲート・ドライブ回路をワンチップで実現する

　TC4627（マイクロチップ・テクノロジー）は，チャージ・ポンプによる高電圧発生回路，レベル・シフト回路，ゲートを駆動するためのトーテムポール出力をもっており，5V電源で動作します．

　数個の外付けコンデンサを接続すれば，ロジック・レベルでFETを駆動可能です．回路を**図A**に示します．

　ピーク出力電流は1.5Aのため，ゲート容量の大きな大電流FETも駆動することができます．負荷容量（ゲート容量）が1000pFのときの遅延時間は120ns以下，最大スイッチング周波数は750kHzと高速です．

● 回路の動作

　チャージ・ポンプは，5V電源を昇圧し12Vを生成します．電源投入時，チャージ・ポンプの出力電圧が立ち上がるまでは，FETをOFFに保つ回路も含まれているため，電源シーケンスを気にする必要はありません．

　外付けコンデンサには数V以上のDC電圧がかかるため，セラミック・コンデンサではなく電解コンデンサを使用します．

　R_1は，寄生発振防止用抵抗で，Tr_1のゲートで発振が起こらない最小の抵抗値を選択します．

▶ ブートストラップ方式と異なりONし続けることができる

　ハイ・サイド・ドライバ用の高電圧を得る方法としてはブートストラップ方式も知られていますが，定期的にスイッチングされることが前提になります．チャージ・ポンプを使えば，そのような制限はありません．ただし，TC4627を使った回路は基本的に5V用になります．

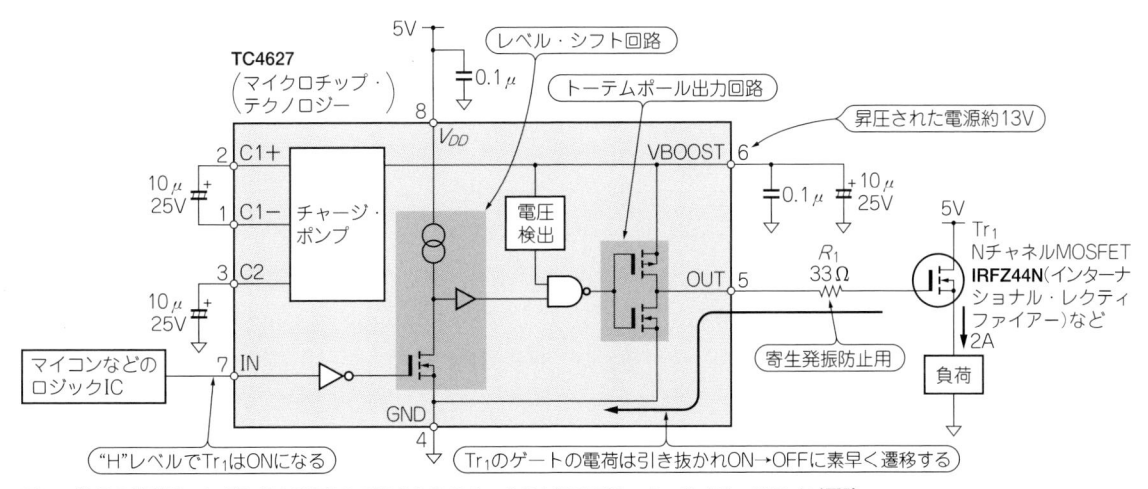

図A 数個の外付けコンデンサと専用ICで構成するNチャネルMOSFETハイ・サイド・ドライバ回路

索引

【アルファベット・数字】

AC終端 ······················· 48
CMRR ······················· 23
ENOB ······················· 25
ESL ························ 35
ESR ························ 35
E系列 ······················· 9
LC発振回路 ················· 94
OPアンプ ··················· 20
PSRR ······················· 23
R10系列 ····················· 6
RMS-DC変換回路 ············ 103
SINAD ······················ 25
TCR ························ 9
V_{IH} ···················· 40
V_{IL} ···················· 40
VSWR ······················· 90
Xコンデンサ ················· 74
Yコンデンサ ················· 74
Y/Cミキサ回路 ·············· 126

【あ・ア行】

アイソレーション・アンプ ····· 113
アイソレータIC ·············· 129
アクティブ終端 ··············· 49
アッテネータ ················ 101
厚膜型金属系 ················· 11
アナログ乗算器 ·············· 127
アモルファス・コア ··········· 17
アンダーシュート ············· 44
位相差分波器 ················ 111
位相反転 ···················· 21
位相余裕 ···················· 64
インダクタンス・ステップ ····· 17
インダクタンス曲線 ··········· 17
インダクタンス範囲 ··········· 17
ウィーン・ブリッジ型発振回路 ·· 96
ウィンドウ・コンパレータ ····· 91
雲母 ························ 15
演算増幅器 ·················· 20
沿面距離 ···················· 69
オーバーシュート ············· 44
オープン・モード ············· 10
オープン・ループ・ゲイン ····· 61
オール・パス回路 ············· 99

汚染度 ······················ 70
オフセット誤差 ··············· 24
オフセット電圧 ··············· 22
オペアンプ ·················· 20
温度ドリフト ················· 25

【か・カ行】

カーボン抵抗 ················· 10
価格 ················ 10, 15, 18
過電圧 ······················ 69
帰還率 ·················· 22, 61
寄生インダクタンス ··········· 10
寄生成分 ···················· 13
寄生容量 ···················· 10
極性 ························ 13
許容容量値範囲 ··············· 12
近接センサ ·················· 89
金属線 ······················ 11
金属箔 ······················ 11
金属板 ······················ 11
金属リボン ·················· 11
空間距離 ···················· 69
空芯型 ······················ 17
クロック ···················· 54
ゲイン誤差 ·················· 24
ゲイン余裕 ·················· 64
ケーブル・ドライバ回路 ······ 128
コア損失 ···················· 18
コイル ···················· 7, 16
降圧型コンバータ ············ 130
高調波ひずみ ················· 25
誤差 ························ 9
誤差検出 ···················· 81
故障モード ··············· 10, 14
コモン・モード・チョーク ····· 73
コンデンサ ················ 7, 12

【さ・サ行】

サイズ ······················ 10
雑音 ························ 24
差動入力バッファ ············ 112
酸化金属皮膜系 ··············· 11
サンプル＆ホールド回路 ······ 115
自己共振周波数 ··············· 18
シャント抵抗 ················· 88
周波数-電圧変換回路 ········· 105

周波数特性	13
出力短絡保護	81
昇圧型コンバータ	131
使用温度範囲	13
昇降圧型コンバータ	135
ショート・モード	10
シリーズ・レギュレータ	79
スチロール	15
スルー・レート	23
静電容量ステップ	12
整流	76
絶対値回路	108
セラミック	15
素子感度	6

【た・タ行】

炭素系	10
タンタル	16
ダンピング	45
直流抵抗	18
定格電圧	10, 12
定格電流	17
定格電力	10
抵抗温度係数	9
抵抗器	7
抵抗値ステップ	9
抵抗値範囲	7
鉄系	17
テブナン等価終端	48
テフロン端子	88
電圧依存性	14
電圧-周波数変換回路	104
電解	16
電気二重層	16
電源電圧除去比	23
電流測定回路	87
同相成分除去比	23
トランス	71
トレランス	9, 17

【な・ナ行】

ナイキストの安定性判別法	64
ニオブ	16
入手性	10, 15, 18
熱設計	80
ノイズ	10

【は・ハ行】

ハイ・インピーダンス	41
ハイ・サイド用ゲート・ドライブ回路	141
薄膜型金属系	11
パスコン	27, 34
反共振点	34
反射	44
反転増幅	28, 62
ひずみ	10
ビデオ信号	123
ビデオ信号同期分離回路	124
ビデオ同期信号検出回路	125
非反転増幅	25, 62
ヒューズ	73
ブートストラップ回路	118
フェライト・コア	17
フォト・カプラ	56
フォトニック・パワー・コンバータ	139
負帰還	59, 82
ブリッジドT型発振回路	95
プルアップ	41
プルダウン	41
フローティング電源	138
平滑	76
並列終端	47
方形波発生回路	92
ボーデ線図	64
ポリエステル	16
ポリエチレン・テレフタレート	37
ポリエチレン・ナフタレート	38
ポリカーボネート	38
ポリスチレン	38
ポリフェニレン・サルファイド	16, 38
ポリプロピレン	15, 38

【ま・マ行】

マイカ	15
漏れ電流	14

【や・ヤ行】

誘電正接	13
誘電体吸収	14
容量温度係数	12
容量トレランス	12

【ら・ラ行】

ライン・レギュレーション	80
リセット回路	51
リターン・ロス	90
リプル	80
リングバック	44
ループ・ゲイン	65
レゾルバ用励磁回路	140
ロード・レギュレーション	80
ロー・パス・フィルタ回路	119

■本書の執筆担当一覧
- Prologue・1…畔津 明仁
- 第1章…三宅 和司
- 第2章…川田 章弘
- Appendix A…川田 章弘
- Appendix B…川田 章弘
- 第3章…桑野 雅彦
- 第4章…桑野 雅彦
- 第5章…黒田 徹
- 第6章…遠坂 俊昭
- Prologue・2…川田 章弘
- 第7章…本多 信三／石島 誠一郎／市川 裕一／高橋 久／三宅 和司／木島 久男／川田 章弘
- 第8章…木島 久男／庄野 和宏／毛利 忠晴／本多 信三／漆谷 正義／慶間 仁／木島 久男／庄野 和宏
- 第9章…毛利 忠晴／漆谷 正義／木島 久男／庄野 和宏／広瀬 れい
- Appendix C…漆谷 正義
- Appendix D…石島 誠一郎／広瀬 れい
- 第10章…馬場 清太郎／森田 一／畔津 明仁／川田 章弘／広瀬 れい／高橋 久
- Supplement…石島 誠一郎

- ●本書記載の社名，製品名について ── 本書に記載されている社名および製品名は，一般に開発メーカーの登録商標または商標です．なお，本文中ではTM，®，©の各表示を明記していません．
- ●本書掲載記事の利用についてのご注意 ── 本書掲載記事は著作権法により保護され，また産業財産権が確立されている場合があります．したがって，記事として掲載された技術情報をもとに製品化をするには，著作権者および産業財産権者の許可が必要です．また，掲載された技術情報を利用することにより発生した損害などに関して，CQ出版社および著作権者ならびに産業財産権者は責任を負いかねますのでご了承ください．
- ●本書に関するご質問について ── 文章，数式などの記述上の不明点についてのご質問は，必ず往復はがきか返信用封筒を同封した封書でお願いいたします．勝手ながら，電話でのお問い合わせには応じかねます．ご質問は著者に回送し直接回答していただきますので，多少時間がかかります．また，本書の記載範囲を越えるご質問には応じられませんので，ご了承ください．
- ●本書の複製等について ── 本書のコピー，スキャン，デジタル化等の無断複製は著作権法上での例外を除き禁じられています．本書を代行業者等の第三者に依頼してスキャンやデジタル化することは，たとえ個人や家庭内の利用でも認められておりません．

R〈日本複製権センター委託出版物〉
本書の全部または一部を無断で複写複製（コピー）することは，著作権法上での例外を除き，禁じられています．本書からの複製を希望される場合は，日本複製権センター（TEL：03-3401-2382）にご連絡ください．

アナログ・センスによる電子回路チューニング術

編 集	トランジスタ技術SPECIAL編集部
発行人	寺前 裕司
発行所	CQ出版株式会社
	〒170-8461 東京都豊島区巣鴨1-14-2
電 話	編集 03-5395-2148
	広告 03-5395-2131
	販売 03-5395-2141
振 替	00100-7-10665

2014年4月1日発行
©CQ出版株式会社 2014
（無断転載を禁じます）

定価は裏表紙に表示してあります
乱丁，落丁本はお取り替えします

編集担当者　鈴木 邦夫
DTP・印刷・製本　三晃印刷株式会社
Printed in Japan